河南省南水北调配套工程技术标准

河南省南水北调受水区供水配套工程泵站管理规程

U0235833

2018 –03 –07 发布实施

河南省南水北调中线工程建设领导小组办公室　　　发布

图书在版编目(CIP)数据

河南省南水北调受水区供水配套工程泵站管理规程/河南省南水北调中线工程建设领导小组办公室编. —郑州:黄河水利出版社,2018.2

ISBN 978 - 7 - 5509 - 1977 - 8

Ⅰ.①河… Ⅱ.①河… Ⅲ.①南水北调 - 泵站 - 管理规程 - 河南 Ⅳ.①TV675 - 65

中国版本图书馆 CIP 数据核字(2018)第 038659 号

出 版 社:黄河水利出版社
　　　　　地址:河南省郑州市顺河路黄委会综合楼 14 层　　　邮政编码:450003
发行单位:黄河水利出版社
　　　　　发行部电话:0371 - 66026940、66020550、66028024、66022620(传真)
　　　　　E-mail:hhslcbs@126.com
承印单位:河南承创印务有限公司
开本:787 mm × 1 092 mm　1/16
印张:22.5
字数:520 千字　　　　　　　　　　　　　　印数:1—1 000
版次:2018 年 2 月第 1 版　　　　　　　　　印次:2018 年 2 月第 1 次印刷
定价:68.00 元

《河南省南水北调受水区供水配套工程泵站管理规程》编委会

主　任：王国栋

副主任：杨继成

编　委：单松波　朱太山　贾少燕　徐秋达
　　　　曹会彬

主要编写人员：

　　　　徐秋达　杨华军　朱世东　王千飞
　　　　董振锋　张超男　钟光科　庄春意
　　　　刘团结　张海涵　李红涛　黄杏成
　　　　李光阳　朱智伟　刘晓平　陈雪艳
　　　　王　浩　刘晓英　杜　明　祝亚平

河南省南水北调^{中 线 工 程}_{建设领导小组}办公室文件

豫调办建〔2018〕19 号

关于印发《河南省南水北调受水区
供水配套工程泵站管理规程》和《河南省
南水北调受水区供水配套工程重力流输水
线路管理规程》的通知

各省辖市、省直管县(市)南水北调办,机关各处室:

为规范河南省南水北调受水区供水配套工程运行管理,省南水北调办组织制定了《河南省南水北调受水区供水配套工程泵站管理规程》和《河南省南水北调受水区供水配套工程重力流输水线路管理规程》(见附件),现印发给你们,请结合实际,认真贯彻执行。

附件:1.河南省南水北调受水区供水配套工程泵站管理规程

　　　2.河南省南水北调受水区供水配套工程重力流输水线路
　　　　管理规程

2018 年 3 月 5 日

前　言

　　南水北调中线工程是迄今为止世界上最大的水利工程,工程从长江支流汉江丹江口水库陶岔渠首引水,至北京市团城湖,天津干线从河北省徐水县分水向东至天津外环河;以明渠输水为主,全长 1 432 km;供水范围是北京、天津、河北、河南 4 省(直辖市)。中线工程是解决我国华北地区水资源严重短缺问题,保证受水区经济社会可持续发展、实现生态环境良性循环的重大基础设施。中线工程主要由总干渠主体工程、总干渠分水口门以下至城市水厂以前的供水配套工程、城市水厂及管网工程三部分组成。河南省南水北调受水区供水配套工程上接总干渠,下连城市水厂,担负着承上启下的输水任务,是南水北调工程在河南省发挥效益的重要组成部分。

　　南水北调中线工程分配河南省水量 37.69 亿 m^3,扣除引丹灌区分水量 6 亿 m^3 和总干渠输水损失,至分水口门的水量为 29.94 亿 m^3。配套工程由中线干线工程总干渠 39 座分水口门引水,分别向受水区南阳、平顶山、漯河、周口、许昌、郑州、焦作、新乡、鹤壁、濮阳、安阳 11 个省辖市和邓州、滑县 2 个直管县(市)的 90 余座水厂供水,工程输水线路总长 1 000 余 km,提水泵站 22 座(18 处)。输水形式分为渠道输水、涵洞输水、利用河道输水和管道输水四种,与河渠交叉采用倒虹吸套管、直接铺设管道或架空管穿越形式,与铁路交叉采用顶管施工,与公路交叉采用顶管施工或明挖破路施工。管材种类有钢管(SP)、球墨铸铁管(DIP)、预应力钢筋混凝土管(PCP)、玻璃钢夹砂管(GRP)和预应力钢筒混凝土管(PCCP),管径 0.5～3 m;管道附属设施包括调节水池、阀门井、仪表井、进气排气阀井、泄水阀井、检查井、管道分水口、镇墩等构筑物;管道附件包括控制、检修阀门、泄水阀、进气排气阀、调流阀、流量计、压力表、伸缩器、消锤器等管道和计量仪表;管道配件有弯管、三通(岔管)、异径接头、管件等。

　　2014 年 12 月,南水北调中线工程建成正式通水,河南省南水北调受水区供水配套工程同步接水,实现了同步达效的目标。尽管我省南水北调配套工程运行时间不长,但也经历了跨流域、远距离的调水实践,进一步提升管理水平,走工程规范化、精细化管理之路是必然抉择。为此,河南省南水北调中线工程建设领导小组办公室组织河南省水利勘测设计研究有限公司编制本管理规程。

　　本规程包括 10 章和附录。主要内容如下:总则,术语,工程管理原则及内容,调度管理,运行管理,巡视检查,维修养护,安全管理,监督考核,技术档案管理等。

　　本规程批准部门:河南省南水北调中线工程建设领导小组办公室

　　本规程解释单位:河南省南水北调中线工程建设领导小组办公室

　　本规程主编单位:河南省水利勘测设计研究有限公司

目 录

1　总　则

1.0.1　为了加强河南省南水北调受水区供水配套工程(简称配套工程)泵站输水线路工程管理,明确管理职责,规范管理行为,统一工程管理标准,提高工程管理水平,充分发挥工程效益,保证工程安全、稳定、经济运行,制定本规程。

1.0.2　本规程适用于配套工程泵站输水线路工程管理,配套工程泵站规模为中小型泵站机组,其他泵站可参照执行。泵站规模按《泵站设计规范》(GB/T50265)的规定执行,泵站主机组的规模按本规程附录1.0-1的规定确定。

1.0.3　泵站输水线路工程管理应包括下列内容:

　　1　根据本规程和国家有关规定制定泵站输水线路运行、维护检修、调度及安全等规章制度;

　　2　完善管理机构,明确职责范围,建立健全岗位责任制;

　　3　做好泵站输水线路设备和建筑物的运行及维护检修、运用调度、安全与环境、信息等管理工作;

　　4　认真总结经验,开展更新改造和技术创新,采用和推广新技术、新设备、新材料、新工艺;

　　5　按照泵站技术经济指标,考核泵站工程管理工作。

1.0.4　宜利用信息技术开展泵站输水线路工程管理工作。

1.0.5　泵站运行管理人员应按规定经培训和考核,持证上岗。

1.0.6　本规程依据国家法律法规及《河南省南水北调配套工程供用水和设施保护管理办法》等部门规章编制,主要引用下列标准:

　　1　《泵站设计规范》(GB/T50265);

　　2　《电力安全工作规程(发电厂和变电所电气部分)》(GB26860);

　　3　《安全标志及其使用导则》(GB2894);

　　4　《泵站技术管理规程》(GB/T30948);

　　5　《泵站技术管理规程》(SL255);

　　6　《泵站安全鉴定规程》(SL316);

　　7　《泵站安装及验收规范》(SL317);

　　8　《电力变压器检修导则》(DL/T573);

　　9　《水力发电厂水力机械辅助设备系统设计技术规定》(DL/T5066);

　　10　《室外给水设计规范》(GB50013);

　　11　《城镇供水长距离输水管(渠)道工程技术规范》(CECS193);

　　12　《潜水泵站技术规范》(SL584);

　　13　《水利水电起重机械安全规程》(SL425);

14　《供配电系统设计规范》（GB50052）；

15　《3～110 kV 高压配电装置设计规范》（GB50060）；

16　《导体和电器选择设计技术规定》（DL/T5222）；

17　《低压配电设计规范》（GB50054）；

18　《电力工程电缆设计规范》（GB50217）；

19　《水利水电工程电缆设计规范》（SL344）；

20　《通用用电设备配电设计规范》（GB50055）；

21　《电力装置的电测量仪表装置设计规范》（GB/T50063）；

22　《电力装置的继电保护和自动装置设计规范》（GB/T50062）；

23　《继电保护和安全自动装置技术规程》（GB/T14285）；

24　《建筑物防雷设计规范》（GB50057）；

25　《建筑照明设计标准》（GB50034）；

26　《交流电气装置的接地设计规范》（GB50065）；

27　《交流电气装置的过电压保护和绝缘配合设计规范》（GB/T50064）；

28　《视频安防监控系统工程设计规范》（GB50395）；

29　《水利视频监视系统技术规范》（SL515）；

30　《电子计算机场地通用规范》（GB/T2887）；

31　《综合布线系统工程验收规范》（GB50311）；

32　《泵站现场测试与安全检测规程》（SL548）；

33　《调水工程设计导则》（SL430）；

34　《水利工程建设标准强制性条文》；

35　其他相关规程、规范。

1.0.7　泵站输水线路工程管理,除应符合本规程外,还应符合国家现行有关标准的规定。

2 术 语

2.0.1 河南省南水北调受水区供水配套工程(简称配套工程)

本规定所称的配套工程,是指南水北调中线工程总干渠河南段分水口门至城市水厂之间的输水工程,包括输水线路上的输水管(渠、河)道、提水泵站、涵洞(暗渠)、穿越河(渠)道、公路、城区道路、铁路交叉工程,利用现有水库的调蓄工程,以及运行管理设施等。

2.0.2 泵房

安装水泵机组并为其安全运行及安装检修提供便利条件的房屋。

2.0.3 辅机房

安装为水泵机组正常工作服务的各种辅助设备的房屋。

2.0.4 泵站建筑物

与主机组配套的泵房、取水、引水、进水、出水等工程设施。

2.0.5 泵站设备

泵站主机组、辅助设备及管道的总称。

2.0.6 泵站运行及管理

泵站启动、停机、安全运行及技术管理、工程管理、经济运行和优化调度等工作。

2.0.7 水泵

将机械能转化为水能(位能、动能、压能)的水力机械。

(水力机械——实现水能和机械能相互转换的机器。包括冲击式和反击式水轮机、水泵和水泵水轮机。)

2.0.8 泵站机组安装及调试

安装和调整抽水装置、辅助设备等工作以及按规定时间进行空载和负载运转,全面检查安装质量、测定运行参数、考核运行状况的过程。

2.0.9 进水池

设在进水管道或进水流道进口,供水泵吸水的池形构筑物。

2.0.10 进水池设计水位

由水源设计水位推算到站前的水位。

2.0.11 进水池最高运行水位

泵站按设计标准正常运行需要控制的站前最高水位。

2.0.12 进水池最低运行水位

泵站运行期间站前允许的最低水位。

2.0.13 自灌充水

利用水体液位高于泵体,使水泵充水启动的引水方式。

2.0.14　机组启动水位

对自灌式引水的机组,满足水泵启动要求的进水池水位。一般为进水池最低运行水位。

2.0.15　机组停机水位

满足水泵正常运行,水泵不产生汽蚀和振动等影响机组安全运行的进水池水位。

2.0.16　泵站净扬程

泵站进水池与出水池水位的差值。

2.0.17　泵站扬程

泵站净扬程与水力损失之和。

2.0.18　泵站设计流量

满足供水对象的用水量,单位时间内泵站的抽水量。

2.0.19　泵站装机容量

泵站主水泵机组动力机额定功率的总和。

2.0.20　泵站装机台数

泵站安装机组的数量。

2.0.21　异步电动机

转子转速不等于定子旋转磁场同步转速,即有一定转差的交流电动机。根据转子绕组结构的不同,异步电动机分为鼠笼式异步电动机和绕线式异步电动机两种类型。

2.0.22　变频异步电动机

标准环境条件下,以100%额定负载在10%~100%额定转速范围内连续运行,温升不会超过该电机标定允许值的异步电动机。

2.0.23　软启动

采用电压可调装置以减少启动电流的电动机启动方式。

2.0.24　泵站电气设备

泵站变电、配电、用电设备的总称。

2.0.25　主变压器

在泵站及其变电所中,用来向泵站主电动机输送功率的变压器。

2.0.26　站用变压器(厂用变压器)

在泵站中,用来向泵站辅助设备、照明、操作电源、励磁电源及其他动力设备供电的变压器。

2.0.27　泵站辅助设备

为泵站主机设备安全经济运行服务的其他机电设备的总称,包括安装检修、技术供排水、技术供油、压缩空气、采暖通风、起重、测量以及拦污清污和闸门操作等设备。

2.0.28　断路器

一种带有灭弧装置,能断开或接通供电回路,并具有自主切断短路电流功能的开关装置。

2.0.29　负荷开关

一种带有简单灭弧装置的开关电器,可用于切断负载电流,但不能用于切断短路电流,常与熔断器联合使用。

2.0.30 隔离开关

一种没有灭弧装置,用来与电源电压隔离,造成电路明显可见的空气绝缘间隔的开关电器。不能用来切断或接通负荷电流和断路电流,主要用途是保证高压装置中检修工作的安全。

2.0.31 接触器

用于 500 V 以下直流电动机或其他操作频繁电路中的一种可远距离操纵或自动控制的开关电器。不能用于切断短路电流和过负荷电流。

2.0.32 电气主接线

泵站主要电气设备(如变压器、电动机、断路器、隔离开关、互感器、母线和电缆等)之间,按一定顺序连接的接线方式。电气主接线也称一次回路。

2.0.33 接地

电气设备、杆塔或过电压保护装置与大地土壤间良好电气连接,分工作接地和安全接地两类。

2.0.34 配电装置

具有接收和分配电能功能,由开关设备、控制、保护、测量电器、连接母线及其他辅助设备按照主接线以一定次序进行电气连接而构成的电气装置。

2.0.35 高压电气设备

电压等级在 1 000 V 及以上为高压电气设备。

2.0.36 低压电气设备

电压等级在 1 000 V 以下为低压电气设备。

2.0.37 倒闸操作

电气设备分为运行、备用、检修三种状态。将设备由一种状态转变为另一种状态的过程叫作倒闸,所进行的操作叫作倒闸操作。

2.0.38 操作票

根据电源和泵站设备的运行要求,保证操作人员在对电气设备进行分、合闸操作时的人身和设备安全,将需操作的设备顺序按要求填写的规定表格。

2.0.39 工作票

为保证工作人员在设备安装、检修和试验时人身和设备安全,将具体的工作内容按要求填写的规定表格。

2.0.40 液压站

由液压泵、电磁阀、液压油、输油管道和电器控制设备组成的为液压阀门提供压力源的一种组合设备。

2.0.41 电气安全用具

电气安全用具一般分为绝缘安全用具(绝缘棒、验电器、绝缘靴、绝缘手套、绝缘垫、绝缘台等)和一般防护用具(接地线、安全带、安全帽、防护遮拦、警示标识等)。

2.0.42 拦污栅

用于拦阻水流中的漂浮物进入泵站进水池或进水流道的栅栏状金属结构物。

2.0.43 危险源识别

识别危险源的存在并确定其特性的过程。

2.0.44 检修范围

指检修方式、检修等级和检修项目的确定。

2.0.45 管道附件

为满足管道正常运行和维修需要而设置的各种阀门、计量和测压仪表等的总称。

2.0.46 管道配件

为适应管道变径、伸缩或管线转折、分支以及满足管道和管道附件连接的连接件的总称。

2.0.47 管道附属设施

为满足管道正常运行和维修需要而附加设置的构筑物的总称。

2.0.48 公称管径（公称直径）

管道、管道附件和管道配件的标定管径。

2.0.49 公称压力

管道、管道附件和管道配件在 20 ℃时的最大工作压力。

2.0.50 管道防腐

为减缓或防止管道受内外介质的化学、电化学作用或微生物的代谢活动而被侵蚀和损害所采取的措施。

2.0.51 维修养护

一般是指日常维修养护、年度岁修和大修及更新改造，维持、恢复或局部改善原有工程面貌，保持工程的设计功能。

3 工程管理原则及内容

3.0.1 泵站输水线路工程管理遵循下列管理原则：

1 确保工程安全、可靠、高效运行；

2 调水管理按上级主管部门调度指令执行；

3 处理好工程运行与维修养护、工程管理与水质监测等方面的关系。

3.0.2 泵站输水线路工程管理应根据工程特点，明确法定管理范围和保护范围；按上级主管部门批准的工程管理模式组建管理机构，管理机构及人员应配置合理，满足工程管理需要；泵站受托管理单位应具备相应的管理能力。

3.0.3 泵站输水线路工程管理应制定管理工作目标，开展工程管理考核工作。泵站工程管理应建立下列目标体系：

1 精干的组织管理体系；

2 科学的运行管理体系；

3 高效的自动化调度运行系统；

4 工程维修养护体系；

5 安全生产管理体系；

6 可建立水质监测体系。

3.0.4 泵站输水线路工程管理应包括下列管理内容：

1 调度管理；

2 运行管理；

3 巡视检查；

4 维修养护；

5 安全管理；

6 监督考核；

7 技术档案管理。

3.0.5 泵站工程现地管理单位应根据规划设计要求和泵站输水线路供水调度运行方案以及水量调度计划，制订泵站控制运用计划，报上级主管部门批准后执行。泵站的控制运用应符合下列原则：

1 局部服从全局，统筹兼顾；

2 根据工程和水泵配套的实际情况，尽可能实现最优经济运行；

3 运行控制应发挥工程的最大效益，并确保设备的安全运行；

4 与上下游和相邻有关工程密切配合运用。

3.0.6 泵站工程现地管理单位应将规划设计的工程特征值、工程运行现状及水泵装置特性曲线，作为控制运用的依据。

3.0.7 泵站工程管理单位应通过监测系统获取泵站运行主要参数和所在地区水文气象资料。

3.0.8 泵站工程管理单位应分析和建立与其他相关工程联合运行的水力特性关系。

3.0.9 泵站值班人员要了解工程的设计功能及其作用,能熟练操作各种设备,并具有应急处置工程突发事件的能力。

4　调度管理

4.1　一般规定

4.1.1　配套工程供水调度管理遵循统一调度、分级负责、统筹协调、及时高效的原则。省级管理机构对配套工程全线输水运行进行指挥和协调,所有参与运行的单位对全线输水运行的安全、稳定、经济均负有责任。省级管理机构调度部门是配套工程全线输水的调度指挥、协调机构,在工程安全、稳定、经济运行中行使调度指挥权,各运行单位、检修单位、调试或试验单位均应接受调度机构的统一指挥、调度;在调度管辖设备、设施范围内的业务活动中是上下级关系,各运行单位、检修单位、调试或试验单位和受水水厂必须服从上级调度机构的调度。在涉及配套工程输水调度运行管理活动中,所有运行人员、检修人员、管理人员及受水水厂相关人员均应遵守本规程。各运行单位所制定的规程、规定等,均不得与本规程相抵触。

1　省级管理机构调度部门调度值班员在其值班期间是配套工程全线输水系统运行、操作和事故处理的调度指挥人员,按照调度管辖范围行使调度权。省级管理机构调度值班员在其值班期间负责接受省水行政主管部门、省防办及中线干线工程管理单位调度机构调度值班员的调度指令。市级管理机构调度值班员在其值班期间负责接受并执行省级管理机构调度部门调度值班员的调度指令,并可在省级管理机构调度授权范围内行使调度权。值班调度员必须按照规定发布调度指令,并对其正确性负责。

2　调度值班员的调度联系对象有:泵站运行值班人员、调流阀室运行人员、巡检人员、维修养护人员,以上人员统称为运行人员。运行人员在配套工程输水调度业务方面受值班调度员的指挥,接受值班调度员的调度指令。

3　运行人员接收到调度值班员的调度指令后,应当立即复诵调度指令,经调度值班员核实无误后方可执行。执行完毕后立即汇报执行情况,不汇报不被认为执行完毕。

4　调度指令的发令人和受令人双方都要互报单位、姓名,指令发布过程要录音并做好书面记录。

5　任何单位和个人都不得干预调度指令的发布和执行,调度值班员发布和执行调度指令时,有权利和义务拒绝各种非法干预。

6　运行人员如有不执行或延迟执行调度值班员的调度指令,则未执行调度指令的运行人员以及不允许执行或允许不执行调度的领导人(或其他人员)均应对此负责。对拒绝执行调度指令、违反调度纪律、虚报和隐瞒事实真相的行为,一经发现,调度机构将立即组织调查,并依据有关规程、规定、协议进行处罚,上报省级管理机构严肃处理。

7　上级领导发布的一切有关调度业务的指示,应当通过调度机构负责人转达给调度值班员。非调度机构负责人不得直接要求调度值班员发布任何调度指令。

8 运行人员在接到调度值班员发布的调度指令时或在执行调度指令的过程中,认为调度指令不正确,应当立即向发布该调度指令的调度值班员报告,并说明原因,由调度值班员决定该调度指令的执行或撤销。如果发令的调度值班员重复该指令时,受令的运行人员原则上必须执行,但若执行该指令确将危及人身、设备或整个供电、输水系统安全时,运行人员应当拒绝执行,同时将拒绝执行的理由及改正指令内容的建议报告发令的调度值班员和本单位直接领导。

9 运行单位的负责人对调度值班员发布的调度指令有不同意见时,只能向调度机构相关部门提出,不得要求所属的运行人员拒绝或拖延执行调度指令;在调度机构未对所提出的意见做出答复前,受令的运行人员仍然必须按照调度值班员发布的调度指令执行;调度管理机构采纳或部分采纳所提意见时,应当由调度机构负责人将意见通知调度值班员,由调度值班员更改调度指令并发布。

10 凡属调度机构调度管辖范围内的设备,运行人员必须得到调度值班员的指令后才能进行相应操作,运行人员不能无指令、越指令范围对调度管辖内的设备进行操作或改变其运行状态。但遇到有危及人身、设备或整个供电、输水系统安全的情况时,运行人员可根据现场有关规定先行处理,处理后应当立即报告调度值班员。

11 在配套工程供电、输水系统出现威胁安全运行的紧急情况下,调度值班员可下达操作非调度管辖范围内设备的调度指令,运行人员必须立即执行。

12 调度值班员在接班后,应主动向现场运行人员了解现场运行情况、主要设备异常情况及缺陷处理情况。

13 属于调度值班员可远控的设备,由调度值班员进行操作、调节;若受通信等其他因素限制时,调度值班员可指令运行人员对其负责运行的设备进行操作,运行人员不得以任何借口拒绝或拖延执行。

14 运行人员必须按照调度机构下达的运行方式和调度计划运行。

15 运行人员必须向调度值班员提供调度值班员要求的各种数据、报表,并对其正确性负责。

16 各运行单位、受水用户应定期将有权接受调度指令的人员以书面形式报调度机构,当有关人员发生变动时应及时上报调度机构;同时调度机构应定期将调度值班员名单通知相关单位。

4.1.2 泵站的调度运用应按上级主管部门下达的供水计划和调度指令执行。

4.1.3 泵站应根据上下游工程情况、区域水文气象资料、供用水需求、供电电价、泵站设备和工程设施技术状况,进行泵站优化调度,宜实现最优经济运行。

4.1.4 在满足供水计划的前提下,合理安排运行机组台数,按泵站效率最高进行调度。

4.1.5 运行过程中,应密切关注水情变化,及时与用水单位沟通,根据水泵装置特征曲线,调整机组的运行状态。

4.1.6 当运行现场发生重大事件、自然灾害时,运行人员应立即向调度值班员汇报事件的简要情况,不得拖延。处理完毕后要将事件、缺陷处理情况以书面形式汇报调度值班员。

调度值班员在接到事件汇报后,应立即向调度机构负责人汇报情况,如汇报情况为事故,则调度值班员应按照事故处理方案进行处理。

4.1.7 重大事件分为以下几种情况:

1 供电系统事故:供电系统失电、地方供电部门的限停电指令、主变故障停运、变电站 10 kV 母线的故障停运、高压断路器、10 kV 开关的故障等。

2 机电设备事故:电机、水泵故障停机、变频器故障、影响机组运行的辅机系统故障、控制闸门、阀门的故障等。

3 输水设施事故:输水管线爆管、严重渗漏、厂房、输水建筑物的损坏、大量弃水、严重的水质污染事件等。

4 自然灾害:水灾、火灾、风灾、地震、冰冻、雷雨及外力破坏对系统造成的严重影响。

5 人身伤亡:运行、检修、安装、调试和试验单位在管辖范围内运行中发生的重大人身伤亡事故。

6 运行人员向调度值班员汇报设备缺陷管理标准规定的缺陷。

7 调度纪律:调度值班员、运行人员违反调度纪律和规程规定的重大事件。

8 人员责任:发生的误调度、误操作等人员责任事故。

9 其他重要事件:运行值班机构的变动、联系电话的变更等。

重大事件汇报的主要内容:事件发生的时间、地点、现场运行情况;事件发生的过程;现场设备、设施的损坏情况、人员伤亡状况;现场处理情况及运行恢复情况。

重大事件应立即逐级电话报告,并向上级管理机构报送《重大事项报告单》,其格式见附录 4.1-1。

4.1.8 遇有人身伤亡、设备事故需要紧急停机的,当班人员或负责人可以立即停机,并立即向省、市级管理机构汇报。事故紧急停机后,应立即组织抢修。全站停机期间,应注意主机干燥,做好泵房消防安全和集水井的排水工作,确保随时投运。

4.2 管理机构及其调度管理职责

配套工程设 2 级 3 层调度管理机构:省级管理机构、市级管理机构和现地管理机构。

4.2.1 省级管理机构职责

省级管理机构负责全省配套工程的水量调度工作。供水调度职责主要包括:

1 按照国务院水行政主管部门批复的年度供水计划,制订配套工程月水量调度计划并组织实施,做好水量实时调度和受水区各分水口门水量交接,保障配套工程安全平稳运行;

2 负责与干线工程供水调度的对外协调工作;

3 负责配套工程水量调度突发事件的预防、预警,及时组织供水调度相关突发事件的处理和抢险工作;

4 将供水调度职责及其运行操作工作目标进行逐级分解和落实,建立健全供水调度管理工作责任体系。

4.2.2 市级管理机构职责

在省级管理机构的统一领导下,市级管理机构具体负责本区域内的供水调度管理工作。供水调度的主要职责包括:

1 配合省辖市、省直管县(市)水行政主管部门编报年度水量调度计划,负责编制上报辖区内配套工程月水量调度方案,并严格按照省级管理机构下达的供水计划组织实施,保障配套工程安全平稳运行;

2 执行省级管理机构的供水调度指令,实现配套工程、城市水厂(或调蓄水库、灌区、河湖生态用水)供水调度同步操作、联动响应;

3 负责配套工程现场水量计量管理工作,参与对辖区内干线工程分水口门、配套工程口门线路水量计量设施设备率定工作,及时统计报送供水水量计量数据;

4 协调建立应急保障机制,制定辖区内配套工程水量调度应急预案,负责配套工程突发事件预警和应急联动供水调度管理;

5 负责辖区内配套工程水量调度现场信息收集、整理并报送,保持供水调度通信畅通,实现与省级管理机构、受水区用水单位的信息共享;

6 完成上级交办的其他供水调度工作。

4.2.3 现地管理机构职责

在市级管理机构的统一领导下,现地管理机构执行上级调度指令,具体实施所管理的配套工程供水调度操作,确保工程安全平稳运行。

4.3 调度管理制度

4.3.1 一般规定

1 各泵站加压供水线路的控制运行由省级管理机构统一调度。

2 省级管理机构调度部门应及时了解配套工程的水情、工情变化情况,正确下达泵站工程控制运行调度指令,并根据各供水线路的控制运行标准和控制运行原则,科学合理地调度运用工程设施。

3 市级管理机构调度部门在收到调度指令后,应立即执行,并向上级领导汇报,执行完毕后及时回复省级管理机构或指令人。

4 在泵站工程初始运行或工程停止运行时,市级管理机构应提前报省级管理机构批准。

5 在工程正常运行阶段,泵站工程机组变动和调流调压阀阀门开度变化,均需向市级管理机构报备。

6 工程运行调度指令接收、下达和执行情况应认真记录,记录内容包括发令人、受令人、指令内容、指令下达时间、指令执行时间及指令执行情况等。工程调度记录格式见附录4.3-1。

7 汛期和非汛期工程运行期间各级管理机构应随时检查电话、网络等通信设施,保持 24 小时通信畅通,若遇故障应及时通知相关部门修复。

4.3.2　调度指令下达及反馈制度

1　调度指令分为综合指令、逐项指令、单项指令。

(1)综合指令:调度值班员给单一站运行人员发布的不涉及其他运行单位配合的综合性操作任务的调度指令。

(2)逐项指令:一般适用于两个或两个以上运行单位的操作,调度值班员向运行人员逐项按顺序发布的操作指令,要求运行人员按照指令的操作步骤和内容逐项按顺序进行操作,或必须在前一项操作完成并经调度许可后才能进行下一项的操作指令。

(3)单项指令:调度值班员向运行人员发布的单一一项操作的指令。包括机组的启、停;继电保护装置的临时投、退等。

2　调度指令下达有口头指令和书面指令两种形式。口头指令是通过电话通知的形式下达调度指令。书面指令是通过纸质文档的形式下达调度指令。口头指令适用于抢修、临时维修、现场察看等情况,下达方式可扩展到对讲机或短信等其他通信方式。书面指令适用于生产运行和有计划的维修,下达方式可扩展到自动化调度平台或电子邮件等其他方式。

3　调度值班长或在值班长或主值监护下经许可的值班员有权发布调度操作指令;其他人员不能发布调度操作指令;操作一人执行一人监护。

4　调度值班员的操作指令只能下达给各运行单位有权接受调度指令的当值人员。调度值班员发布的操作指令,每次允许有一项操作任务。

5　调度人员在下达操作指令时要使用调度术语(调度术语见附录4.3-2)和设备双重编号,严格执行操作监护制度和指令复诵制度,并注意以下事项:

(1)发布操作指令时应冠以"××时××分"及"令"字,发令和受令双方应明确"发令时间"和"完成时间"。

(2)调度值班员在发布操作指令时,应征得主值或值长许可,并在主值或值长监护下发布操作指令。

(3)调度值班员要严格执行指令复诵制度,认真听取受令人复诵操作指令,在核对指令无误后方可许可其进行操作。

(4)调度值班员在听取受令人的报告时,也应执行复诵制度,核实操作指令正确完成。

(5)调度操作全过程必须录音并做好记录。

6　操作指令的受令人应充分理解指令的含义,如对调度指令内容有疑问或不清楚,应及时向发令的调度值班员请示解释;受令人在接到操作指令后或操作中,若听到调度值班电话响时,应立即暂停操作,迅速接听电话,以防止出现差错。

7　现场运行值班员接到省、市级管理机构下达的调度指令后,应按调度指令的要求完成操作并对其执行指令的正确性负责,同时做好相应台账记录。调度指令执行完毕后必须立即向市级管理机构报告执行情况和执行完毕的时间,市级管理机构应将现场调度指令执行情况及时反馈省级管理机构,执行结果无反馈视为调度指令未执行完毕。

4.3.3 调度值班制度

1 调度值班员必须按照值班时间安排表按时参加值班,每日准时交接班。

2 保持调度机构24小时有人值班,就餐等轮流离开。

3 调度值班员应认真履行岗位职责,严格遵守工作制度,严格执行调度运行方案和调度指令,按照设备操作规程进行操作,逐步规范运行管理行为。

4 调度值班员不得迟到早退,不得擅离职守。除提前请示获批准者外,凡20分钟内2次电话找不到者为擅离职守;在接到调度指令,15分钟内没有执行的为不服从调度指令。

5 调度电话只能用于和调度联系,不得他用。

6 调度值班员不得随意离开岗位,若离开须征得站长的同意且由有资格的替班人员顶替。严禁各值班岗位出现"空岗、脱岗、睡岗"。

7 调度值班员应严格按各自的职责和任务做好值班工作,按照规定的值班方式进行轮流值班,不得随意改变。如因极特殊情况不能按照值班表时间值班,应提前向上级领导报告。

8 调度值班员应认真做好值班期间各种记录,记录要用碳素笔或钢笔填写,字迹要清晰、工整,数据必须准确,不准弄虚作假,不准隐瞒真相,不准乱撕乱画。

4.3.4 调度交接班制度

1 调度值班人员应按规定时间进行交接班。在交班前30分钟由值班长召集交班人员,按交班内容要求做好交班准备。如接班人员未按时到达时,交班人员应报告调度部门领导,同时应坚持工作,直到接班人员或代班人员到达,现场办理交接手续后方可下班。未办理交接手续而擅离岗位的交班者作早退处理,并承担交班期间的事故责任,交班人员必须在交班完毕后集体离开岗位。

2 交班人员办理完交接手续后辅助接班人员运行,同时重点对当班期间各种资料整理等。

3 接班人员应提前15分钟到达调度值班室进行交接班。

4 交接班内容应包括:

(1)泵站运行方式;

(2)设备运行有无缺陷;

(3)设备操作情况及尚未执行的操作票;

(4)接收的工作票及尚未结束的工作票;

(5)检修工作进行情况;

(6)各种记录、技术资料、运行工具和钥匙;

(7)本班发生的故障及处理情况。

5 交班人员需提前做好交班前的准备工作,应将本班在运行中存在的问题及需要交代的事项做好记录。

6 接班人员到达工作岗位后,应认真查阅上一班的调度运行记录,交班人员应主动交代本班的运行、检查、检修情况,接到和下达的调度指令及运行控制方式,并由双方人员共同对设备进行一次巡视检查。

7　交接班时必须双方负责人都在场,而且以值班负责人为主,按交接项目及待定事项进行交换,通过检查无问题后,双方在交接班记录上签字,否则不允许交接班。值班长除了自己进行交接班外,应负责检查班内其他人员交接班的情况。由于交接不清而造成设备事故的应追究交、接班值班长的责任。

8　交班工作不符合要求,接班负责人有权拒绝接班,直至交班人处理完存在问题达到合格方可进行交接班。

9　交接双方认为无问题后,首先由接班人在交接班记录上签字,然后交班人签字,交接班工作即告结束。

10　接班人员应负责检查核对交接班记录,如有疑问必须询问清楚,否则接班后发生问题由接班者负责。

11　接班人员在交接班时间内,没有检查或检查不细,接班后发生问题,责任由接班者负责。

12　交接班期间发现或发生问题,由交班负责人鉴定记录。在交接班过程中如发现设备有故障时,交接班人员应相互协作予以排除。在接班人员同意后才能交班。

13　在处理事故或进行重要操作时不应进行交接班,待完成后再进行交接。

4.3.5　工作票、操作票管理规定

1　为确保泵站人员及设备的安全,所有人员进入现场安装、检修、调试、试验和施工等应执行工作票制度。对于进行设备和线路检修,需要将高压设备停电或做安全措施者,应填写第一种工作票;对于低压带电作业者应填写第二种工作票。工作票格式参照本规程附录5.4-4。

2　为避免由于操作错误而发生人身及设备事故,下列运行操作应执行操作票制度:

(1)控制阀开启、关闭;

(2)检修阀开启、关闭;

(3)调流阀开启、关闭以及调节;

(4)投入、切出电源;

(5)泵站投入、切出站用变压器;

(6)泵站开、停主机;

(7)泵站高压母线带电情况下试合闸;

(8)泵站投入、切出高压电源;

(9)泵站投入、切出移相(无功补偿);

(10)泵站高压设备倒闸操作。

3　泵站输水线路运行操作应由值班长命令,操作票由操作人填写,监护人复核,每张操作票只能填写一个操作任务。操作票格式见本规程附录5.4-3。

4　使用操作票的操作应由两人执行,其中对设备较为熟悉者为操作监护人。

5　操作前应核对设备名称、编号和位置,操作中应认真执行监护复诵制,必须按操作顺序操作,每操作完一项,做一个记号"√",全部操作完毕后监护人应进行复查。

6 操作中发生疑问时,不应擅自更改操作票,应立即向值班长或总值班报告,确认无误后再进行操作。

7 操作票应按编号顺序使用。作废的操作票应注明"作废"字样。已操作的操作票应注明"已操作"字样。操作票保存一年。

8 调度值班员对一切正常操作应事先填写调度指令票或操作票;单一操作指令可不填写调度指令票或操作票,但发令、受令双方要认真做好记录并录音,操作时应严格执行监护制度。以下几种工作可由值班长口头命令,不填写操作票(或指令票):

(1)计算机监控系统全自动、半自动操作;

(2)机组转速调节、闸门或阀门的开度调节;

(3)事故处理;

(4)拉合断路器(开关)、拉开接地刀闸或拆除全站仅有的一组接地线等运行中的单一操作;

(5)辅机操作。

4.4 调度运行

4.4.1 调度运行主要内容

1 合理安排泵站机组的开机台数、顺序及其运行工况的调节(包括主水泵的变速调节),根据水情变化,调整机组的运行状态;

2 泵站与其他相关工程的联合运行调度;

3 在满足供水计划前提下,通过站内机组运行调度和工况调节,改善进出水流态,减少水力损失;

4 若水泵发生汽蚀和振动,应按改善水泵装置汽蚀性能和降低振动的要求进行调度;超过标准值时应立即停机。

4.4.2 调度运行原则

1 泵站输水线路通水运行前,要提前协调南水北调中线干线管理单位调度部门,保证配套工程运行的水位及水质。泵站运行水位、流量调节控制参数详见附录4.4-1。

2 泵站输水线路供水运行前,要提前协调受水水厂,保证受水水厂内输水管路至少有1条管路到出水池是畅通的,输水管路上阀门始终处于开启状态。配套工程输水管线运行过程中,受水水厂不得关闭正在使用的管路阀门。受水水厂要改变水流走向,应先打开要使用的管路阀门再关闭原管路的阀门。

3 泵站输水线路工程供水时,应遵守等流量的原则,即正常运行时,整个输水系统中的泵站机组、调节控制阀和受水水厂必须协调一致工作,在保证各输水建筑物水位不越限的情况下,维护全线路流量动态平衡,尽量减少弃水或停机。

泵站输水线路的流量动态平衡是通过泵站的进水前池和出水池水位反映出来的,即其水位在一段时间内相对稳定,相应地反映出期间流量相对平衡。

4 泵站机组启动时,其进水侧应保证开机时进水池的瞬时水位应不低于最低设计水位;泵站正常输水时,其前池水位应保持在最高设计水位和最低设计水位间。

5　泵站输水线路开机计划供水量必须根据单台机组的供水量进行组合确定。单台机组供水量大于水厂需水量时不宜开机,否则,水厂应提前做好弃水准备,避免水淹水厂。

泵站开机台数应根据下达的计划供水量和供水时段开停,尽量减少开、停机次数。

6　泵站机组启动采用软启或变频启动方式,各泵站机组启动方式见附录4.4-1。

7　调节、控制水位、流量的方法有:降低变速机组转速;增加或减少运行机组数量;提高或降低泵站进水前池的水位。

8　正常输水运行过程中,变速机组转速尽量保持在高效能区域。机组转速调节的原则:每次调节的幅度最大不超过0.5%;若调节幅度较大则要分步进行。

9　变频机组只能在额定转速(工频50 Hz)或降速(低于工频50 Hz)运行。变频机组1台或2台变频机组并联运行可以改变供电频率,改变机组转速运行,且2台机组供电频率应一致,以满足水厂需水量要求。待流量计测得流量改变并稳定后,根据泵站出口流量计读数现场可再次调整供电频率。

10　工频机组与变频机组并联运行时,变频机组宜按工频运行。如果为改变输水流量需要变频机组变频运行时,在变频机组变频运行的过程中必须时刻监视工频机组的运行状态,工频机组不得超负荷运行,以免烧毁电机。工频机组与变频机组并联运行时,要不断记录变频机组变频运行中机组的电压、电流、频率、流量等技术参数,为今后的运行管理积累经验。

11　投入运行机组台数少于工作台数的泵站,运行期间宜轮换开机,轮换间隔时间宜为4天。各泵站的机组应定期进行切换:泵站单机运行时,机组切换应按"先开后停"原则进行;泵站双机或多机运行时,机组切换应按"先停后开"的原则进行。

12　泵站输水线路设备在运行过程中,应加强巡视,密切观察运行主要参数,发现异常及时抢修,并报上级主管部门。

4.4.3　调度计划管理

1　年度水量调度计划

每年9月,城市水厂、调蓄水库、引丹灌区等用水单位应编制上报下一年度用水计划,市级管理机构组织初审,汇总后编报下一年度水量调度方案(格式见附录4.4-2)。省级管理机构审核后提出年度用水计划建议,配合水行政主管部门制定年度水量调度计划,并下达年度水量调度计划。

2　月水量调度计划

每月15日前,城市水厂、调蓄水库、引丹灌区等用水单位应编制次月用水计划,并纸质上报至市级管理机构。市级管理机构组织初审,汇总后编报月水量调度方案(格式见附录4.4-3)。省级管理机构审核后提出月用水计划,并以调度函形式(格式见附录4.4-4)下达月水量调度计划至市级管理机构。

3　供水计划调整

依据核准的月用水计划,省级管理机构协调中线局对口门开启时间及分水流量实施调度。如月用水量较计划变化超出10%或供水流量变化超出20%,需调整月用水计划的,各市级管理机构应以调度函形式向省级管理机构提前提出书面申请(黄河以南提前5日,黄河以北提前8日),由省级管理机构协调中线局实施。市级管理机构对省级管理机构调度函格式见附录4.4-5。遇突发紧急情况时,按程序执行相应应急预案。

4.4.4 调度运行操作

1 配套工程泵站输水系统运行操作分为机电设备操作、电气一次设备操作、电气二次设备操作、输水设备和设施操作和计算机监控系统操作。电气一次设备操作、机电设备操作、输水设备和设施操作包括运行状态变更和运行参数调整;电气二次设备操作包括二次装置的运行定值更改和状态变更;计算机监控系统操作包括主、备用调度权的切换、设备控制方式的变更。

2 配套工程泵站供水系统运行操作主要内容:

(1)电力输、配线路和变压器的停送电。

(2)变电站母线的投、停和继电保护及自动装置的状态变更。

(3)输水管线阀门的启闭和调整。

(4)输水系统启动前充水操作。

(5)泵站机组的开、停机和转速调整;调流阀室调流调压阀的启、闭及开度调节。

(6)输水系统排水操作。

(7)计算机监控系统调度权限、管辖设备控制方式的切换。

(8)新建、改建、扩建设备的试运行及启动。

3 调度值班员操作前应核对计算机监控系统监控画面上所标示的电气接线、设备名称编号、运行状态、接地点位置及状态、机组运行情况、沿线输水设备、设施参数的实际情况。

4 调度值班员在决定进行操作前,应做好以下准备工作:

(1)明确此次操作的目的、操作范围,将设备、设施的运行状态及方式与现场核对清楚。

(2)全面考虑操作内容,并根据计算机监控系统画面显示的实际运行情况模拟操作步骤,保证操作程序的正确性。

(3)做好保证供电、输水系统安全运行的措施。

(4)充分考虑此次操作对供电系统负荷变化、输水系统流量平衡的影响;考虑此次操作是否改变目前的系统运行方式,方式改变后供电、输水系统是否安全稳定。

(5)充分考虑继电保护以及主变中性点接地情况是否满足设备安全运行的规定。

(6)充分考虑操作对计算机监控系统、通信及自动化装置的影响。

(7)操作前应通知相关单位加强监视。

5 调度操作尽量避免在交接班时进行,不能避免的重大操作应在操作完成或操作告一阶段后再进行交接班。

6 严禁约时操作;雷雨、大风等恶劣天气时禁止进行室外倒闸操作。

4.5 调度业务协调联系

4.5.1 运行单位业务协调联系

1 为完成水行政主管部门下达的水量调度任务,各市级管理机构应根据省级管理机构下达的水量调度计划,分解、细化并制定各输水线路的系统运行方式和水量调度方案,并下达给各现地运行单位。同时定期根据现场设备、设施运行状态的变化调整系统运行方式及输水调度计划。各现地运行单位根据下达的输水调度计划安排、组织本单位的生产运行工作。

2 配套工程各运行单位是相关调度业务协调联系的对口部门。

3 输水运行前,各市级管理机构应将所管辖范围内机电设备、输水水工建筑物具备运行能力、具备过水条件的确认函报送省级管理机构调度部门。

4 对于计划外的输水任务,省级管理机构根据市级管理机构上报的机电设备、输水水工建筑物具备运行能力、具备过水条件的确认函,结合天气、输水量、输水时间等因素制定特殊时期系统运行方式及调度供水计划。

5 输水运行过程中,调度值班员根据规程的规定进行相关操作或下达相关调度指令,实施下达的水量调度计划,完成上级部门下达的供水任务。

6 正常输水情况下,各运行单位要对调度范围内设备、设施或水工建筑物进行检查、维护或检修等工作,各运行单位应向调度部门提出申请,调度部门在做好调度范围内其申请的安全措施或调整系统运行方式、调度输水计划后,才能许可相关运行单位进行其申请的工作。

7 省级管理机构、市级管理机构、现地管理机构与供水用户(城市水厂、调蓄水库)应建立联络协调机制,明确联系人和联系方式,便于对口联系,联系方式下发至各运行单位。联系方式应按附录4.5-1填写。

4.5.2 维修养护单位业务协调联系

1 为圆满完成年度检修计划、消除输水运行过程中出现的各种缺陷、故障,调度部门将根据省级管理机构下达的检修计划审核批复各类检修申请;维修养护单位根据批复的计划性检修、临时或事故性检修申请展开检修工作。

2 配套工程各维修养护单位是相关调度业务协调联系的对口部门。

3 维修养护单位应根据检修计划,合理安排检修人员,按期完成检修任务;调度部门也将根据检修计划,调整系统运行方式、调度输水计划,做好调度范围内其申请的安全措施,配合各检修单位完成检修任务。

4 配套工程输水线路检修业务程序:

(1)维修养护单位将输水线路检修工作申请上报调度部门。

(2)调度部门将批准的检修工作申请下达给检修单位。

(3)按《工作票管理制度》和《操作票管理制度》执行。

5 调度中心计算机监控系统检修业务程序:

（1）调度值班员或自动化巡检人员将运行过程中发现的缺陷，以通知单的形式通知检修单位。

（2）维修养护单位安排人员进行消缺、维护。

（3）调度值班员为检修人员办理检修工作票的许可和终结手续。

4.5.3 中线干线工程管理单位业务协调联系

1 省级、市级及现地管理机构应加强与中线干线工程各级管理单位的沟通协调，建立相应的联络协调机制，明确联系人和联系方式，便于对口联系。

2 省级管理机构调度部门、中线干线工程管理单位总调度部门是相关调度业务协调联系的对口单位。

3 每年进行供水协议的签订，供水协议包括调度业务配合工作。如调度业务联系的人员及电话有变动，应书面及时通知对方。

4 正常情况下，中线干线工程管理单位应根据用水计划、省级管理机构调度函确定的供水量平稳、足额分水；省级管理机构应根据双方确定的供水量，自行安排其运行方式，但不能私自增大或减小取水量。

5 双方调度按照批准的供水计划实施；若在执行计划过程中双方计划有调整，应提前通知对方，若一方发生事故需中断供水时应及时通知对方调度，对方应积极配合进行事故处理，恢复供水时提前通知对方。

6 每月双方应确认供水量，及时调节满足供水计划的要求。

4.5.4 受水水厂等用水单位业务协调联系

1 省级、市级及现地管理机构应加强与城市水厂、调蓄水库管理单位等供水用户的沟通协调，建立相应的联络协调机制，明确联系人和联系方式，便于对口联系。

2 省级管理机构或受省级管理委托的市级管理机构、受水水厂等用水单位是相关调度业务协调联系的对口单位，双方应确定各自对口联系部门。

3 每年进行调度协议的签订，如调度业务联系的人员及电话有变动，应书面及时通知对方。

4 正常情况下，省、市级管理机构应根据确定的供水量向各供水用户平稳、足额供水；各供水用户应根据双方确定的供水量，自行安排其运行方式，但不能私自增大或减小取水量。

5 双方调度按照批准的供水计划实施；若在执行计划过程中双方计划有调整，应提前72小时通知对方，若一方发生事故需中断供水时应及时通知对方调度，对方应积极配合进行事故处理，恢复供水时提前通知对方。

6 每日各供水用户应核实供水量，及时调节满足供水计划的要求。

4.5.5 地方电力部门业务协调联系

1 省级管理机构或经授权的市级管理机构及地方电力部门的各级调度机构是相关调度业务协调联系的对口部门。

2 市级管理机构根据年度或阶段性供水调度计划，协调地方电力部门保障辖区内配套工程的用电负荷及用电质量（对供电系统的电压、频率、无功、谐波等指标的要求）。

3 根据配套工程年度或月度检修计划,将属于地方电力部门调度范围内的供电线路及设备的检修计划,按地方电力部门的规定上报,并协调和平衡检修计划;按照地方电力部门批复的检修计划,通知检修单位按时、合理地组织检修工作。

4 属于地方电力部门调度范围内的供电线路及设备的临时性、事故检修,市级管理机构应根据现地管理机构、检修单位的汇报及时向相关调度机构提出申请、说明检修情况,并根据批复情况及时通知检修单位进行检修工作。

5 根据地方电力部门的要求,合理编制配套工程供电系统的运行方式、调度输水计划;地方电力系统负荷紧张或系统不稳定时,按地方电力部门要求,调整配套工程供电、输水系统的运行方式;配合地方电力部门维护供电网络的安全、稳定。

6 地方电力部门检修业务联系内容

(1)根据下达的检修计划,将属于地方电力部门调度范围内的供电线路及设备的检修计划,按地方电力部门检修管理规定上报。

(2)及时与地方电力部门沟通、协调,配合地方电力部门批复相关的检修计划。

(3)根据地方电力部门批复的检修计划,将确定的检修计划下达检修单位、运行单位。

(4)监督检修单位、运行单位按期完成计划检修项目。

7 停送电业务联系内容

(1)根据地方电力部门停送电业务规定,上报地方电力部门调度范围内供电线路、设备设施的停电申请。

(2)根据停电申请批复情况,按时联系地方电力部门按照调度指令进行停电操作。

(3)得到地方电力部门的许可后,通知检修单位、运行单位开展检修工作。

(4)按照地方电力部门停送电业务规定,办理检修工作的延期、中断或终结手续。

(5)及时联系地方电力部门按照调度指令进行送电操作。

8 技改、新改建、扩建项目业务联系内容

(1)地方电力部门调度范围内供电线路、设备设施的技改、新改建、扩建项目的设计方案应报地方电力部门相关部门审查。

(2)地方电力部门调度范围内技改、新改建、扩建的设备和设施应符合地方电力部门的专业管理规定和要求。

(3)项目完工后,应将相关设计图纸、设备参数等技术资料报送地方电力部门调度机构。

(4)技改、新改建、扩建设备和设施的试运行、启动方案应征求地方电力部门相关部门的审查意见。

9 保护装置、定值业务联系内容

(1)地方电力部门调度范围内的继电保护装置停用前,调度机构需经地方电力部门相关部门批准后,指令运行人员进行操作。

(2)配套工程供电、输水系统设备继电保护装置的运行、停用或定值修改会影响地方电力部门调度范围内的设备运行时,调度机构应得到其调度机构的许可后方可进行操作;

其定值单应报其调度机构备案。

4.5.6　施工用电用户业务协调联系

1　为保证施工用户用电负荷、规范施工用户用电秩序，为施工用户提供良好的用电环境，调度机构对施工用户进行用电管理。

2　施工用电用户用电申请办理程序：

（1）施工用电用户根据其施工用电情况将用电计划申请报送相关运行单位。

（2）各运行单位将施工用电用户的用电计划申请及其审批意见报调度机构。

（3）调度机构在审核相关资料、绘制相关接线图、签订调度协议；核定出线间隔、确定设备编号、计算并核定相关保护定值后下达给检修单位。

（4）检修单位在修改保护定值、安装相关设备后，用电管理单位向调度机构申请停电接火。

（5）调度机构在审核相关资料后许可检修单位进行停电接火。

施工用户的用电计划申请应包括：变压器容量、计划接火地点、开关规范及其他设备规范、所有设备的合格证或试验参数、调度机构批准的停送电联系人及联系方式。

3　施工用电用户供电线路停电时，调度值班员应提前通知施工用户相关事宜；施工用户有配合工作时，应提前向调度值班员申请，并及时汇报配合工作终结情况。

4　施工用电用户供电线路停电后，如施工用电用户无配合工作，送电时调度值班员将不通知施工用电用户，其应做好随时受电准备。

4.5.7　相关调度协议书的规定

1　省级管理机构或经授权的市级管理机构应每年与地方电力部门、施工用电用户签订调度协议，与受水用户签订调度业务协调协议。

2　相关调度协议中应明确协议双方对口联系部门、调度值班员名单、相关值班、联系人名单、双方联系电话、传真号码、双方调度范围及调度设备。

3　相关调度协议中应包括协议双方的权利、义务，异常情况下双方处理的原则及双方约定的其他事项。

4.6　调度设备检修管理

4.6.1　调度设备检修管理规定

1　配套工程输水系统的主要设备实行计划检修。设备检修计划应根据设备运行情况和设备设施的有关规程、规范、标准等所规定的检修周期及工期进行编写。

2　设备检修计划分为年度、季度、月度和日检修计划，特殊情况下可编写阶段性检修计划。年度检修计划应根据设备运行并结合全线供电、输水运行的要求出发，由省级管理机构维护部门组织调度部门、各运行机构、检修单位编制，经省级管理机构批准后下发。

3　配套工程供电、输水系统的设备、设施及水工建筑物的检修分为计划检修、临时性检修、事故检修。

（1）计划检修是指各类设备、设施及水工建筑物列入年度、月（季）度或阶段性检修计划,进行有计划的检修、维护或试验等。

(2)临时性检修是指各类设备、设施及水工建筑物非计划性检修、维护或试验等。

(3)事故检修是指需要立即进行设备检修或试验等,如不立即检修可能危及设备、人身安全,造成供电、供水中断。

4　涉及地方电力部门调度范围内的设备、设施的检修计划,各市级管理机构、检修单位要及时报地方电力部门,并省级管理机构调度部门备案。

5　各运行单位、检修单位的检修申请内容应包括:停电线路、停电设备及安全措施、工作内容、工作开始和结束时间及送电方式、要求。

6　执行涉及地方电力部门调度范围内的设备、设施的检修计划时,各运行单位或检修单位应在检修工作开始前一工作日的9时前向调度值班员提出书面申请,调度值班员应在同日20时前给予批复;并根据检修影响范围,将检修情况通知相关运行人员或施工用户。

7　配套工程非涉外计划及缺陷处理的检修工作,各运行单位应在检修工作前向调度值班员提出申请,调度值班员及时给予答复;并根据检修影响范围,将检修情况通知相关运行人员或施工用户。

8　检修工作当日,各运行单位运行人员或线路检修的工作负责人在得到调度值班员的操作指令之后,才能进行相应的操作;对已停电的设备,在未获得调度值班员许可开工前,应视为有随时来电的可能(对于水工建筑物应视为有随时来水的可能),严禁自行进行检修;严禁在未经申请、批准及下达开工令的停电的设备上工作;设备检修开工后,未经调度值班员的同意,不得随意进行申请票工作内容以外的工作。

调度机构、各运行单位或检修单位自己运行的(调度管辖范围之外的)设备、设施或水工建筑物的检修工作,不需要向调度值班员申请。

9　已批准的检修申请,因故不能按期进行或完成时,各运行单位的运行人员或检修单位的工作负责人必须向调度值班员办理改期或延期手续;未经调度值班员同意,不得擅自将已批准的检修申请改期或延期。

涉及地方电力部门调度范围内的设备、设施的检修工作,延期手续必须在计划工期结束前一个工作日10时前提出(工期为一天者,应在计划结束时间前两小时提出);延期手续只允许办理一次,如需进行再次延期,需要重新办理检修工作申请。如遇法定节假日时,上报或申请时间应提前到法定节假日前的一个工作日。

10　基建施工工作需要运行设备、设施或水工建筑物停运,必须纳入设备检修计划;如在调度机构调度范围内,各运行单位需向具有权限的调度机构办理相关停运报批手续;如在地方电力部门调度范围内,各运行单位需向调度机构提交停运报批手续,由调度机构向地方电力部门办理停运手续。

11　涉及地方电力部门调度范围内的设备、设施的检修工作申请,现场各运行单位运行人员或检修单位工作负责人应在检修工作开始的前两个工作日以书面形式报调度机构;调度值班员应在检修工作开始前一个工作日将批复情况通知相关人员。如遇法定节假日时,上报或申请时间应提前到法定节假日前的一个工作日。

临时性检修申请虽已批复,但在批准的停电、停运时间之前,各运行单位或检修单位还应向调度值班员报告该项检修工作是否按时进行。

各运行单位或检修单位自己运行的(调度管辖范围之外的)设备、设施或水工建筑物,可自行安排临时性检修工作。

12 事故抢修工作的申请,现场运行人员或线路检修工作负责人可随时向调度值班员提出,调度值班员应及时给予答复;现场运行人员或线路检修工作负责人应及时向调度值班员报告抢修情况。各运行单位或检修单位自己运行的设备、设施或水工建筑物,可自行安排事故抢修工作。

13 在设备、设施或水工建筑物检修期间,因系统特殊需要,调度值班员有权终止或缩短检修工期,尽快使设备投入运行或转入备用。

14 各市级管理机构应按以上检修管理规定按期上报月度检修计划。临时性检修申请应在停电前四个工作日向调度值班员书面申请,调度值班员应在当日20时前将批复情况通知有关市级管理机构调度部门及相关运行单位;对于已批复的临时性检修申请,维修养护单位应及时向有关市级管理机构和地方电力部门办理工作票,并将工作票复印件于检修前一工作日报调度值班员,调度值班员应通知相关单位配合。检修当日维修养护单位工作负责人应及时汇报停、送电及检修工作完成情况,调度值班员应及时通知相关运行单位做好随时受电或供水准备。

如遇法定节假日时,上报或申请时间应提前到法定节假日前的一个工作日。

4.6.2 计划性检修执行程序

1 调度值班员在接到运行单位或线路运行单位提交的检修申请时,首先根据下发的月度检修计划核实此检修申请的类别(计划性、临时性、事故性)。

2 对于计划性检修,调度值班员应核实其申请的检修工作时间及工作内容是否与月度检修计划相符;如情况相符则调度值班员对此检修申请进行批复或汇报;如情况不相符,调度值班员应视其为临时性检修申请,并向相关领导汇报。

3 检修工作执行当日,调度员向运行人员或线路检修工作负责人核实检修工作是否如期进行,调度值班员应根据检修工作内容进行相关操作、根据检修申请要求做好调度范围内相关安全措施,然后许可其工作。

4.6.3 临时性检修执行程序

1 调度值班员在接到运行单位或检修单位提交的检修申请时,首先根据下发的月度检修计划核实此检修申请的类别(计划性、临时性、事故性)。

2 检修工作执行当日,调度员向运行人员或线路检修工作负责人核实检修工作是否如期进行,调度值班员应根据检修工作内容进行相关操作、根据检修申请要求做好调度范围内相关安全措施,然后许可其工作。

3 对于运行人员提出的危及工程安全或运行安全的缺陷临时检修申请,调度值班员应按照事故性检修程序执行。

4 省级管理机构调度部门将根据批复的临时性检修申请,安排与之配合的其他检修工作。

4.6.4　事故性检修执行程序

1　调度值班员在接到运行单位或线路检修单位提交的检修申请时,首先根据下发的月度检修计划核实此检修申请的类别(计划性、临时性、事故性)。

2　对于事故性检修申请,调度员应及时答复。

3　调度值班员在接到事故检修申请后,应立即向上级汇报。

4.7　新增、改建、扩建及技改工程调度管理

1　本规程关于新增、改建、扩建及技改设备管理规定均是配套工程调度范围内供电、输水系统的设备、设施及水工建筑物的规定。

2　涉及地方电力部门调度范围内的设备、设施按本规程"4.5.5 地方电力部门业务协调联系"的有关规定执行。

3　调度部门应参与配套工程供电、输水系统设备、设施及水工建筑物的新增、改建、扩建、技改项目设计方案的制定和审查工作。

4　项目投运前,项目管理单位应将相关设计图纸、设备参数等技术资料提交调度中心。

5　新增、改建、扩建、技改工程有关项目的继电保护、调度自动化系统、通信系统、水力量测系统的验收或试运行工作应通知调度部门参加。

6　调度中心应根据新增、改建、扩建、技改工程建设工期及影响范围及时调整输水系统运行方式和输水调度计划;必要时制定工程建设期间特殊的系统运行方式和输水调度计划。

7　供电系统、输水系统的设备、设施由于新增、改建、扩建、技改工程需要退出运行的,相关设备、设施的运行单位应将其纳入检修计划,并按照本规程设备检修管理规定执行.

8　新增、改建、扩建、技改工程项目完工后,经质检、调试、验收合格,具备试运行或投运条件后,其设备、设施或水工建筑物的运行单位应向调度部门提交试运行或投运行申请。

9　新增、改建、扩建、技改的设备、设施或水工建筑物的投运申请应包括:

(1)主要设备、设施的规范和技术参数(包括实测参数)、水工建筑物的验收、检测报告。

(2)设备的一次接线图、平面布置图、设施及水工建筑物的竣工图纸。

(3)电气设备的继电保护和自动装置的原理图及按保护整定计算需要的相关技术数据。

(4)预定的试运行或投运时间、试运行或投运方案、现场运行规程及相关事故处理方案。

(5)通信联系方式及运行值班人员名单。

(6)新型或特种设备的使用说明书。

10 调度部门根据投运申请,进行下列工作:

(1)试运行或投运调度方案及事故处理方案。

(2)确定设备、设施的名称和编号。

(3)提出相关设备保护定值。

(4)确定运行方式、试运行或投运日期。

调度部门将以上资料上报省级管理机构;待省级管理机构批复后,安排新增、改建、扩建、技改的设备、设施或水工建筑物的试运行或投运工作。

11 新增、改建、扩建或技改的设备、设施或水工建筑物的运行单位的运行人员在具备试运行或投运条件后,应根据省级管理机构下达调度范围,将调度部门调度范围内的设备、设施或水工建筑物进行认真检查,并转为冷备用状态,向调度值班员汇报以上设备、设施或水工建筑物具备试运行或投运条件;一经汇报,以上设备、设施或水工建筑物即视为运行设备,未经调度值班员下达指令或许可,不得进行任何操作或工作。若因特殊原因需要操作或工作时,经省级管理机构同意后,由运行单位(或维护单位)运行人员向调度值班员申请撤销具备启动条件。

12 新增、改建、扩建、技改的设备、设施或水工建筑物试运行或投运时,相关运行单位、检修单位或维护单位必须按照批准的试运行或投运调度方案执行,并做好事故预想;相关运行单位、检修单位或维护单位不能擅自变更已批准的试运行或投运调度方案;如遇特殊情况需变更时,必须经省级管理机构批准。

4.8 事故处理应急调度

4.8.1 事故处理应急调度的原则

1 配套工程输水系统事故处理基本原则是"保人身、保设备、保输水",即在保证人身、设备安全的基础上,将事故影响范围控制在最小范围内,维持配套工程输水线路全线的正常运行。

2 调度部门当值调度值班员为配套工程输水系统事故处理的应急调度指挥者,并对事故处理的调度正确性负责。

3 在处理输水系统事故调度时,调度值班员应做到:

(1)沉着冷静、不急不躁,尽快搞清事故情况及事故对输水系统的影响,及时汇报,调度指挥,做出正确的事故处理措施,尽量限制事故发展;组织运行单位、检修单位或其他相关单位消除事故点,解除事故点对人身和设备安全的威胁。

(2)将事故情况、影响范围及初步事故处理措施建议向调度值班长、调度部门相关领导汇报;并及时通知事故可能影响的其他单位,令其做好应急措施。

(3)根据事故情况协调相关部门,尽快恢复事故点、故障设备运行;根据事故情况尽快恢复供水。

(4)用一切可行的办法保持设备继续运行,维持全线流量平衡,尽量保证全线输水工作正常进行。

4 输水系统发生事故时,事故单位及涉及的相关单位的运行人员必须迅速准确地向调度值班员汇报有关事故情况,其主要内容有:

(1)事故发生的时间、设备、设施或水工建筑物名称和编号、事故现象、开关、阀门动作情况、机组及相关设备停运情况或水工建筑物损坏情况等。

(2)继电保护动作情况。

(3)进水池、泵站前池、调压井或减压阀室出水池水位等。

(4)站点内事故波及范围及其他现象或情况。

(5)调度值班员需要了解的其他情况。

5 事故处理时,相关运行单位运行人员必须坚守岗位,运行值长应留在中控室进行全面指挥,并与调度值班员保持联系,优先接听调度值班员电话;以防止在事故处理中因无人接听调度电话而影响事故处理或事故扩大。

6 各运行单位在处理自己运行范围内设备、设施或水工建筑物事故时,凡涉及对整个输水系统有重大影响的操作,均应向调度值班员汇报并依照调度值班员指令或其许可后方可进行。

7 事故处理期间,调度值长作为事故处理的应急调度主要指挥者,应全面分析和处理事故,对其他调度值班员进行有效监护;调度主值负责操作或下达调度指令、接收运行或检修人员汇报;调度值班员应做好事故处理记录。调度主值、值班员必须听从值长的指挥,并将有关情况及时汇报值长。

8 输水系统发生事故时不得交接班。如在交接班过程中发生事故,而交接班手续尚未完成,则应由交班调度值班员负责应急调度,接班调度值班员应根据交班调度值班员的要求协助处理,待事故处理告一阶段后才可进行交接班。

9 处理事故时的操作,可以不填写操作票,但必须严格执行复诵、监护制度,使用录音设备,认真做好记录;必须使用统一的调度术语。事故处理完毕后,调度值班员应根据本规程中重大事件汇报管理的要求,及时填写即时报告卡片,并按有关规定向有关单位和领导汇报。

10 紧急情况下,为防止人身危害、事故扩大,运行人员可根据现场运行规程无须等待调度值班员指令可先行处理,然后立即汇报调度值班员。

11 现场运行人员和检修维护人员应切记,设备事故停电后,随时有不经事先通知而突然来电的可能,故未经当值调度员许可不得触动事故停电设备;若故障设备需要检修时,应向当值调度员提出事故检修申请。

12 对于地方电力部门调度范围内的设备、设施,调度值班员应接受相关电力部门调度机构的指令;调度值班员应注意,设备事故停电后,随时有不经事先通知而突然来电的可能。

4.8.2 机电设备的事故处理应急调度

1 开关在合闸或分闸时,出现非全相的合闸或分闸情况时,泵站运行人员应按以下原则处理:

(1)合闸时如只合上一相或两相,应立即将断路器拉开,重新合闸一次;若仍不正常,此时应拉开断路器,切断其控制电源。不论其合闸是否良好,操作完成后,运行人员均应向调度值班员汇报情况。

(2)分闸时,若一相或两相分不掉,应立即切断控制电源进行手动操作断路器分闸。

2 调度部门管辖范围内的线路开关掉闸时,相关运行单位运行人员除按现场规程处理外,应立即向调度部门当值调度员汇报,汇报内容包括:

(1)动作掉闸开关的名称及编号。

(2)继电保护装置动作情况。

(3)开关掉闸的时间。

(4)事故时的电压、电流情况。

(5)开关外部检查情况及其他设备检查情况。

3 单电源线路的开关掉闸的处理原则

(1)线路进行强送时应注意:

①强送开关必须完好,且具有完备的继电保护。

②开关切断故障电流的次数和遮断容量。

(2)线路开关跳闸后无论重合或强送成功与否,调度值班员必须通知检修单位进行带电巡线查找故障点;检修单位必须认真执行巡线任务,及时向调度值班员汇报巡线结果并对巡线汇报内容负责。

(3)若经过线路巡线检查仍无发现故障点,调度值班员只能对线路试送一次,试送时应退出重合闸装置并随时检查开关情况。

(4)若经过线路巡线检查发现故障点后,检修人员可向调度值班员申请事故检修;检修完毕后,调度值班员应安排线路送电工作;若送电时仍出现故障现象,调度值班员不得进行强送或试送,待查明原因后,方可试送。

(5)电缆线路掉闸后不应强送,待测试绝缘合格或找出电缆故障点并处理后方可送电。

(6)线路带电作业或线路检修后恢复送电开关掉闸时,不准强送或试送,待查明原因后,方可试送。

(7)各泵站应明确规定线路开关遮断短路故障的允许累计次数,并列入现场规程。每次检修后的实际遮断短路故障次数由各泵站运行人员负责统计管辖。

(8)对于新启动的线路,线路开关跳闸后,调度值班员在得到启动组织领导同意后,根据启动方案进行强送电。

4 接地事故处理原则

(1)中性点不接地的系统中,发生单相接地,应迅速查找故障点,带接地故障运行的时间规定为:

①供电系统发生间歇性接地,找出故障线路后,立即切除。

②供电系统发生稳定性接地,可继续运行,但查明故障点后,根据情况以最小停电范围迅速切除故障点。

③供电系统带接地运行时间一般不超过2小时。

（2）泵站发生接地故障后，运行人员应一面检查设备情况，一面汇报调度值班员，汇报内容包括：故障性质（瞬时、间歇或稳定接地）及故障相别、接地故障持续时间；调度值班员应按照下列原则指令运行人员通过拉路试验等操作寻找接地故障。

①试拉质量不好经常发生接地的线路。

②试拉充电线路，双回线路，联络线路。

③按规定的拉闸序位，试拉负荷线路。

（3）当发生永久性接地、威胁人身安全且无法采取措施时，调度值班员应迅速将此线路停电。

（4）切勿将带电作业、设备一相断线、PT保险熔断及线路电容不平衡等误作接地故障处理。

（5）线路发生接地故障后，调度值班员应要求检修人员对故障线路进行带电巡线，检修人员应及时汇报巡线结果并对汇报内容及线路故障处理情况负责。线路故障处理后，调度值班员应根据线路故障处理情况及时安排送电。若送电时仍出现故障现象，调度值班员不得进行强送或试送，待查明原因后，方可试送。

5　变压器事故处理原则

（1）变压器因保护同时动作跳闸，未查明原因和消除故障之前不得强送。证明变压器内部无明显故障后，经管理局同意，可以申请试送一次。

（2）在事故情况下，变压器过载能力和允许过载时间，应遵守生产商的规定，若无规定时，按现场规程或执行国家有关规定或标准。

（3）变压器遇有下列情况之任何一项时，应立即停运并进行检修：

①爆炸或破裂。

②套管端头熔断。

③变压器冒烟、着火。

④变压器铁壳破裂。

⑤内部有异音，且有不均匀爆炸声。

⑥变压器无保护运行。

⑦变压器保护或开关拒动。

⑧发生直接威胁人身安全的危急情况。

⑨厂家有特殊规定时，应按厂家规定执行。

6　母线事故处理原则

（1）母线故障电压消失的原因是：

①因母线本身故障所致。

②因供电系统发生故障所致。

母线电压消失后，泵站运行人员要根据现场情况、仪表指示、继电保护装置动作情况、开关信号及其他现象，正确判断故障原因，及时向调度值班员汇报。

（2）调度值班员处理母线故障的原则：

①调度值班员应首先确认泵站运行人员将失电母线上所有开关均断开。

②母线故障跳闸后,调度值班员应检查 10 kV 主变中性点接地运行方式,保证地方电力部门要求的中性点接地数量。泵站 10 kV 母线故障跳闸后,应保证泵站运行主变的中性点有一个接地点。

③调度值班员可根据泵站运行人员汇报内容综合判断母线失电原因,如母线失电是由母线上某开关拒动导致越级跳闸的,调度值班员指令运行人员将该拒动开关隔离,检查母线及其他元件无异常后,由调度值班员发令恢复母线运行。

④故障母线有明显的故障点时,调度值班员应指令运行人员将此故障点隔离,恢复母线运行。

故障母线有明显的故障点但无法迅速隔离时,若系两段母线中的一条出现故障,调度值班员应命令运行人员恢复另一段母线运行。

故障母线若找不到明显的故障点,应选用有充电保护的母联开关进行试充电。一般不允许用变电器向故障母线充电。

⑤若母线失电,确已得知为系统拉闸限电时,当值调度员应及时向电网调度机构汇报,等候系统送电。

⑥属于地方电力部门调度范围内的设备、设施,调度值班员在运行人员关于母线失电汇报后,应立即向地方电力部门的调度机构汇报,听从其调度人员的指挥。

7　电流、电压互感器事故处理的原则

(1)当电流、电压互感器发生故障时,应及时消除其对继电保护装置的影响,防止继电保护装置误动而使事故扩大。

(2)禁止用刀闸手动拉开故障的电压互感器;不得将故障的电压互感器二次与正常运行的电压互感器的二次并列。

(3)应尽快隔离故障的电压互感器;若其高压侧刀闸可遥控操作时,可用高压侧刀闸进行隔离;否则用开关切断电压互感器所在母线的电源,然后隔离故障的电压互感器。

(4)当发现电流互感器二次开路时,应设法将其短路,如无法实现应将故障的电流互感器停运。

8　泵站全站主电源失电的事故处理程序

(1)调度值班员应迅速查明全站失电原因及相关情况,检查机组、变频器、软启动等是否正常退出;指令运行人员检查机组及相关设备状态及其本体是否完好;检查供电系统主变、相关开关状态;检查其本体是否完好;检查辅机系统状态及其完好程度。运行人员根据现场运行规程进行相关检查、操作。

(2)迅速向电网调度机构汇报了解相关情况,向调度部门领导汇报相关情况。

(3)指令运行人员做好随时送电的检查和操作准备。

(4)及时与电网调度机构沟通,争取尽快恢复泵站供电。

(5)服从地方电力部门调度机构的指挥,接受其调度指令,并指令运行人员进行泵站恢复送电的操作。

(6)根据供电、输水系统的运行情况,进行其他事项的调度工作。

以上程序中向地方电力调度机构汇报内容、指令运行人员的相关操作及其他注意事项参照本规程中相关章节的规定执行。

4.8.3 输水系统事故处理应急调度

1 各泵站输水线路发生事故,泵站运行人员或巡查人员应向调度值班员汇报下列内容:

(1)事故发生的时间、设备、设施或水工建筑物名称和编号、事故现象、开关、阀门动作情况、机组、阀件及相关设备停运情况或水工建筑物损坏情况等。

(2)继电保护装置动作情况。

(3)进水池水位、机组进出水管压力、输水线路流量和压力等。

(4)站点内事故波及范围和其他现象或情况。

(5)调度值班员需要了解的其他情况。

2 泵站事故处理的原则:在保证人身、设备安全的基础上,尽量减少弃水,尽最大可能保证全线不间断输水。接报事故发生后,调度值班员应根据本规程中重大事项汇报管理的要求,及时填写重大事项记录,并按有关规定向有关单位和领导汇报。

3 泵站停机事故处理原则

(1)若其备用机组能够启动运行,不用减少运行机组数量(或停止输水);若其备用机组短时间内不能启动运行,则调度值班员应将泵站运行机组数量减少一台(或停止输水)。若泵站前池水位接近最低运行水位时,在协调干线工程管理单位采取提高运行水位措施前,要相应地减少一台运行机组(或停止输水)。

(2)期间泵站备用机组能够正常启动时,调度值班员应先将泵站恢复到原先的运行状态。

(3)期间调度值班员可通过适当调节变速器转速,适当延长事故处理时间,维持泵站线路的连续输水。

(4)根据本规程重大事件汇报管理的规定进行汇报,并根据应急预案的要求进行事故处理。

4 输水管线严重漏水事故处理原则

(1)严重漏水情况调度值班员应理解为管道破损、爆管、管线上排水阀、检修人孔或阀井漏水量大、管线流量变小、管线压力下降明显等现象,或者管理单位规定的其他现象。

(2)调度值班员应首先让泵站运行机组停运,然后迅速关闭事故点上下游侧的控制阀或检修阀,同时根据事故地点不同,关闭相应的供水支线调流阀或末端调流阀。

(3)根据本规程重大事件汇报管理的规定进行汇报,并根据应急预案要求进行事故处理。

4.8.4 通信及自动化系统事故处理应急调度的原则

1 配套工程输水系统正常运行时,现场运行单位与调度中心通信线路中断或通信设备失灵后,现场运行人员和调度值班员应迅速通知相关通信运行人员,有关通信运行人员应积极采取措施,恢复通信系统正常运行。

2 通信中断后,现场运行人员应尽量通过其他就近站点与调度中心取得联系,或通过其他通信方式与调度值班员取得联系。

3 凡能与调度中心取得联系的站点均有责任转达调度值班员发布的调度指令和联系事项,以及通信中断单位回复的调度指令。转达时,其应做好记录并录音,并严格执行复诵制度。

4 与调度中心通信中断的运行单位的运行人员应尽量保持原有的运行方式不变,并按本规程的有关规定进行现场运行。

5 调度值班员正在发布调度指令,但运行人员尚未执行时,通信突然中断,运行人员不得执行该调度操作指令。

6 通信中断时,调度值班员应立即停止涉及该口门全线路输水系统的操作;未得到运行人员回令汇报的操作,应视为此调度指令仍在执行中,运行人员应做好本单位的有关记录,待通信恢复正常后,及时向调度值班员汇报。

7 通信中断期间发生事故时,运行人员应根据本规程或现场规程进行必要的事故分析和处理,并做好相关记录。同时采取一切可能的办法与调度值班员取得联系,向调度值班员汇报事故处理情况,并服从调度值班员的调度指令。

8 自动化系统故障或异常并且其影响到调度值班员对现场运行数据的采集或对设备、设施的操作时,调度值班员一方面通过调度指令了解现场运行数据、指挥运行人员进行操作,另一方面与自动化管理人员联系,及时处理自动化系统的故障。

4.9 计算机监控系统的调度管理

4.9.1 计算机监控系统的管理规定

1 计算机监控系统(简称自动化系统)是保证配套工程输水系统安全、稳定、优质运行,提高调度运行管理水平的重要手段。

2 调度中心、各运行单位应装备可靠、先进的调度自动化系统,投入运行的输水系统设备应装备可靠的自动化设备。自动化监控系统设备的运行管理应严格执行配套工程自动化系统运行管理制度的规定。

3 调度中心、各运行单位的相关部门应认真做好自动化系统设备巡视检查、信息正确性判别、缺陷统计、报告等工作,保证调度自动化系统的可靠运行。

4 调度中心自动化管理的职责是:负责省级管理机构调度中心自动化监控系统的运行管理,保证其正常和可靠运行;制定和执行自动化系统运行管理规定;参与调度自动化系统有关项目的建设、改造;参加调度自动化系统有关的事故调查分析,参与制定并实施反事故技术措施。

5 各运行单位应保证自动化设备的正常运行及所采集信息的完整和可靠。

6 自动化系统的检修、维护工作必须纳入检修计划,检修或维护单位应按时上报检修、维护计划,并严格按照批复的检修计划根据本规程调度设备检修管理的规定开展检修、维护工作。

自动化系统因故障或其他原因临时检修或维护时,应及时通知调度部门,待批复后根据本规程调度设备检修管理的规定开展检修、维护工作。

7 保护、通信部门更换或检修设备时,其工作影响到自动化系统运行或改变其设备状态时,应事先通知调度部门,得到批准后方可进行。

8 调度值班员发现自动化系统信息有误或应用软件不正常等其他问题时,应填写自动化系统故障、缺陷通知单。

现场运行人员发现自动化系统信息有误或应用软件不正常等其他问题时,应及时通知其自动化系统专职或兼职人员及调度值班员,并通知检修、维护单位进行处理;检修、维护人员在处理完毕、恢复正常后,其应及时向调度值班员汇报。

9 调度范围内自动化系统的输出画面、报表格式、自动运行方式和其他数据库数据应用变更等技改工作,由调度部门提供书面资料及更改要求,经调度部门领导批准后,报省级管理机构安排改造。

10 自动化系统的技改工作结束后,省级管理机构应组织调度部门、检修或维护等部门进行审查、验收。

4.9.2 计算机监控系统调度运行规定

1 正常情况下自动化监控系统所能远控的设备其控制方式均应置为"远方"。

2 正常情况下自动化监控系统的调度操作权应置为省级管理机构"调度中心"。

3 正常情况下,调度值班员进行输水系统操作时,能远控设备的操作尽量通过自动化监控系统进行,操作完成后可由现场运行人员现场核实操作结果;不能远控设备的单一操作可通过调度指令由现场运行人员进行,远方不能独立完成的操作任务,现场运行人员根据调度指令票进行。

4 调度值班员无法控制远控现场设备时,现场运行人员根据调度指令进行现场操作时,应尽量在站控级计算机、公用 LCU 上进行操作,避免在现地 LCU 或直接在设备上进行操作。

5 在下列情况下,调度值班员可将全线输水系统的调度操作权切换到备用调度中心:

(1)省级管理机构调度中心与各市级管理机构的专网通信中断(调度中心自动化监控系统无现场运行数据),且短时间内无法恢复。

(2)调度中心自动化监控系统故障,无法监视全线运行情况,且短时间内无法恢复。

(3)调度中心自动化监控系统主电源失电。

(4)根据设备定期切换计划,进行切换运行。

调度操作权切换前,调度值班员应提前通知备用调度中心及其他运行站点运行人员。调度值班员应与备用调度中心运行人员确定切换时间;备用调度中心运行人员在切换完成并测试正常后,通知相关单位运行人员正式接受调度操作权。

切换期间及相关单位运行人员收到接受调度操作权前,仍由省级管理机构调度中心调度值班员行使调度操作权。

6 通信、主电源恢复正常、调度中心自动化监控系统恢复正常或定期切换计划结束后,调度值班员应主动、及时收回调度操作权;调度值班员在切换完成并测试正常后,应及时通知相关单位运行人员正式收回调度操作权。

切换期间及相关单位运行人员收到正式收回调度操作权前,仍由备用调度中心运行人员行使调度操作权。

7 以下情况下,调度值班员可命令运行人员将能远控设备的控制方式切回"现地",由其根据调度指令进行操作:

(1)远方操作失败。

(2)该设备退出运行转冷备用或检修时。

(3)通信中断或量测设备异常,导致调度值班员无法正确判断其运行状况。

(4)新增设备或设备检修后投运。

4.10 通信系统的调度管理

4.10.1 通信系统的管理规定

1 配套工程的通信网是全线输水系统重要的、密不可分的组成部分,是调度自动化和管理现代化的基础,是确保配套工程输水系统安全、稳定、优质运行的重要手段。其重要任务是为全线输水系统调度和调度自动化系统提供可靠的信息传输通道。

2 省级管理机构调度中心负责全线通信系统的集中监控工作。其通信值班室的值班人员实行 24 小时值班,负责全线通信系统指挥、协调业务。各运行单位、检修单位均设立专职或兼职的通信管理人员,配合通信值班员的运行、协调工作并负责其管辖范围内通信设备的运行管理。

3 调度中心参与全线通信系统新建、改建、扩建项目的规划、设计、审查、竣工验收工作,并提出审核意见。项目竣工后,项目管理部门应向调度中心职能部门提供相关资料,并进行技术交底。

4 各运行单位、检修或试验单位必须认真贯彻配套工程通信管理制度的相关规定,遵循通信为全线输水系统服务的基本原则。

5 各运行单位、检修或试验单位应与调度中心必须具备独立、可靠的通信通道,满足调度电话和自动化信息传输的要求。

6 通信系统的检修、维护工作必须纳入检修计划。

检修或维护单位严格按照批复的检修计划根据本规程调度设备检修管理的规定开展检修、维护工作。

通信系统因故障或其他原因临时检修或维护时,应及时通知相关通信值班员,待批复后根据本规程调度设备检修管理的规定开展检修、维护工作。

4.10.2 通信系统的运行规定

1 各运行单位运行人员或通信管理人员发现设备故障或接到故障通知时,应立即通知检修或维护人员进行故障处理,并向通信值班员汇报。当通信系统发生故障时,其必须服从通信值班员的指挥,积极配合协作,尽快恢复通信系统正常运行。

2 通信系统、通信设备检修、维护或通信运行方式发生变更时,通信值班员应提前通知调度值班员;若其相关工作影响全线输水系统调度运行工作时,应征得调度值班员同意后方可进行。

　　3　全线输水系统的计划或临时性检修对通信系统可能造成影响时,调度值班员应提前通知通信值班员,以便其通知有关部门安排新的通信方式;检修工作结束后,调度值班员应及时通知通信值班员。

　　4　通信值班室应备有下列运行资料:

　　(1)各种通信方式的系统网络图。

　　(2)各种通信电路示意图。

　　(3)系统运行电路使用清册、接线登记表等。

　　(4)所辖通信设备的图纸、说明书等基础技术资料。

　　(5)通信电路工程建设的设计、施工、安装、调试等有关资料。

　　(6)通信电路和设备故障、缺陷登记册。

　　(7)值班运行日志。

4.11　调度运行管理流程

4.11.1　调度管辖设备(可远控)操作权移交流程(见图4.11-1)

4.11.2　调度计划执行流程(见图4.11-2)

4.11.3　操作票执行流程(见图4.11-3)

4.11.4　工作票办理流程(见图4.11-4)

4.11.5　检修报批执行工作流程(见图4.11-5)

4.11.6　调度中心交接班工作流程(见图4.11-6)

4.11.7　缺陷处理流程(见图4.11-7)

4.11.8　调度管辖设备运行状态改变工作流程(见图4.11-8)

4.11.9　值班工作流程(图4.11-9)

4.11.10　重大事项汇报流程(见图4.11-10)

4.11.11　调度大厅自动化系统硬件设备巡检流程(见图4.11-11)

图 4.11-1 调度管辖设备（可远控）操作权移交流程

图 4.11-2 调度计划执行流程

值班负责人根据启动、停机、倒闸、运行方式改变通知单、继电保护定值单或领导指示等按要求明确操作范围，指定操作人、监护人

操作人核对操作设备状态，明确操作任务，核对操作票编号，认真填写操作票，检查无误后在最后一项下一行中间加盖"以下空白"章，并在操作票操作人栏签名，交给监护人审核

监护人根据操作任务，认真审核操作票所列项目是否正确，不正确的及时提出，审核无误后签名

若填写不正确，在已填写操作票加盖"作废"章，重新填写

监护人手执操作票，操作人打开操作界面准备操作，监护人唱票、操作人复诵，正确无误后操作人操作，监护人在操作票相应操作项目填写操作时间并打"√"，确认无误后逐项操作以后各项

因命令变更终止操作的，在备注栏注明"调度命令变更，自××条起不执行"，并在已操作的操作票加盖"已执行"章，次页起其余加盖"作废"章

因远方不能操作的一项或几项操作内容，可转到现地操作，操作完成后再转回远方操作，不必重新填写操作票

操作票所列操作项目全部操作完毕后，核对设备运行状态，检查与检修要求是否相符

所列项目全部正确操作完成后填写终了时间，在操作票右上角加盖"已执行"章

将操作票登记在操作票登记簿中，保存在已执行操作票档案盒中

图 4.11-3　操作票执行流程

工作负责人执检修、安装、调试、试验和施工作业批准单按两票管理规定正确填写工作票。在工作当天应预先交给调度值班人员，若需做较多安全措施的工作票，应在开工前一小时把工作票提给运行值班人员

值班人员认真检查工作票所填项目是否正确，工作票所列人员是否具备相应资格，若不正确重新填写

调度员根据工作票要求布置安全措施，会同工作人员到现场逐项检查并交代注意事项。双方共同签字履行工作许可手续。许可人、工作负责人各执一份工作票，许可人将工作票记入工作票登记簿中

工作开工后，工作负责人必须始终在工作现场认真履行自己的安全职责，认真监护工作全过程

工期为一天的工作需延期时，应在批准工作结束时间前两小时办理延期手续，工期为超过一天的工作需延期时，应在批准工作结束时间前一天办理延期手续

工作结束后，工作负责人应全面检查并组织清扫整理工作现场，确认无误后，带领工作人员撤离现场，并在工作票备注栏详细记录检修项目、发现的问题、试验结果和存在的问题以及有无设备变动等；工作许可人和工作负责人共同到现场验收，检查设备状况，有无遗留物件，是否清洁等，然后在工作票上填写工作结束时间，双方签名，工作方告终结

调度值班人员恢复安全措施，汇报值长，在工作票右上角加盖"已执行"章，工作票方告终结，值班人员将工作票保存在相应档案盒中，顺序保存；检修人员将检修作业批准单转回职能科室

图4.11-4　工作票办理流程

图 4.11-5 检修报批执行工作流程

续图 4.11-5

图 4.11-6 调度中心交接班工作流程

图 4.11-7　缺陷处理流程

图 4.11-8　调度管辖设备运行状态改变工作流程

图 4.11-9 值班工作流程

注:重大事项包括主设备(机组、变频器、主变、10 kV 开关或调流阀、闸门)
主动或被动改变运行状态,违反调度规程的事件,主设备的故障停机、跳闸,
主设备的主保护误动作,输水线路故障或突发事件以及火灾、人身伤亡等事件。

图 4.11-10 重大事项汇报流程

图 4.11-11 调度大厅自动化系统硬件设备巡检流程

5 运行管理

5.1 运行操作一般规定

1 配套工程泵站输水系统运行操作分为机电设备操作、电气一次设备操作、电气二次设备操作、输水设备和设施操作、计算机监控系统操作。电气一次设备操作、机电设备操作、输水设备和设施操作包括运行状态变更和运行参数调整;电气二次设备操作包括二次装置的运行定值更改和状态变更;计算机监控系统操作包括主、备用调度权的切换、设备控制方式的变更。

2 泵站应根据泵站技术特点和相关规程要求,在运行规程中制定泵站运行操作具体程序和要求。

配套工程泵站供水系统运行操作主要内容有:

(1)输水系统启动前充水操作。

(2)泵站投运前准备。

(3)母线的投、停和继电保护状态的变更。

(4)泵站机组的开、停机和转速调整;辅机设备的启动、停止;调流阀室调流调压阀的启、闭及开度调节。

(5)输水管线阀门的启闭和调整。

(6)输水系统排水操作。

(7)新建、改建、扩建设备的试运行及启动。

(8)直流电源投入、切出。

(9)上位机监控系统登录,进入控制状态。

(10)主变压器投运和 10 kV 电源投入。

3 调度值班员操作前应核对计算机监控系统监控画面上所标示的电气接线、设备名称编号、运行状态、接地点位置及状态、机组运行情况、沿线输水设备、设施参数的实际情况。

4 调度值班员在决定进行操作前,应做好以下准备工作:

(1)明确此次操作的目的、操作范围,将设备、设施的运行状态及方式与现场核对清楚。

(2)全面考虑操作内容,并根据计算机监控系统画面显示的实际运行情况模拟操作步骤,保证操作程序的正确性。

(3)做好保证供电、输水系统安全运行的措施。

(4)充分考虑此次操作对供电系统负荷变化、输水系统流量平衡的影响;考虑此次操作是否改变目前的系统运行方式,方式改变后供电、输水系统是否安全稳定。

（5）充分考虑继电保护以及主变中性点接地情况是否满足设备安全运行的规定。

（6）充分考虑操作对计算机监控系统、通信及自动化装置的影响。

（7）操作前应通知相关单位加强监视。

5　调度操作尽量避免在交接班时进行，不能避免的重大操作应在操作完成或操作告一阶段后再进行交接班。

6　泵站应按有关规程、规定及设备运行技术要求制定泵站运行规程及反事故预案，运行人员应熟练掌握，运行前及每年均应组织运行管理人员认真学习和演练。

7　泵站应在设计工况下运行。

8　泵站运行应具备必要的运行备品、器具和技术资料，主要有：

（1）运行维护所必需的备品；

（2）设备使用说明书和随机供应的产品图纸；

（3）电气设备原理接线图；

（4）设备安装、检查、交接试验的各种记录；

（5）设备运行、检修、试验记录；

（6）设备缺陷和事故记录；

（7）主要设备维护、运行、修试、评级揭示图表；

（8）安全工具；

（9）消防器材及其布置图；

（10）现场运行规程；

（11）反事故预案。

5.2　运行人员的分工和职责

1　运行期间泵站设总值班，负责泵站的运行调度，掌握泵站设备运行状况，发生事故时组织泵站人员进行事故处理。总值班一般由站负责人或技术负责人担任。

2　泵站按四值三班轮换制配备人员。每运行班设值班长1名，配备1~3名值班员。

3　值班长负责运行班人员分工及当班安全运行工作，接受总值班的开停机命令，与地方电力部门联络停送电，签发操作命令票和检修工作票，检查值班员对安全和运行规程的执行情况，在保证安全的条件下，安排值班人员排除值班时间内发生的故障。

4　值班员负责职责范围内的巡视检查、设备操作、值班记录工作，并根据值班长的安排进行事故或故障检修工作。

5　值班人员在当班时间内应严格遵守各项规章制度，不得擅自离开工作岗位，不得做与值班无关的事，不得擅自将非运行人员带入值班现场，不得酒后上班。要着装整洁，思想集中，做好安全保卫工作。

6　站技术人员负责检查各运行班的安全运行，对运行资料进行检查、分析、管理，对运行中必需的维修和故障检修进行事故指导。

5.3 设备操作管理

5.3.1 一般要求

1 每年应对泵站工程建筑物、设备进行一次全面检查、维修、试运行。对继电保护、仪表进行校验,对电气设备进行预防性试验,并根据检验结果按工程设备评级标准进行评定。工程完好率应达到80%以上,其中主要建筑物的工程评级不应低于二类工程标准。设备完好率不应低于90%,其中与水泵机组安全运行密切相关的设备评级应不低于二类设备标准。安全运行率应不低于98%。

2 泵站所有机电设备名称、编号、铭牌应齐全,并固定在明显位置。旋转机械应标示旋转方向,裸露的部位应加安全罩。油、气、水管道、闸阀及电气线排、旋转机械裸露处等应按规定涂刷明显的颜色标志。需要显示油位的应有油位指示计(或液位监视器);液压站、回油箱油位指示应分别标出最高油面和最低油面,并与实际油位相符。各种电气设备外壳应可靠接地。

3 长期停用、检修后机电设备投入运行前应进行全面详细的检查,电气设备应测量绝缘值并符合规定要求,辅机设备转动部分应灵活,并进行试运行。

4 机电设备的操作应按规定的操作程序进行。

5 机电设备启动过程中应监听机电设备的声音,并注意振动等其他异常情况。

6 机电设备运行参数一般为每2小时记录1次,遇有下列情况之一,应增加记录次数:

(1)设备过负荷;

(2)设备缺陷近期有发展;

(3)新设备、经过检修或改造的设备、长期停用的设备重新投入运行。

7 对运行设备、备用设备应按规定内容和要求定期巡视检查。遇有下列情况之一,应增加巡视次数:

(1)恶劣天气;

(2)新安装的、经过检修或改造的、长期停用的设备投入运行初期;

(3)设备缺陷近期有发展趋势;

(4)设备过负荷或负荷有显著增加;

(5)运行设备有异常迹象;

(6)运行设备发生事故跳闸,在未查明原因之前,对其他正在运行的设备;

(7)运行设备发生事故或故障,而曾发生过同类事故或故障的设备正在运行时;

(8)运行现场有施工、安装、检修工作时;

(9)其他需要增加巡视次数的情况。

8 机电设备运行过程中发生故障应查明原因及时处理,当机电设备故障危及人身安全或可能损坏机电设备时应立即停止运行,并及时向上级主管部门报告。

9 机电设备的操作、发生的故障及故障处理应详细记录在运行值班记录簿上。

10 投运机组台数少于工作台数的时段,运行期间宜轮换开机。

11 在泵站的运行管理中,还应具有必要的运行备品和相关技术资料。

12 在严寒季节,泵站非运行期间应排净设备及管道内积水,对需要保暖的设备应采取保温防冻措施。

13 严禁约时操作;雷雨、大风等恶劣天气时禁止进行室外倒闸操作。倒闸操作应遵守电业安全工作规程、调度规程和操作规程。

14 值班员对一切操作应明确操作目的,认真执行调度指令。

15 运行操作应在上位机监控系统中进行,按上位机操作票进行操作。操作人员接到命令后,打开操作票界面,并根据现场和操作票的要求进行操作。如上位机自动化系统故障,必须由值班人员现场操作时,运行操作应由市级管理机构调度部门或经授权的总值班命令,操作票由操作人填写、监护人复核,并按运行操作制度认真执行。

16 电气闭锁回路只有在试验、检修时才可解除,在运行状态下禁止解除闭锁。

17 运行操作时,禁止在电气开关机构操作箱进行合闸操作,紧急情况下可进行分闸操作。

5.3.2 设备操作规定

5.3.2.1 进水(前)池拦污栅操作规定

1 运行人员应定期进行拦污栅的清污工作,汛期或大风天气下应缩短清污周期,并进行临时清污。

2 管线充水前、取水闸门开启前或切换前,应对拦污栅进行一次清污。

5.3.2.2 控制阀操作规定

1 投运前,输水管路进口控制阀在关闭位置,准备运行管路的调流阀两侧控制阀在开启位置,配用管路上的调流阀及其两侧控制阀在关闭位置。输水主管道岔管下游的控制阀根据通水要求关闭或开启。

2 管道首次运行时,如果控制阀处设有旁通管应打开旁通管上的阀门给管道充水,若无旁通管输水管路进口的控制阀缓慢开启至 15°~20° 给管道充水。待管路充满水后,关闭旁通管上的阀门开启控制阀或控制阀开至全开位置。

3 管道运行过程中出现爆管时,如果是支线应及时关闭支线进口控制阀或爆管点上游最近的检修阀,如果是主管应及时关闭爆管点上游最近的控制阀或爆管点上游最近的检修阀,并通过排空阀(排泥阀)将管内水排除后维修爆管点。

5.3.2.3 排气阀(空气阀)操作规定

排气阀投运时,其下部的检修闸阀应全开;排气阀出现严重漏水需要更换时,就先关闭其检修闸阀后再进行更换。

5.3.2.4 泄压阀操作规定

正常输水情况下,泄压阀前检修阀(手动偏心半球阀)必须全开。

5.3.2.5 检修阀操作规定

1 正常输水情况下,检修阀必须全开,其旁通阀必须关闭。

2 检修阀室的旁通阀在工作时(充水或排水),检修阀应关闭。

3 在主管线检修或事故处理时,可利用检修阀控制水流或切断水流。

5.3.2.6 排空阀(排泥阀)操作规定

1 正常输水情况下,输水管线沿线的排空阀(排泥阀)应关闭。

2 管线排空时,需要将管线上的排空阀(排泥阀)打开,将管线内存水排到排空阀井的湿井内,依靠现场临时的水泵将水排空。

5.3.2.7 调流阀操作规定

河南省南水北调中线供水配套工程仅在南阳3-1口门谭寨泵站两供水目标输水线路末端设调流阀,其余泵站输水线路工程均未设置调流阀。3-1口门泵站输水线路上调流阀仅起到流量分配作用,为常开状态,严禁正常工况下关闭。当事故工况需要关闭末端调流阀时,需执行两票制度,检修完毕后确定其在全开状态。

5.4 管理制度

5.4.1 泵站管理制度

5.4.1.1 汛期工作制度

1 汛前检查观测。

2 制定各项汛期工作制度。

3 完成汛前工程检查、维修工程和度汛工程。

4 修订防洪预案和反事故预案并报批,批准后成立防汛组织。

5 根据工程和设备可能发生的险情,备足防汛器材和工具,做好防汛抢险的准备工作,检查通信、照明设施是否完好。

6 汛前检查必须做到"四落实",即防汛责任制落实,工程状况落实,防汛物资器材落实,防汛应急措施落实。

7 汛期严格执行汛期值班制度,做好值班记录,按上级要求执行水情调度,值班人员必须了解有关情况,严守岗位,保证24小时人员不脱岗。

8 密切注意水情变化,做好水情测报工作。

9 加强工程和设备运用状态的检查观测,发现问题及时上报处理。遇有险情,立即组织力量抢险。

5.4.1.2 非运行值班制度

1 非运行期值班是指除开机运行以外的24小时值班。

2 值班人员应做好以下工作:

(1)负责厂房安全保卫,及时关闭门窗。

(2)对主辅机干燥保温装置定期巡视检查,杜绝一切发生火灾的可能性。

3 值班人员对带电的主辅机设备,每日进行1次巡视检查。

4 值班人员应坚守岗位,负责值班电话的传接,做好值班记录,搞好值班环境卫生,严格履行交接班手续。

5 值班人员对擅自离岗或履行职责不力而造成的后果自负。

5.4.1.3 外来人员进厂参观制度

1 除工作人员外,非工作人员一律不得进入泵站厂房;参观和实习等外来人员进站须由上级领导部门电话通知,进入泵站厂区后填写外来人员登记表,格式见附录5.4-1。

2 参观和实习人员进入泵站厂区后应遵守厂区的相关制度,听从工作人员指挥。

3 非工作人员不得挪用、操作厂房内的一切设备(包括照明、各种开关、阀门、灭火器材等)。

4 参观人员应远离机电设备,以防发生人身及设备事故。

5 参观人员在工程单位内部摄影需得到现地管理机构负责人许可。

6 工程单位不得向参观人员提供任何图纸、资料、技术档案,特殊情况须经市级管理机构领导审批。

5.4.1.4 学习、培训、考勤、奖惩制度

1 学习制度

(1)每个工作人员应自觉学习政策法规与业务技术。

(2)业务学习应以自学为主,并积极参加泵站现场及现地管理机构组织的各种培训会议。

2 培训制度

(1)岗前培训

泵站运行人员上岗之前需进行岗前培训,由市级管理机构组织,岗前培训记录进行备案。

(2)在岗培训

站长每周组织至少一次工作例会,每月组织至少一次安全学习培训,例会及培训要全部签字留档备查。

培训记录表格式参照附录5.4-2。

3 考勤制度

(1)运行或者非运行期间,运行及管理人员均应严格遵守劳动纪律,按时上下班,并做好交接班,不得迟到、早退、无故旷工,有事必须请假,请假人员应按规定办理请假手续。

(2)泵站考勤有专人负责记录,考勤报表每天记录,并于次月初及时上报现地管理机构。

4 考核及奖惩制度

市级管理机构将结合运行管理工作实际,制定工作考核制度,进行评估、考核,并进行奖惩。

5.4.1.5 物资管理制度

1 物资管理员必须具有一定业务知识,工作认真负责,爱护国家财务。

2 物资进库必须认真验收,并登记入册。物资应分类保管,堆放整齐,保管完好,并做好安全保卫工作。

3 物资领用,必须按计划领取,严格审批,并进行登记,写明领用人姓名、用途,各类

专用工具的领用应及时收回。

4 主设备的备件、备品应设专门地点放置,并定期检查,及时补充,满足维修、检修之用。

5 定期清仓查库,防止货物散失,仪器仪表更要定期检查、清点,每月清扫不少于1次,防止霉变、灰尘积落。

6 易燃易爆物品应按要求妥善保管,定期检查。

7 外单位借用本单位物资,须经单位负责人同意,并办理借用手续后方可借出,用后应及时收回。

8 单位内物资、工具、仪器、仪表均为国家财产,任何人不得占为私有。如遇特殊情况,需借用的应经单位负责人批准,办理有关手续,做到及时归还。

5.4.1.6 环境卫生制度

1 所有工作及进厂人员要遵守公德,禁止随地吐痰和乱扔烟头、果皮、纸屑等。

2 现地运行值班人员要执行每日清扫制度,创造良好工作环境,室内卫生做到地面无痰迹、无积尘,墙壁无蜘蛛网。

3 每次维护抢修工作结束后,要及时清理现场。

4 加强站区的绿化管理工作,不准在绿化区随意种植,保护绿化,美化环境。

5 各种机动车和非机动车辆必须按规定的地方停放,不准乱停乱放。

6 制度执行情况由市级及现地管理机构定期检查监督,对违反者及时进行批评,必要时进行现金惩罚。

5.4.2 运行值班制度

5.4.2.1 现地值守人员职责

1 认真做好日常运行工作,确保管理设施运行正常;

2 正确执行上级调度部门的操作指令,遵守相关操作规程;

3 负责泵站、现地管理站内所有设备设施运行情况的巡视检查及监控工作,发现问题及时上报;

4 负责做好仪器仪表的数据采集及日常基础资料的收集整理及上报等工作;

5 负责工程运行问题的先期处置,参加突发事件应急处理等工作;

6 负责管理设施内的安全保卫及保洁工作;

7 完成上级交办的其他工作任务。

5.4.2.2 运行值班管理制度

1 运行值班由站长全权负责,值班人员在站长的领导下开展工作。

2 运行人员要24小时值班,巡视抄表期间,应保证至少一人留守中控室。

3 值班人员应认真履行岗位职责,严格遵守工作制度,严格执行调度运行方案和调度指令,按照设备操作规程进行操作,逐步规范运行管理行为。

4 除提前请示调度经批准者外,凡20分钟内2次电话找不到者为擅离职守;在接到调度指令,15分钟内没有执行的为不服从调度指令。

5 中控室调度电话只能用于和调度联系,不得他用。

6 值班人员不得随意离开岗位,若离开须征得站长的同意且由有资格的替班人员顶替。严禁各值班岗位出现"空岗、脱岗、睡岗"。

7 值班人员应严格按各自的职责和任务做好值班工作,按照规定的值班方式进行轮流值班,不得随意改变。极特殊情况需经站长批准运维部经理审核通过后方可进行倒班和替班。

8 认真做好各种运行值班记录和日记,记录要用碳素笔或钢笔填写,字迹要清晰、工整,数据必须准确,不准弄虚作假,不准隐瞒真相,不准乱撕乱画。

9 值班期间应严格遵守工作纪律,值班人员要服装整齐,统一穿工作服,不可穿短裤、拖鞋、高跟鞋上班,严禁值班期间睡觉、打牌、玩游戏、上网聊天、看小说等,严禁酒后上班。

10 值班期间应集中精力,提倡看有关的技术书籍、资料。

11 值班人员应爱护公物,保持工作现场清洁。

5.4.3 运行期请假与临时外出制度

1 站长请假应经现地管理机构批准,同时报市级管理机构备案。站长请假期间现地管理机构应指定代理站长,履行站长职责。

2 运行班内遇特殊情况,值班人员请假须经站长批准。当班擅自离岗者按旷工处理。

3 工作人员需调休时应服从站长安排,经办理调休手续后,方可休假。

4 遇特殊情况请假超假者应在返回当天办理补假手续,一切超假均按事假处理,若无特殊情况超假者,超假期按旷工处理。

5.4.4 泵站机组轮换制度

1 为了保障供水的可靠性和连续性及时发现问题、处理问题特制定机组轮换制度。

2 每个机组在连续运行一段时间(可根据实际运行经验,参考调度管理有关规定确定),按照泵站轮机运行顺序来回轮换。

3 每个机组运行期间如有异常,应立即停机更换,并报请上级检修。

4 检修停机的机组要挂检修停机牌,并写明故障现象及部位、发现时间及当事人姓名。

5.4.5 运行现场管理制度

1 加强泵站运行现场管理,现场无杂物,安全设施齐全,机电设备符合运行要求。

2 运行现场各类管理制度及规程齐全,关键制度、规程及图表上墙明示。

3 常用备品备件齐全,对重要的、不常用备品备件应制定应急预案,明确购置途径、联系方式及到货所需时间。

4 控制室、值班室应有电气原理图、电气接线图、水泵装置运行特性曲线、主机泵和辅机相关图纸、运行规程、应急预案等,以便随时学习查阅,及时解决运行故障。

5 安全工具经试验合格,专人保管,定点摆放,使用前应进行外观检查。

6 运行现场应配有温度检测仪、噪声检测仪、振动探测仪、手持式照明电源及常用工具,重要部位的钥匙应统一管理,在值班室定点摆放并做好交接。

7 保持主、副厂房、值班室及控制室运行现场清洁,设备完好。

8 各类运行及值班记录应记录齐全,并按要求收集整理,不得损坏、遗漏及随意涂改,定点摆放整齐。

9 运行值班人员严格遵守运行值班制度,统一着装,挂牌上岗,举止文明,恪尽职守。

5.4.6 交接班制度

5.4.6.1 交接班一般规定

1 值班人员应按规定时间进行交接班。如接班人员未按时到达时,交班人员应报告站长,同时应坚持工作,直到接班人员或代班人员到达,现场办理交接手续后方可下班。未办理交接手续而擅离岗位的交班者作早退处理,并承担交班期间的事故责任,交班人员必须在交班完毕后集体离开岗位。

2 交班人员办理完交接手续后辅助接班人员运行,同时重点对站内卫生打扫、各种资料整理等。

3 接班人员应提前15分钟到达泵站值班室。

4 在进行重大操作和事故处理时不得进行交班。

5 交班人员需提前做好交班前的准备工作,值班负责人负责进行本班的总结,并将本班在运行中存在的问题及需要交代的事项做好记录。

6 接班人员到达工作岗位后,应认真查阅上一班的运行记录,交班人员应主动交代本班的运行、检查、检修情况,接到的调度指令及运行控制方式,并由双方人员共同对设备进行一次巡视检查。

7 交接班时必须双方负责人都在场,而且以值班负责人为主,按交接项目及待定事项进行交换,通过检查无问题后,双方在交接班记录上签字,否则不允许交接班。

8 交班工作不符合要求,接班负责人有权拒绝接班,直至交班人处理完存在问题达到合格方可进行交接班。

9 交接双方认为无问题后,首先由接班人在交接班记录上签字,而后交班人签字,交接班工作即告结束。

5.4.6.2 交班工作内容

交班人员应于交班前15分钟做好交班准备工作,由交班值班负责人组织本班人员进行总结,并将交班事项填写在运行日记中。交班的内容是:

1 设备的运行工况、异常情况及处理经过。

2 巡视发现的缺陷及处理情况以及本班完成的其他工作。

3 工具、材料的使用变动和交接。

4 当前已完成或未完成工作及有关措施。

5 安全消防用具的使用情况。

6 压力、频率变化情况及趋势。

7 调度指令的接收和执行情况。

8 阀门的启闭情况。

9 巡视发现的问题及记录。

5.4.6.3 接班的工作内容

在接班前要认真听取交班人员的介绍并进行以下检查:

1 查阅运行日志,校对设备运行状况。

2 检查设备缺陷,尤其是新发现的缺陷及处理情况。

3 了解设备工作情况及设备上的临时安全措施、标志牌等是否撤销。

4 查阅核对各种记录、图表、技术资料,检查清点安全用具、工具、仪器、钥匙、图纸、资料及备品、备件等。

5 了解内外联系事宜及有关通知、指示、指令等。

6 检查各仪表(电压、电流、压力)等指示是否正常。

7 检查设备及环境卫生。

检查结束,到达交接班时间后,即可进行交接班。接班后,接班值班负责人应核对时钟,并根据本班情况对本班人员进行工作指示,提出事故预想,防范措施及运行注意事项,安排当值期间的巡视检查工作。

5.4.6.4 交接班的责任划分

1 接班人员应负责检查核对交接班记录,如有疑问必须询问清楚,否则接班后发生问题由接班者负责。

2 接班人员在交接班时间内,没有检查或检查不细,接班后发生问题,责任由接班者负责。

3 交接班期间发现或发生问题,由交班负责人鉴定记录。

5.4.7 操作票制度

1 为避免由于操作错误而发生人身及设备事故,下列运行操作应执行操作票制度:

(1)控制阀开启、关闭;

(2)检修阀开启、关闭;

(3)调流阀开启、关闭以及调节;

(4)投入、切出电源;

(5)泵站投入、切出站用变压器;

(6)泵站开、停主机;

(7)泵站高压母线带电情况下试合闸;

(8)泵站投入、切出高压电源;

(9)泵站投入、切出移相(无功补偿);

(10)泵站高压设备倒闸操作。

2 运行操作应由值班长命令,操作票由操作人填写,监护人复核,每张操作票只能填写一个操作任务。

3 使用操作票的操作应由两人执行,其中对设备较为熟悉者为操作监护人。

4 操作票中应详细记录操作开始时间和结束时间,在所进行的操作后面打"√",并详细记录指令人发出的操作任务。

5 操作前应核对设备名称、编号和位置,操作中应认真执行监护复诵制,必须按操作顺序操作,每操作完一项,做一个记号"√",全部操作完毕后监护人应进行复查。

6 操作中发生疑问时,不应擅自更改操作票,应立即向值班长或总值班报告,确认无误后再进行操作。

7 操作票应按编号顺序使用。作废的操作票应注明"作废"字样。已操作的操作票应注明"已操作"字样。操作票保存一年。

8 操作票格式见附录5.4-3。

5.4.8 工作票制度

1 为确保泵站人员及设备的安全,所有人员到泵站检修、调试、安装、试验、施工一律办理工作票手续。

2 工作票一定按格式填写,字体工整清晰,用黑色或蓝色钢(水)笔或圆珠笔填写或签发,一式两份,不得任意涂改。

3 工作票由工作票签发人审核无误,手工签名后方可执行。工作票一份应保存在工作地点,由工作负责人收执;另一份由工作许可人收执,按值移交。工作许可人应将工作票的编号、工作任务、许可及终结时间记入登记簿。

4 一张工作票上所列的检修设备应同时停、送电,开工前工作票内的全部安全措施应一次完成。若至预定时间,一部分工作尚未完成,需继续工作而不妨碍送电者,在送电前,应按照送电后现场设备带电情况,办理新的工作票,布置好安全措施后,方可继续工作。

5 工作票一旦签发不得更改,如有变更必须有签发人同意。

6 需要变更工作班成员时,应经工作负责人同意,对新的作业人员进行安全交底手续,将变更情况通知工作许可人,并在工作票"备注"栏注明变更人员。工作负责人允许变更一次,由工作票签发人同意并通知工作许可人,将变动情况记录在工作票上。

7 在原工作票的停电及安全措施范围内增加工作任务时,应由工作负责人征得工作票签发人和工作许可人同意,并在工作票上增填工作项目。若需变更或增设安全措施者应填新的工作票,并重新履行签发许可手续。

8 工作票有破损不能继续使用时,应补填新的工作票,并重新履行签发许可手续。

9 工作票需办理延期手续时,应在有效时间尚未结束前由工作负责人向工作许可人提出申请,经同意后给予办理。

10 工作许可人在完成施工现场的安全措施后,还应完成以下手续,工作班方可开始工作:

(1)会同工作负责人到现场再次检查所做的安全措施,对具体的设备指明实际的隔离措施,证明检修设备确无电压;

(2)对工作负责人指明带电设备的位置和注意事项;

(3)和工作负责人在工作票上分别确认、签字。

11 工作间断时,工作班人员应从工作现场撤出,所有安全措施保持不动,工作票仍由工作负责人执存,间断后继续工作,无须通过工作许可人。每日收工,应清扫工作地点,开放已封闭的通道,并将工作票交回运行人员。次日复工时,应得到工作许可人的许可,取回工作票,工作负责人应重新认真检查安全措施是否符合工作票的要求,并召开现场站班会后,方可工作。若无工作负责人或专责监护人带领,作业人员不得进入工作地点。

12 在同一电气连接部分用同一工作票依次在几个工作地点转移工作,全部安全措施由运行人员在开工前一次做完,不需再办理转移手续。但工作负责人在转移工作地点时,应向工作人员交代带电范围、安全措施和注意事项。

13 在未办理工作票终结手续以前,任何人员不得将停电设备合闸送电。

工作间断期间,若有紧急需要,运行人员可在工作票未交回的情况下合闸送电,但应先通知工作负责人,在得到工作班全体人员已经离开工作地点、可以送电的答复后方可执行,并应采取下列措施:

(1)拆除临时遮拦、接地线(接地刀闸)和标示牌,恢复常设遮拦,换挂"止步,高压危险!"的标示牌;

(2)应在所有道路派专人守候,以便告诉工作班人员"设备已经合闸送电,不得继续工作"。守候人员在工作票未交回以前,不得离开守候地点。

14 工作票格式参见附录5.4-4。

5.4.9 高低压配电室操作制度

1 高压操作必须持有合格证人员才能担任,一人操作一人监视,严格执行操作票制度。

2 倒闸操作原则:停电时,先拉负荷侧,再拉电源侧,送电时,则与上述相反。

3 严禁带电带负荷摇手车,严禁带电合地刀,严禁带负荷摇母联手车,严禁带地刀摇进手车。

4 高压设备全部或部分停电检修时,必须按要求完成停电、验电、装设接地线、悬挂标志牌和装设遮拦等保护措施,方可进行工作。

5 倒闸操作前后必须认真进行检查,明确操作重要性和保证人身设备安全。

6 操作票应统一编号,一律用钢笔或圆珠笔填写,字迹清楚,按规定的统一格式填写和进行审核,并亲笔签名。

5.4.10 行吊操作制度

1 没有行吊特种作业许可证,任何人不得私自操作行吊;

2 起重机主电源送电前,应使所有的控制器手柄置于零,只有确认起重机上及周围无人时,才可以送电;

3 工作中突然断电或电压大幅下降时,应将所有控制器手柄扳回零位,重新工作前应检查起重机工作是否正常,发现异常应及时处理;

4 行吊不用时要收起行吊钩,将其停在工作人员最不容易经过的地方,切断电源;

5 操作时重物严禁从他人头上经过,吊臂下严禁站人,操作员和在场所有人员要戴安全帽;

6 起吊物品时必须2人以上,一人操作,一人维稳、定位;

7 操作应按指挥信号进行,起吊物品时只许一人指挥,其他人要专心看住物品,不得说笑、分心,严禁作业时接打电话;对紧急停止信号,不论何人发出,都应立即执行。

8 捆绑钢丝绳与钢梁等有棱角物之间必须加防磕措施;

9 物品起吊角度不得大于90°,即吊绳长度不能太短;

10 吊点一定要平衡,即多根吊绳长度一定要相等;

11 重物不得在空中悬停时间过长;

12 物品落地一定要有垫木;

13 吊绳、吊环、吊具等要定期检验,不得使用有损坏、有伤痕的吊具,遥控器要专人保管。

14 下列10种情况严禁进行起吊操作(十不吊):

(1)超载被吊物品不清时不吊;

(2)指挥信号不清时不吊;

(3)捆绑、吊挂不牢或不平衡时不吊;

(4)被吊物件上有人或有浮置物时不吊;

(5)起重设备结构或零件有影响安全工作的缺陷或损伤时不吊;

(6)遇有拉力不清的埋置物体不吊;

(7)歪拉、斜扯不吊;

(8)工作地点昏暗无法看清场地、被吊物件和指挥信号看不清时不吊;

(9)重物棱角处与捆绑钢丝绳之间未加衬时不吊;

(10)大型吊运工作无安全措施方案不吊。

5.4.11 生产区钥匙管理制度

1 生产区钥匙应由站长负责统一管理,分类存放在固定的钥匙柜内。

2 所有生产区钥匙至少应有3把,由运行人员负责保管,按值移交。1把专供紧急时使用,1把专供运行人员使用,其他可以借给经批准的检修、施工使用,但应登记签名,巡视或当日工作结束后交还。

3 交接班时值班人员应检查清点钥匙数量,如有丢失应做好记录。

4 定期对设备上的锁进行开锁检查,对坏死的锁及时更换,并对更换后的钥匙重新登记保存。

5.5 管理标准

5.5.1 设备管理标准

5.5.1.1 设备管理一般要求

1 所有机电设备都应进行编号,并将序号固定在明显位置。旋转机械应标识出旋转方向。

2 长期停用和大修后的机组投入运行前,应进行试运行。

3 机电设备的操作应按规定的操作程序进行。

4 机电设备启动过程中应监听设备的声音及振动,并注意其他异常情况。

5 对运行设备应定期巡视检查。

6 机电设备运行过程中发生故障,应查明原因及时处理。

7 泵站管理单位应根据设备的使用情况和技术状态,编报年度检修计划。

8 对运行中发现的设备缺陷应及时处理,对易磨易损部件进行清洗检查、维护修理,更换、调试应适时进行。

9 机电设备防护完好,设备本体及周围应无淋雨和积水现象。

10 每台机电设备应有下述内容的技术档案:

(1)设备履历卡;

(2)安装竣工后所移交的全部文件;

(3)检修后移交的文件;

(4)设备工程大事记;

(5)相关试验记录;

(6)相关油处理及加油记录;

(7)日常检查及设备维护记录;

(8)特种设备年度校验记录;

(9)设备运行故障及异常运行记录。

5.5.1.2 设备管理原则

1 设计、制造与使用相结合。

2 维护与计划检修相结合。

3 维修、改造与更新相结合。

4 专业管理与群众管理相结合。

5 技术管理与经济管理相结合。

5.5.1.3 设备管理保证

技术保证、组织保证、制度保证和人才保证。

5.5.1.4 主电动机管理标准

1 每台电机必须在机体的明显位置上牢固地装有电机额定参数及其必要事项的铭牌,铭牌应能保证字迹在电机的整个使用时期内字迹清楚。

2 电机表面应清洁,无锈蚀、油污、积尘。

3 保持电机周围环境干燥、清洁,大风、阴雨天气应关好门窗,汛期湿度过大时应利用干燥设备对电机进行干燥,保证电机定子、高压母线和站用变压器的绝缘电阻值,采用 2 500 V 兆欧表测量,绝缘电阻应不小于 10 MΩ,电机绝缘吸收比应不小于 1.3;测量低压主电机绝缘电阻值,采用 500 V 兆欧表测量,绝缘电阻应不小于 0.5 MΩ。否则应进行干燥或处理,合格后方可投运。

4 电机进、出线电流互感器、避雷器等应清洁,进出线接触良好,无发热现象,附属设备表面完好,无缺陷。

5 电机运行时无异常响声,无异常振动。

6 电动机工作时,电压与电流应在规定的范围内。

7 电动机在运行中,内部不得有碰擦现象与异常的响声。

8　电动机轴承润滑良好,无漏油现象,轴承温度应正常。

9　电动机定子绕组的温升不应超过规定的允许值。

10　电动机的散热装置及冷却系统应完好。

11　轴承润滑应良好,润滑及冷却水系统应正常。

12　电动机引出线与电缆连接应紧固,无松动。

13　适时加注润滑油脂及排除废油脂,保持轴承良好的润滑。滑动轴承应保持正常的油位,油路应畅通,注意适时添加润滑油。

14　电动机的运行电压应在额定电压的95%～110%范围内。

5.5.1.5　主水泵管理标准

1　每台水泵必须在泵体的明显位置上牢固地装有电机额定参数及其必要事项的铭牌,铭牌应能保证字迹在水泵的整个使用时期内字迹清楚。

2　水泵表面应清洁,无锈蚀、油污、积尘。

3　保持水泵周围环境干燥、清洁,水泵积水坑应保持排水畅通,无杂物和积水。

4　水泵联轴器连接牢固,螺栓锁片无变形、脱落,泵盖内无杂物、积水。水泵填料应无明显渗漏。

5　水泵机组在运行中应转向正确,运行平稳,无异常振动与噪声,连接法兰处无漏水。

6　弹性联轴器的轴向间隙和同轴度,应符合产品的技术要求。

7　水泵机组轴承润滑应良好,轴承允许最高温度不应超过制造厂的规定值,如制造厂无规定,属塑料轴承(轴瓦)为65 ℃;最高温度不应超过下列值:滚动轴承为95 ℃,滑动轴承为70 ℃。

8　主泵机组填料函泄水应符合要求;填料函处滴水正常,无偏磨过热现象,温度不大于50 ℃。

9　水泵机组应在规定的电压、电流、流量、扬程范围内运行。

10　水泵机座、泵体管道连接螺栓应紧固。

5.5.1.6　电气设备管理标准

1　主变压器

(1)主变压器外观应干净,无积尘、锈迹等,保护层完好,无脱落。

(2)变压器铭牌应固定在器身明显可见的位置,铭牌上所标示的参数应清晰且牢固。

(3)变压器进出线套管、防爆管应完好无裂纹,桩头示温片齐全,标志清楚完好,无发热现象。

(4)压力释放间正常,阀内无异物,密封圈无变形、老化、损坏,信号开关动作灵活可靠,开启、关闭动作灵敏,无卡阻。

(5)变压器温度计盘面干净、清晰,指示正确,气体继电器窗口干净、清晰,非运行状态下宜将窗口关闭。

(6)变压器表面线路、管道应排列整齐,可靠固定,端子箱整洁,无积尘,内部接线整齐、牢固。

(7)变压器铁芯接地、外壳接地应牢固可靠,标志明显,钟罩与箱底之间应有可靠的金属连接,并明确标示。

(8)外壳应无异常发热,必要时应测量铁芯和夹件的接地电流。

(9)变压器关闭严密,散热器规则,无变形。

(10)变压器室干净整洁,采光、通风良好,消防设施齐全完好,通风设备完好。

2　站用变压器(干式变压器)

(1)变压器的铭牌固定在明显可见位置,内容清晰,高低压侧相序标识清晰正确,电缆及引出母线无变形,接线桩头连接紧固,示温片齐全,外壳及中性点接地线完好。

(2)干式变压器本体及各部件清洁,无杂物,无积尘,绝缘树脂完好,各连接件紧固无锈蚀,套管无破损及放电痕迹。

(3)干式变压器运行时防护门必须锁好,通过观察窗能看清变压器运行状况,柜内检查用照明正常,电缆及母线出线必须封堵完好。

(4)测温仪准确反映变压器温度,显示正常,变压器温度不超过设定值。

(5)柜内风机运转正常,表面清洁,可以现场手动开启,也可以根据温度参数设定值自动开启。

(6)定期进行电气试验,测试数值在允许范围内。

(7)合理调整分接开关动触头位置,保证输出电压符合要求。

(8)变压器室干净整洁,通风良好,消防器材齐备。

3　高压开关柜

(1)高压开关柜铭牌完整、清晰,柜前柜后均有柜名,开关按主接线中规定编号,开关柜控制部分按钮、开关(包括低压开关)、指示灯等均有名称标识,电缆有电缆标牌,高压开关柜内安装的高压电器组件,如断路器、接触器、隔离开关及其操动机构、互感器、高压熔断器、套管等均应具有耐久而清晰的铭牌。各组件的铭牌应便于识别,若装有可移开部件,在移开位置能看清亦可。

(2)高压开关柜柜体完整,无变形,外观整洁、干净,无积尘,防护层完好,无脱落,无锈迹,盘面仪表、仪器、指示灯、按钮以及开关等完好,仪表显示准确,指示灯显示正常。

(3)高压开关柜应具备防止误分、合断路器,防止带负荷分、合隔离开关或隔离插头,防止接地开关合上时(或带接地线)送电,防止带电合接地开关(或挂接地线),防止误入带电间隔这五防措施,五防功能完好。

(4)高压开关柜柜内接线整齐,分色清楚,二次接线端子牢固,端子标志清楚,文字清晰。柜内清洁无杂物、积尘,一次接线桩头牢固,桩头示温片齐全,无发热现象,动静触头之间接触紧密、灵活,无发热现象,柜内导体连接牢固,导体之间的连接处示温片齐全,无发热现象,电缆室与电缆沟之间封堵良好,防止小动物进入柜内。

(5)在正常操作和维护时不需要打开的盖板和门(固定盖板、门),若不使用工具,应不能打开、拆下或移动。在正常操作和维护时需要打开的盖板和门(可移动的盖板、门),应不需要工具即可打开或移动,并应有可靠的联锁装置来保证操作者的安全。观察窗位置应使观察者便于观察必须监视的组件及其关键部位的任意工作位置,观察窗表面应干净、透明。

(6)高压开关柜接地导体应设有与接地网相连的固定连接端子,并应有明显的接地标志,高压开关柜的金属骨架及其安装于柜内的高压电器组件的金属支架应有符合技术条件的接地,且与专门的接地导体连接牢固。凡能与主回路隔离的每一部件均应能接地,包括利用隔离开关切换到接地开关合上的位置来实现接地。每一高压开关柜之间的专用接地导体均应相互连接,并通过专用端子连接牢固。

(7)高压开关柜内的断路器、接触器及其操动机构必须牢固地安装在支架上,支架不得因操作力的影响而变形。断路器、接触器操作时产生的振动不得影响柜上的仪表、继电器等设备的正常工作。断路器、接触器的位置指示装置应明显,并能正确指示出它的分、合闸状态。

(8)高压开关柜手车进、出灵活,柜内开关动作灵活、可靠,储能装置稳定,继电保护设备灵敏、准确。柜内干净,无积尘。应定期或不定期检查柜内机械传动装置,并对机械传动部分加油保养,确保机械传动装置灵活。

4 低压开关柜、开关箱

(1)低压开关柜铭牌完整、清晰,柜前柜后均有柜名,抽屉或柜内开关上应准确标示出供电用途。

(2)低压开关柜外观整洁、干净,无积尘,防护层完好,无脱落,无锈迹,盘面仪表、指示灯、按钮以及开关等完好,仪表显示准确,指示灯显示正常。

(3)开关柜整体完好,构架无变形,固定可靠。

(4)低压开关柜柜内接线整齐,分色清楚,二次接线端子牢固,端子编号清楚,电缆标牌齐全,标志清楚,柜内清洁无杂物、积尘。

(5)柜内导体连接牢固,导体之间连接处示温片齐全,无发热现象,开关柜与电缆沟之间封堵良好,防止小动物进入柜内。

(6)低压开关柜的金属构架、柜门及其安装于柜内的电器组件的金属支架与接地导体连接牢固,门体与开关柜用多股软铜线进行可靠连接,并有明显的接地标志。低压开关柜之间的专用接地导体均应相互连接,并与接地端子连接牢固。

(7)低压开关柜手车、抽屉进出灵活,闭锁稳定、可靠,柜内设备完好。

(8)开关柜门锁齐全完好,运行时柜门应处于关闭状态,对于重要开关设备电源或存在容易被触及的开关柜应处于锁定状态。

(9)柜内熔断器的选用及热继电器及智能开关保护整定值符合设计要求,漏电断路器应定期检测,确保动作可靠。

(10)操作箱、照明箱、动力配电箱的安装高度应符合规范要求,并做等电位连接,进出电缆应穿管或暗敷,外观美观整齐。

(11)设置在露天的开关箱应防雨、防潮,主令控制器及限位装置保持定位准确可靠,触头无烧毛现象。各种开关、继电保护装置保持干净,触点良好,接头牢固。

5 保护装置

(1)保护柜铭牌完整、清晰,柜前柜后均有柜名。

(2)保护柜外观整洁、干净,无积尘,防护层完好,无脱落,无锈迹,柜面各保护单元屏面清楚,显示准确,按钮可靠,柜体完好,构架无变形。

（3）柜内接线整齐,分色清楚,二次接线排列整齐,端子接线牢固,无杂物、积尘,保护柜与电缆沟之间封堵良好,防止小动物进入柜内。

（4）保护柜应有良好可靠的接地,接地电阻应符合设计规定。电子仪器测量端子与外壳应绝缘良好,仪器外壳应与保护柜在同一点接地。测量绝缘电阻时,应拔出装有集成电路芯片的插件(光耦及电源插件除外) 。

（5）日常检查维护不宜用电烙铁,如必须用电烙铁,应使用专用电烙铁,并将电烙铁壳体与保护柜在同一点接地。

（6）用手接触芯片的管脚时,应有防止人体静电损坏集成电路芯片的措施,只有断开直流电源后才允许插、拔插件。

（7）拔芯片应用专用起拔器,插入芯片应注意芯片插入方向,插入芯片后应经第二人检验无误,方可通电检验或使用。

（8）微机保护装置应定期检查盘柜上各元件标志、名称是否齐全,检查转换开关、各种按钮、动作是否灵活,接点接触有无压力和烧伤,检查各盘柜上表计、继电器及接线端子螺钉有无松动,检查电压互感器、电流互感器二次引线端子是否完好,配线是否整齐,固定卡子有无脱落,检查空气开关分合是否正常。

6 直流装置、UPS 装置

（1）盘柜铭牌完整、清晰,名称编号准确,电池屏及周围环境通风良好,周围环境无严重尘土,无爆炸危险介质,无腐蚀金属或损坏绝缘的有害气体、导电微粒和严重霉菌,安装蓄电池的室内应严禁明火。

（2）直流屏、UPS 柜外观整洁、干净,无积尘,防护层完好,无脱落,无锈迹,柜面仪表盘面清楚,显示准确,开关、按钮可靠,柜体完好,构架无变形。

（3）直流屏、UPS 柜内一次接线整齐,分色清楚,二次接线排列整齐,端子接线牢固,无杂物、积尘。电池屏电池摆放整齐,接线规则有序,电池编号清楚,无发热、膨胀现象。屏柜与电缆沟之间封堵良好,防止小动物进入柜内。

（4）高频整流充电模块工作正常,切换灵活,触摸屏微机监控单元显示清晰,触摸灵敏,绝缘监控装置稳定准确,电池巡检单元、电压调整装置、交直流配电稳定可靠。

（5）直流系统能可靠进行数据监测及运行管理,能对单体电池监测、电池容量测试、故障告警记录等,系统所有的信息均通过通信接口实现遥信、遥测、遥控等功能。

（6）蓄电池充放电按以下要求进行:

①开路放置 1~2 小时 ,待蓄电池温度与环境温度基本一致后,才能对蓄电池进行放电,放电前对蓄电池进行补充充电,充电至满状态;

②准备放电负载,放电负载应能保证放电电流;

③放电环境温度应在 50~350 ℃ ,且保持相对稳定;

④放电倍率采用 10 小时放电率进行放电;

⑤蓄电池静止 1~2 小时,接入放电负载,检查蓄电池电压;

⑥测量记录蓄电池组总电压和单只蓄电池的电压,确定放电电流和放电负载;

⑦开始放电时,严格记录蓄电池总电压和单只蓄电池的电压;

⑧蓄电池放电后每小时测量电压 1 次,放电过程中应保持放电电流稳定,放电后期应严密监测蓄电池的电压,保证蓄电池单瓶电压不低于规定值,发现单瓶电压低于规定值时应立即停止放电;

⑨放电完毕,蓄电池静止 1 ~ 2 小时后开始对蓄电池进行均衡充电,充电完成后将蓄电池组改为浮充电;

⑩一般阀控式蓄电池浮充电压为 13.38 ~ 13.68 V,均充电压为 14.1 V,详细数据可查阅各厂家的说明书,严格按照厂家说明书进行充放电,及时测量蓄电池的电压等数据,以保证蓄电池的完好。

(7)系统应能根据蓄电池状态自动选择充电模式进行均充电、浮充电及模式的切换,使系统一直处于最佳工作状态。

(8)屏柜的金属构架、柜门及其安装于柜内电器组件的金属支架应有符合技术条件的接地,且与专门的接地导体连接牢固,并应有明显的接地标志。

(9)UPS 在同市电连接时,应始终向电池充电,并且提供过充、过放电保护功能,如果长期不使用 UPS,应定期对电池进行补充电,定期检查电池容量,电池容量下降过大或电池损坏应整体更换。

(10)更换电池以前须关闭充电模块或 UPS 并脱离市电,脱下如戒指、手表之类的金属物品,使用带绝缘手柄的螺丝刀,不应将工具或其他金属物品放在电池上,以免引起短路,不应将电池正负极短接或反接。

7 电缆及其附件

(1)电缆应排列整齐,固定可靠,电缆标牌应注明电缆线路的走向、编号、型号等。

(2)电缆外观应无损伤,绝缘良好。

(3)电力电缆室内外终端接头分支要有与母线一致的黄、绿、红三色相序标志。电缆的终端接头接地线必须良好,无松动断裂现象,电缆终端接地线不得作为电源中性线使用。

(4)电缆沟、井及配电室的出入口电缆需要有明显标志。

(5)直埋电缆线路在拐弯点,中间接头等处需埋设标示桩或标志牌,室外露出地面上的电缆的保护钢管或角钢不应锈蚀、位移或脱落,标示桩应完好无损。

(6)直埋电缆线路附近地面应无挖掘痕迹,电缆沿线不应堆放重物、腐蚀性物品及临时建筑。

(7)沟道内电缆支架牢固,无锈蚀,沟道内无积水,电缆标示牌应完整并注明电缆线路的走向、编号、型号等。

(8)引入室内的电缆穿墙套管、预留的管洞应封堵严密。

(9)电缆正常不允许过负荷运行,即使在处理事故时出现过负荷,也应迅速恢复其正常电流。

(10)电缆的负荷电流不应超过设计允许的最大负荷电流,长期允许工作温度应符合制造厂的规定。电缆应无过热情况,电缆套管应清洁无裂纹和放电痕迹。

(11)电缆头接地线接地良好,无松动断股、脱落现象,动力电缆头应固定可靠,终端头要有与母线一致的黄、绿、红三色相序标志。

8 照明设备管理标准

（1）管理所主厂房、副厂房、主变压器室、高低压开关室、控制室、各通道、楼梯踏步、进出水口以及其他设备间等处均应布置足够亮度的照明设施。

（2）室外高杆路灯、庭院灯等固定可靠，连接螺栓无锈蚀，灯具强度符合要求，无损坏坠落危险。

（3）室外灯具线路应采用双绝缘电缆或电线穿管敷设，损坏应及时修复，防止发生触电事故。

（4）所有灯具防腐保护层完好，油漆表面无起皮、剥落现象，灯具接地可靠，符合规定要求。

（5）照明灯具优先采用节能光源，因光源损坏影响照度时应及时修复，保证作业安全。

（6）灯具电气控制设备完好，动作可靠，标志齐全清晰，室外照明灯具应设漏电保护器。

（7）应注重环保节能，定时器按照季度调整控制时间。

5.5.1.7 微机监控设备管理标准

1 一般规定

为了加强对微机监控设备的标准化管理，正确合理地使用微机监控设备，应坚持以维护保养为主，检修为辅的原则，不断提高设备的综合效率，充分发挥设备的工作效能，保持设备的完好状态，更好地为工程运用服务。

（1）微机监控设备、视频监控设备外观整洁、干净，无积尘。

（2）现地监控单元柜面、仪表盘面清洁，显示准确，开关、按钮、连接片、指示灯等完好、可靠。

（3）柜体的管理标准同开关柜的管理标准。

（4）硬件具有通用性，软件模块化，适应系统发展变化的需要。

（5）监控系统应做到尽量简单可靠，不同设备之间工作协调配合良好。

（6）微机监控设备不能频繁开启电源，开启电源时间间隔应在 5 分钟以上，以免烧毁机器设备和减少设备使用寿命。

（7）微机监控机房采用联合接地，接地电阻应小于 $1.0\ \Omega$，机房内各通信设备、通信电源应尽量合用同一个保护接地排。

（8）微机监控系统机房接地系统应完好，其防雷接地应与机房的保护接地共用一组接地体。

（9）机房是工程设备的控制中心，除工作人员外，其他人员应禁止进入，要保证机房的卫生整洁、照明良好、无安全隐患。

2 计算机及打印设备管理标准

（1）计算机主机、显示器及附件完好，机箱封板严密，按照标准化管理要求定点摆放整齐。

（2）计算机机箱内外部件清洁，无积尘，散热风扇、指示灯工作正常。

（3）计算机线路板、各元器件、内部连线连接可靠，接插紧固。

（4）计算机显示器、鼠标、键盘等配套设备连接可靠，工作正常，定期擦拭，保持清洁。

（5）计算机工作电压正常，电源插头连接可靠，接触良好。

（6）计算机磁盘定期维护清理，重要数据定期备份。

（7）计算机主机应放置于通风、防潮、防尘场所，机箱上禁止放其他物品，未经允许不得随意移动设备。

（8）计算机开启应严格遵守使用规程，不能强行关机，机器在运行时强行关掉电源，会造成硬盘划伤及系统文件丢失，无法正常工作。

（9）不能擅自拆卸机器设备，不准在带电状态下进行通信及数据传输端口的热插拔。

（10）非管理人员不能擅自更改系统设置参数、修改机器内的原始文件，避免因更改系统参数及文件造成系统不能正常工作或死机。

（11）不得在计算机内擅自安装其他软件，尤其是游戏软件及其他商业应用软件，以免感染病毒或造成软件不兼容，致使系统无法正常工作或死机。

（12）关键岗位的计算机应配备不间断电源，并配备预装同类软件的计算机作为紧急时备用。

（13）打印机电源线、数据连接线连接可靠，能随时实现打印功能，打印无异常，对于打印效果不能满足要求的打印机应及时修理或更换。

（14）打印机使用质量合格的打印纸，纸品应注意防潮，发生卡纸时应按照说明书或提示要求小心清理。

3　PLC 管理标准

（1）PLC 各模块接线端子紧固，模块接插紧固，接触良好，PLC 工作正常。

（2）PLC 机架、模块、电源、继电器、散热风扇、加热器、除湿器均完好，安装固定可靠，工作正常。

（3）PLC 接线整齐，连接可靠，标记齐全，输入输出模块指示灯工作正常。

（4）PLC 之间、PLC 与主机及网络通信接口通信可靠。

（5）PLC 电源电压符合使用要求，出口继电器接线正确，连接可靠，动作灵敏，继电器用途应有标识。

（6）PLC 柜管理标准参考开关柜管理标准。

4　视频监控设备管理标准

（1）硬盘录像主机、摄像机等设备运行正常，表面清洁，散热风扇、加热器等设施完好，工作正常。

（2）硬盘录像软件运行正常。

（3）图像监视、球机控制、录像、四放等功能正常。

（4）视频摄像机机架无锈蚀，安装固定可靠，及时清洁摄像机镜头，保持监控效果良好。

（5）视频摄像机线路整齐，连接可靠，信号传输通畅，电源、电压符合工作要求。

（6）可调视频摄像机接线不影响摄像头转动,避免频繁调节,尽量不要将摄像头调到死角位置。

（7）设备正常运行后不要轻易打开监控柜、电视墙等,以免触碰设备的电源线、信号线端口造成接触不良,影响系统正常工作。

（8）操作摇杆动作不能过激过猛,以免折断或造成接触不良,操作键盘应避免其他液体洒入,以免造成短路致使系统主机烧毁。

（9）视频主机的管理参考计算机的管理标准。

5　网络通信设备管理标准

（1）光纤、五类线等通信网络连接正常。

（2）交换机、防火墙、路由器等通信设备运行正常。

（3）各通信接口运行状态及指示灯正常。

（4）自动控制系统、视频监视系统与上级调度系统通信正常。

（5）通信设备运行日志及登录、访问正常。

5.5.1.8　水系统

1　泵站水系统主要包括供水系统、排水系统以及消防用水等。供水系统主要包括管理房生活用水,排水系统主要排除泵房渗漏水、管理房生活污水等,消防用水取自泵站进水池。

2　水系统设备应有完整的铭牌,铭牌表面清洁,字迹清楚。

3　水系统设备及管道表面应清洁,无锈蚀、油污、积尘、渗漏现象,各压力表表面清晰、指示明确,配套电机防护罩完好无变形。

4　水系统管路畅通,管道止回阀等动作可靠、准备,阀门开关灵活,密封良好。

5　泵房积水坑干净、无积水,集水井无淤积,潜水电泵进出口无堵塞。

6　供排水泵应工作可靠,对备用泵应定期切换运行。

7　供排水管路如出现渗漏现象,须及时查清原因,并进行处理。

5.5.1.9　通风系统

1　泵站通风主要采用自然通风为主,辅以机械排风。泵站主厂房设有轴流通风机。

2　通风设备应有完整的铭牌,铭牌表面清洁,字迹清楚。

3　风机叶片应表面清洁,无变形、裂纹,转动灵活,无异常噪声。

4　通风机风道通畅,无杂物,防护设施应完好,无损坏。

5.5.1.10　金属结构件

1　钢闸门无变形,表面防护漆完好,无脱落,无锈迹,发现局部锈斑、针状锈迹时,应及时补漆。

2　钢闸门应保持清洁,梁格内无积水,闸门横梁、门槽及结构夹缝处等部位的杂物应及时清理,附着的水生物、泥沙和漂浮物等杂物应定期清除。

3　闸门止水橡皮表面应光滑平直,止水橡皮接头胶合应紧密,接头处不应有错位、凹凸不平和疏松现象,止水压板锈蚀严重时应予更换,压板螺栓、螺母应齐全。

4 钢闸门出现严重锈蚀或涂层出现剥落、鼓包、龟裂、明显粉化等老化现象,应尽快采取防腐措施加以保护,可采用喷砂除锈后再做防腐涂层或喷涂金属等。

5 钢闸门门体的局部构件锈损严重的,应按锈损程度,在其相应部位加固或更换。

6 闸门的连接紧固件如有松动、损坏、缺失时,应分别予以紧固、更换、补全,焊缝脱落、开裂锈损,应及时补焊。

7 吊座与门体应连接牢固,销轴的活动部位应定期清洗加油,吊耳、吊座出现变形、裂纹或锈损严重时更换。

8 拦污栅表面应清理干净,栅条平顺,无变形、卡阻、杂物、脱焊等。

9 拦污栅人孔小门应能开足位置,开关灵活,固定良好。

10 启闭设备电动装置外壳及机构的清扫工作应保持清洁。

11 启闭设备电动装置的运行工况,应运行平稳、无异声,无渗漏油、无缺油及限位正确可靠。

12 动力电缆、控制电缆的接线,应无松动,接线可靠。

13 电控箱及电气元器件应完好,工作正常。

14 拉动操作手轮检查手动、电动操作切换装置。应手感啮合良好。

15 自控系统中启闭设备电动装置的运行工况,必须与实际工况一致。

16 每年一次加注或调换减速箱润滑油。

17 每年一次检查、清扫与维修电动装置内的各种电气元件与其触点,并调换不符合要求的电气元件。

18 每年一次检查、调整行程与过力矩保护装置。行程指示必须准确,过力矩保护机构必须动作灵敏,保护可靠。

5.5.2 泵站建筑物管理标准

5.5.2.1 泵房管理标准

1 泵房建筑物经常性观测与检查工作,应按规定要求定期进行。运行时每天应对泵房内主要结构部位进行一次巡查,并做好巡查记录,在超设计标准运行或发生突然停机事故恢复运行时应增加巡查次数。

2 每年应对泵站建筑物的水工部分进行一次全面检查,每5年对泵站建筑物的水下部分进行一次全面检查。有特殊情况时,如运行条件有重大变化等时,应立即进行补充观测与检查工作。全面检查和补充检查结果,应上报上级主管部门。

3 布置观测点对泵房不同部位的沉降和位移进行观测。观测时间和周期应在泵房建成供水前后3日内各1次,7日后1次,1年后每年1次,若超设计标准运用必须增加观测次数。

4 泵站水工建筑物的主要检查项目有:

(1)混凝土建筑物有无剥落、溶蚀、冲刷等现象及其发展情况;

(2)土石方工程边坡有无脱落、护坡断裂、雨淋冲刷等现象;

(3)衬砌等有无磨损、冲刷、脱落和沉陷等现象;

（4）压力管道、各种金属结构和操作设备有无锈蚀、损坏及操作失灵等情况；

（5）建筑物屋顶内有无漏水情况，排水设施应完好，无堵塞；

（6）各种水工建筑物上应无杂草杂树，无影响工程安全的较大植物。

5　泵房建筑物屋顶应定期检修，防止漏水。落水管、排水沟、排水孔等排水设施应定期清理，防止堵塞，保持排水畅通，若有堵塞，应及时疏通。

6　建筑物上各种金属构件应定期检查维护，一般每 5 年油漆 1 次。漆层容易脱落的地方，应增加油漆次数。

7　未经计算和审核批准，禁止在建筑结构上开孔、增加荷重或进行其他改造工作。

8　水工建筑物的各种接缝等应定期检查，如发现填料不足或损坏时，应及时补充或修复。

9　泵站运行时应检查观测旋转机械或水力引起的结构振动，严禁在共振状态下运行。

10　应防止过大的冲击荷载直接作用于泵站建筑物。

11　若泵站建筑物产生不均匀沉陷或稳定受到影响，应及时采取补救措施，在观测检查中发现的建筑物裂缝、渗漏、表面混凝土剥落、钢筋外露、钢制构件锈蚀等现象应及时处理。

5.5.2.2　进水池管理标准

1　整体结构无不均匀沉陷。

2　混凝土结构无裂缝。

3　进水池不渗漏。

4　埋件保护完好，无移位或破坏。

5　重要部位无碰损掉角现象。

6　结构缝（伸缩缝、施工缝和接缝）无错动迹象，填缝材料无流失或老化变质。

7　进水池内无杂物等。

8　排水沟或截流沟无淤堵、破损，排水畅通。

9　拦污栅无损坏。

10　螺栓孔封堵严密，无渗水现象。

11　表面无局部机械物碰伤或腐蚀性液体污染损伤。

12　雨水、污水未进到进水池内。

5.5.3　工作场所管理标准

5.5.3.1　通用管理标准

通用管理标准如表 5.5-1 所示。

表 5.5-1 通用管理标准

序号	项目	要求
1	屋顶及墙面	建筑物屋顶及墙体无渗漏,无裂缝,无破损,外表干净整洁,无蜘蛛网、积尘及污渍
2	地面	地面平整,地砖等无破损、无裂缝及油污等
3	门窗	门窗完好,开关灵活,玻璃洁净完好,符合采光及通风要求
4	照明	照明灯具安装牢固,布置合理,照度适中,开关室及巡视检查重点部位无阴暗区,各类开关、插座面板齐全、清洁,使用可靠
5	防雷接地	防雷接地装置无破损,无锈蚀,连接可靠
6	落水管	无破损,无阻塞,固定可靠

5.5.3.2 控制室管理标准

控制室管理标准如表 5.5-2 所示。

表 5.5-2 控制室管理标准

序号	项目	要求
1	清洁度	无与运行无关的杂物,设备设施完好、清洁
2	座椅	座椅靠近控制台一侧摆放,排列整齐;座椅轻挪、轻放,不得碰撞、扳倒,不得在座椅上乱刻乱画
3	制度规程	墙面设有值班管理制度及操作规程
4	台面物品	控制台面划定区域摆放鼠标、监视屏、打印机、电话机、对讲机及文件架;记录本、报表等资料摆放有序,不得在柜顶、柜下、墙角堆放;其他无关物品(如烟灰缸等)禁止摆放
5	台内物品	控制台内设备分为电气设备及资料。电气设备包括工控机、UPS 电源、多功能电源插座,应保持完好、清洁,布线整齐合理,通风良好;临时资料包括各种记录空白表、签字笔、打印纸等,应摆放整齐,已填写的记录表存放不超过 1 周
6	其他物品	水杯、饭盒、安全帽要放到相应柜子里,饮料瓶及其他杂物要及时送入垃圾桶
7	资料	控制室应有电气运行记录、值班记录、操作运行记录等资料
8	运行用具	控制室内应配备以下设施:电源接线板、钥匙箱、常用工具等,生产工具要放到工具箱
9	监视设备	置于墙面、悬挂于屋顶的监视电视机等应保持完好、清洁
10	空调等	室内窗帘保持洁净,安装可靠,空调设施完好
11	消防	消防设施完备,室内禁止吸烟
12	人员	严禁做与工作无关的事,严禁在岗位上嬉戏、打闹,严禁吸烟、酒后上班或班中喝酒;工作人员待人接物要文明、礼貌
13	环境	营造卫生、文明的工作与生活环境,维护控制室的良好秩序,操作台、座椅、衣帽架、物品台、地面卫生由当值人员交班前打扫,应做到清洁无浮灰、无杂物、无污垢及水渍、无卫生死角

5.5.3.3 值班室管理标准

值班室管理标准如表 5.5-3 所示。

表 5.5-3　值班室管理标准

序号	项目	要求
1	清洁度	室内保持清洁、卫生,空气清新,无杂物,隔音良好
2	制度规程	墙面设有值班管理制度
3	物品	物品、工具摆放整齐,门柜上锁,桌面电话机、对讲机、记录资料等应定点摆放,无其他杂物(如烟灰缸、烟头等),外借东西要做好借用记录
4	座椅	座椅摆放整齐,衣物摆放在衣柜内,禁止随意放于桌面、椅背等处
5	消防	消防设施完善,室内禁止吸烟
6	空调窗帘等	室内窗帘保持洁净,安装可靠,空调设施完好
7	人员	值班人员接待外来人员应做到文明礼貌,闲杂人员或与工作无关的人员不要长时间在值班室逗留,不得大声喧哗,保持安静

5.5.3.4 办公室管理标准

办公室管理标准如表 5.5-4 所示。

表 5.5-4　办公室管理标准

序号	项目	要求
1	清洁度	室内保持清洁、卫生,空气清新,无杂物,隔音良好
2	上墙制度	墙面设有相关制度
3	办公桌椅	办公桌椅固定摆放,桌面物品摆放整齐
4	书柜和资料柜	书柜及资料柜排列整齐,清洁无破损
5	空调窗帘等	室内窗帘保持洁净,安装可靠,空调设施完好
6	物品使用	电脑及其他办公设备爱惜使用,不得有意损坏公共财物,保持办公室内清洁整齐,并随手关灯、关门
7	人员	踏实工作,积极学习专业知识,提供业务水平和工作效率,严禁打游戏、上网聊天,不做与工作无关的事
8	环境	办公场所保持清洁、安静,对挪用的物品使用后应放回原处。工作人员着装规范、得体,言谈举止文明、大方,注意场合、分寸

5.5.3.5 会议室管理标准

会议室管理标准如表 5.5-5 所示。

表 5.5-5　会议室管理标准

序号	项目	要求
1	清洁度	室内保持清洁、卫生,空气清新,无杂物,隔音良好
2	会议桌椅	会议桌椅固定摆放,桌面物品摆放整齐
3	投影设施	投影设施完好、清洁,能正常使用
4	空调设施	室内窗帘保持洁净,安装可靠,空调设施完好
5	插座	各类插座完好,能正常使用

5.5.3.6　仓库管理标准

仓库管理标准如表 5.5-6 所示。

表 5.5-6　仓库管理标准

序号	项目	要求
1	清洁度	仓库保持整洁,空气流通,无蜘蛛网,物品摆放整齐
2	上墙制度	仓库指定专人管理,管理制度在醒目位置上墙明示,清晰完好
3	货架	货架排列整齐有序,无破损,强度符合要求,编号齐全
4	物品分类	物品分类详细合理,有条件的利用微机进行管理
5	物品摆放	物品按照分类划定区域摆放整齐合理,便于存取,并有明确的物品配置图,存取货应随到随存、随用随取。物品储存货架应设置存货卡,商品进出要注意先进先出的原则
6	物品登记	物品存取应进行登记管理,详细记录
7	环境	仓库应有通风、防潮、防火、防盗的措施,有特殊保护要求的应有相应措施。储存物品不可直接与地面接触
8	危险品	危险品应单独存放,防范措施齐全,定期检查
9	其他	照明、灭火器材等设施齐全、完好

5.5.3.7　食堂管理标准

食堂管理标准如表 5.5-7 所示。

表 5.5-7　食堂管理标准

序号	项目	要求
1	清洁度	食堂应随时保持整洁卫生,无积垢,地面无积水
2	炊具及排油烟设施	炊具清洁,油污应定期清理,排油烟设施能正常使用
3	液化气罐	液化气罐专人管理,不使用时每天及时关闭,防火防爆防中毒等安全措施到位

续表 5.5-7

序号	项目	要求
4	餐具消毒柜	食堂应配备消毒柜,确保餐具卫生
5	食品架	食品原料应在食品架上整齐摆放,保持清洁
6	安全用电	电气设备应有防潮装置,不超负荷使用,绝缘良好
7	冰箱、冰柜	储存温度符合要求,冷冻、冷藏食品时间不宜过长

5.5.3.8 卫生间管理标准

卫生间管理标准如表 5.5-8 所示。

表 5.5-8 卫生间管理标准

序号	项目	要求
1	清洁度	随时保持清洁、卫生,空气清新,无蜘蛛网及其他杂物,地面无积水
2	洁具	洁具清洁,无破损、结垢及堵塞现象,冲水顺畅
3	挡板	挡板完好,安装牢固,标志齐全
4	清洁用具	拖把、抹布等清洁用具定点整齐摆放,保持洁净

5.5.4 设备标识及标牌制作标准

5.5.4.1 设备编号

设备编号如表 5.5-9 所示。

表 5.5-9 设备编号

序号	部位	要求
1	主变压器	主变压器按首次投运时间由小到大依次编号,要求采用阿拉伯数字、宋体汉字、红色,统一朝西悬挂于变压器本体上
2	站用变压器	按电压等级由低到高对应小到大依次编号,要求采用阿拉伯数字、宋体汉字、红色,统一悬挂于邻近巡视通道变压器防护罩左上角
3	高低压开关	按照水利电力部颁发的《电力系统部分设备统一编号准则》(SD240—87)执行
4	主电机	主电机按照受电方向从小到大依次编号,要求采用阿拉伯数字、宋体、红色,尺寸 30 cm×20 cm(高×宽),位于上油缸部位,朝向巡视主通道方向
5	主水泵	主水泵编号位于水泵叶轮外壳上,要求与电机相同
6	蓄电池	蓄电池应顺序编号,编号位于蓄电池本体朝向前门一侧,要求采用阿拉伯数字、宋体、红色
7	辅机	排水泵、空压机、消防泵、油泵应参照主电机编号方向顺序编号,编号位于辅机本体朝向巡视通道一侧,要求采用阿拉伯数字、宋体、红色
8	闸/蝶阀	供排水系统闸/蝶阀应有编号牌,常开/常闭闸门应注明,编号与供排水系统图相一致,阀门上应有开关方向
9	接地线	对 2 组及以上的接地线应编号管理

5.5.4.2 方向指示

方向指示如表5.5-10所示。

表5.5-10 方向指示

序号	部位	要求
1	主电机旋转方向	主电机旋转方向应在电机上机架处以红色箭头标识,要求标识醒目,大小、位置统一,每年更换1次
2	辅机旋转方向	辅机转动轴旋转方向应在电动机外壳处以红色箭头标识,要求标识醒目,大小、位置统一,每年更换1次
3	气管示流方向	气管以红色箭头标识,贴于管道醒目处
4	供排水管示流方向	供排水管均以红色箭头标识,贴于管道醒目处

5.5.4.3 标牌管理

标牌样式如表5.5-11所示。

表5.5-11 标牌样式

部位	颜色名称	材料	规格(mm)（长×宽）	字体	标牌形状
工具柜	白色	有机玻璃	50×30	宋体	长方形
文件柜	白色	有机玻璃	50×30	宋体	长方形
更衣柜	淡蓝色	有机玻璃	50×30	宋体	长方形
门牌	蓝白色	铝牌	500×200	宋体	长方形
设备管理卡	白色	有机玻璃(磁吸)	100×80	宋体	长方形

5.5.4.4 上墙制度图表管理

上墙制度图表如表5.5-12所示。

表5.5-12 上墙制度图表

部位	材料	规格(mm)（长×宽）	位置	图例
管理制度	有机玻璃、喷绘张贴	1 200×900	会议室	标题为宋体红字
操作规程	有机玻璃、喷绘张贴	900×600（高×宽）	安装间层、水泵层、电气开关室等墙面	标题为宋体红字

续表 5.5-12

部位	材料	规格（mm）（长×宽）	位置	图例
工程概况	有机玻璃、喷绘张贴	1 200×900	主厂房墙面	标题为宋体红字
油气水系统图	有机玻璃、喷绘张贴	1 200×900	主厂房墙面	标题为宋体红字
巡视检查路线图	有机玻璃、喷绘张贴	1 200×900	主厂房墙面	标题为宋体红字
主厂房平面图	有机玻璃、喷绘张贴	1 200×900	主厂房墙面	标题为宋体红字
电气主接线图	有机玻璃、喷绘张贴	1 200×900	主厂房墙面	标题为宋体红字
主厂房剖面图	有机玻璃、喷绘张贴	1 200×900	主厂房墙面	标题为宋体红字
设备检修揭示图	有机玻璃、喷绘张贴	3 000×1 000	主厂房墙面	标题为宋体红字

5.5.5 环境绿化管理标准

5.5.5.1 一般规定

1 加强对泵站管理区范围内的环境、绿化管理,提高环境质量,营造一个清洁、优美、文明的工作、生活环境。

2 保持泵站管理区干净整洁的环境,加强宣传,使每个职工和外来参观人员都有自觉遵守和维护站容、环境卫生及管理区绿化的意识,养成良好的卫生习惯。

3 对影响站容、环境卫生及管理区绿化的行为,任何人员都有权劝阻,对于不听工作人员劝阻的,要加强批评教育,情节严重的处以相应罚款。对外来参观人员不听劝阻的,禁止进入泵站管理区。

4 严禁畜力车进入泵站管理区道路,严禁履带车直接在管理区道路上行驶,机动车辆、非机动车辆必须停放在指定地点,严禁乱停乱放。

5 绿化符合整体规划,植物种植搭配合理,达到四季常青、三季有花。管理区域责任落实,办公和生活设施齐全完好,整齐美观,卫生设施齐全,环境卫生整洁。

5.5.5.2 卫生管理标准

1 人人养成讲卫生的习惯,不随地吐痰,机房内严禁吸烟,不乱丢果皮、果壳、烟头、杂物等,保持室内外场所环境卫生。

2 加强站区绿化管理工作,不准在泵站管理区域内种植蔬菜等,保护绿化,美化环境。

3 打扫周期为每周至少清扫2遍。清扫人员同时负责地面明沟的清扫、冲洗以及清除绿地上的果皮、纸屑等垃圾,并负责清倒路边垃圾箱。

4 值班人员应将当班的垃圾装入垃圾袋内,并投入到指定的垃圾场所。

5 对易于滋生、聚集蚊蝇的垃圾桶、垃圾箱、厕所等,应当采取有效的防治措施,预防和消灭蚊蝇。

6　车辆要在指定区域停放,并排列整齐。

7　冬季雪停后,要及时清理包干区积雪。

8　各种物品要放到指定位置,不得随意摆放、堆积,保持楼梯、走廊无废物,无污迹。泵站管理区应保持良好的卫生状况,并定期进行维护,防止产生垃圾。

9　管理区的排水沟应保持通畅,不得有淤泥、杂物蓄积,清扫人员应经常清理,并将杂物妥善处理。

10　管理区的内外墙壁应保持清洁及其本色,禁止乱涂乱画。厂房内的灯具、灯罩、配管等外表应保持整洁,并定期进行清理。

11　办公室卫生主要由办公室人员自行负责。办公桌椅、办公用品必须摆放整齐,每天清洁1次。天花板、墙壁每月清洁1次,门窗每周清洁1次,地面每天清扫、拖地1次。

5.5.5.3　泵站管理区绿化管理标准

1　泵站管理区范围内宜绿化面积中绿化覆盖率应达95%以上。树木、花草种植合理,堤坡草皮整齐,无高秆杂草。

2　泵站管理区绿化采用草地、花卉和林木间作,多彩搭配,错落有序,整齐美观。花卉和林木留枝均匀,疏密有序。草坪生长繁茂、平整,高度不大于10 cm,覆盖率100%。

3　泵站管理区保持无杂草,无杂藤攀缘树木,无污物、垃圾等。

4　泵站管理区应保证无露土地面,如有露土地方,必须及时种植地毯草或树木。厂区草、树应根据生长情况不定期进行必要的修剪,草地上插上"严禁踩踏"的字牌。

5　日常管理规定

(1)不准随便砍伐、挖掘、搬移树木。

(2)不准在树上钉钉子、拉铁丝、拉绳或直接在树上晒衣服。

(3)不准在绿地上堆放物品、停放车辆和进行体育活动,更不准践踏草坪。

(4)不准采摘花朵、果实、剪折枝叶。

(5)不准向草坪、花坛和水池等绿化场地抛扔果皮、纸屑、吐痰、泼倒污水。

(6)不准进入花坛及养护期间的封闭绿地。

(7)不准污损园中绿化小品及建筑设施。

(8)严禁其他有损管理区绿化、美化的行为。

5.6　运行规程

5.6.1　泵站运行规程

5.6.1.1　水泵机组运行规程

1　开机前的准备工作

(1)机组试运行前的检查

30天及以上停用、大修后的主机组投入运行前,应进行试运行。试运行前的检查工作如下:

①接到开机命令后,值班人员应及时就位,检查现场应无影响运行的检修及试验工

作,有关工作票应终结并全部收回。拆除不必要的遮拦设施,准备所需工具和记录纸等。

②检查主变压器、高低压配电室至泵站线路(电缆)和泵站所有高低压设备上应无人工作,接地线应拆除,具备投入运行条件。

③检查站用变压器、高低压断路器应正常。

④检查站用变压器熔断器手车、主电机高低压断路器的手车应在试验位置。

⑤30 天以上停用的变压器投运前,应用 2 500 V 或 5 000 V 兆欧表测量绝缘电阻,其值在同一温度下不应小于上次测得值的 70%。

⑥测量主电机定子、母线和站用变压器的绝缘电阻值,采用 2 500 V 兆欧表测量,绝缘电阻应不小于 10 MΩ,主电机绝缘吸收比应不小于 1.3;测量主电机转子、低压主电机绝缘电阻值,采用 500 V 兆欧表测量,绝缘电阻应不小于 0.5 MΩ;否则应进行干燥或处理,合格后方可投运。

⑦检查高低压断路器、接地刀闸位置指示正确,控制、信号灯指示正常,电气闭锁装置在"联锁"位置。

⑧高压断路器试合、分闸及保护联动试验应正常。

⑨检查开敞式主电机空气间隙中应无杂物。

⑩电动机加热器处于断电状态。

⑪进水池内清洁干净,无杂物,无树枝、木块、石块、布袋和钢筋头等。

⑫输水管路中的线路上的所有检修阀、空气阀前的检修阀在全开位置;输水管路中的所有排空阀或排泥阀在关闭位置。

⑬水泵吸水管上的阀门(手动蝶阀)处于开启状态,水泵出水管上的控制阀门(蝶式斜置密封缓闭止回阀/多功能水泵控制阀/液控止回偏心半球阀)处于关闭状态,若控制阀后有检修阀,其为开启状态。水泵泵壳顶部排气阀已将壳内气体排净,有水流出并关闭。

⑭检查主水泵轴承、机械密封应完好。轴承渗漏水排水管路已连接完毕,水流畅通。

⑮检查泵站进水池水位满足启动要求。

⑯确认水泵机组在 30 分钟内未启动过。

⑰没有水泵机组在启动过程中。

⑱水泵机组各连接点应连接牢固,无泄漏现象。

⑲电动机引出线接头应紧固,接地装置必须牢固。

(2)日常水泵机组启动前的检查

例如,启动 1# 机组前的检查工作如下:

①接到开机命令后,值班人员应及时就位,检查现场应无影响运行的检修及试验工作,有关工作票应终结并全部收回。拆除不必要的遮拦设施,准备所需工具和记录纸等。

②进水池内清洁干净,无杂物,无树枝、木块、石块、布袋和钢筋头等。

③检查变压器、高低压配电室至泵站线路(电缆)和泵站所有高低压设备上应无人工作,接地线应拆除,具备投入运行条件。

④检查电源进线柜高低压断路器、1# 电机进线柜断路器应正常。

⑤检查站用变压器熔断器手车、1# 电机进线柜断路器的手车应在试验位置。

⑥检查 1# 电机进线柜断路器、接地刀闸位置指示正确,控制、信号灯指示正常,电气

闭锁装置在"联锁"位置。

⑦1#电机进线柜断路器试合、分闸及保护联动试验应正常。

⑧检查开敞式主电机空气间隙中应无杂物。

⑨检查 1#机组电动机加热器处于断电状态。

⑩1#机组水泵吸水管上的阀门(手动蝶阀)处于开启状态,水泵出水管上的控制阀门(蝶式斜置密封缓闭止回阀/多功能水泵控制阀/液控止回偏心半球阀)处于关闭状态,若控制阀后有检修阀,其为开启状态。水泵泵壳顶部排气阀已将壳内气体排净,有水流出并关闭。

⑪检查机组液控止回偏心半球阀油压装置油压是否在 12 ~ 18 MPa 之间(以设备厂家要求为准)。

⑫检查主水泵轴承、机械密封应完好。轴承渗漏水排水管路已连接完毕,水流畅通。

⑬检查泵站进水池水位满足启动要求。

⑭确认水泵机组在 30 分钟内未启动过。

⑮没有水泵机组在启动过程中。

⑯水泵机组各连接点应连接牢固,无泄漏现象。

⑰电动机引出线接头应紧固,接地装置必须牢固。

2　操作电源投入

(1)检查站用直流电源装置应处于正常工作状态。

(2)操作电源投入包括:

①合上电源总开关。

②合上控制保护电源开关。

③合上 1#电机进线柜断路器合闸电源开关。

④合上事故照明电源开关。

(3)采用计算机监控系统的泵站,还应进行下列操作:

①检查交流不间断电源装置已处于逆变状态,1#现地监控单元、上位机电源开关应在合闸位置。

②合上显示器电源开关,检查上位机监控程序进入正常运行状态。输入操作员姓名、密码,进入计算机监控系统控制状态。

(4)检查模拟屏"主接线"接地刀闸、高压断路器,断路器手车位置信号应与现场一致,故障报警信号应正常。

3　主电源、站用变压器投入

(1)在各项投运条件具备后,由值班长通知值班员填写操作票,进行交流电源投入操作。

①合上电源进线高压断路器的手车推至工作位置。

②合上电源进线高压断路器。

③将站用变压器高压侧高压熔断器的手车推至工作位置。

④主电源投运后,根据上级变电所指示,并将操作结果电话通知上级变电所。

(2)检查母线电压,开机电压不应低于主电机额定电压的 95%。特殊情况应经总值班同意可在较低电压下启动。

（3）合上站用变压器低压侧开关，站用电由站用变压器供电。

（4）合上辅机电源开关。

4 辅助设备投入

排水系统投入应进行下列操作和检查：

（1）排水系统设 2 台潜水电泵，一用一备，可互为备用，并可同时运行。

（2）开启排水泵出水检修阀门。

（3）检查潜水电泵机泵运转是否灵活。

（4）检查集水井液位变送器是否正常。

（5）各泵站集水井排水泵运行水位见附录 5.6-1。

5 开机操作

（1）在各项启动条件具备以后，值班长通知用水水厂、供电部门和值班员准备开机，填写操作票，进行开机操作。

首先，关闭水泵出水管上的控制阀门（液控止回偏心半球阀），打开水泵进水管路阀门和水泵出口控制阀门后的检修阀。

然后，接通电源，将变频控制柜（软启动柜）上的转换开关打在"远方"位置，在操作员站（或公用 LCU 柜）启动水泵，当泵达到额定转速（或开阀压力）或电压表、电流表正常后，逐渐开启出水管上的控制阀门（液控止回偏心半球阀）至全开位置（控制阀门为蝶式斜置密封缓闭止回阀/多功能水泵控制阀无此操作），并根据下达的计划供水量进行调速，调节到所需工况，正常供水。水泵运行由泵站监控系统上位机根据泵站工艺流程要求及工艺过程检测参数实现。

具体开机操作流程如下：

①断开主电机干燥电源开关（仅高压变频电机）。

②合上主电机冷却风机电源开关（仅高压变频电机）。

③复查主电机高压断路器在断开位置后，将断路器手车推至工作位置。

④合上 1# 电机高压断路器，启动 1# 主电机（高压软启）。

⑤合上 1# 电机高压断路器，先根据供水量设定电机频率，合上 1# 高压变频器启动按钮，启动 1# 主电机（高压变频）。

⑥合上 1# 电机断路器，合上低压软启按钮，启动 1# 主电机（低压软启）。

⑦合上 1# 电机断路器，先根据供水量设定电机频率，合上 1# 变频器启动按钮，启动 1# 主电机（低压变频）。

⑧1# 主电机转速达到额定转速或电压表、电流表正常后，缓慢打开出水管路的控制阀门（液控止回偏心半球阀）至全开位置。控制阀门为蝶式斜置密封缓闭止回阀/多功能水泵控制阀无此项操作。

（2）开机注意事项：

①机组启动时，机组周围不要站人。运行现场应设置急停开关，以作应急之用。

②机组启动后，检查电压表、电流表、功率表、流量、振动、转速应正常且无异声。

③开机机组运行稳定后，间隔 30 分钟再按相同步骤启动下一台主机组。

④同一台主电机停机后再启动应间隔15分钟以上。

6 运行中的巡视检查

（1）水泵运行中的巡视检查

①检查主电机电压、电流,三相电流平衡,无缺相,指示灯显示应正常。

②电动机冷却风机应运行正常（非变频风机不含此项）。

③电动机温升正常。

④水泵运行时应注意观察仪表读数,检查轴封泄漏情况。正常时机械密封泄漏量≤3滴/分,填料密封泄漏量30~60滴/分。检查电机、轴承处温升≤70 ℃,如果发现异常情况,应及时处理。

⑤水泵运行期间的巡视检查,每班至少4次。巡查内容包括:

a. 填料函处漏水情况正常,无偏磨、过热现象,温度不大于50 ℃;

b. 主水泵振动声响正常。

c. 水泵地脚螺栓无松动现象。

（2）电动机运行中的巡视检查

①保持清洁,不得有水滴、油污进入电动机;

②电动机的电流不应超过铭牌规定的额定电流,一旦发生超负荷运行,应立即查明原因,并及时采取相应措施。

③三相电源电压不平衡最大允许值为±5%。主电机运行电压应在额定电压的95%~110%范围内。如低于额定电压的95%时,定子电流不超过额定数值且无不正常现象,可继续运行。

④主电机的电流不应超过铭牌规定的额定电流,特殊情况下超负荷运行时,须经总值班同意并加强主电机运行监视。过电流允许运行时间不应超过表5.6-1中的规定值。

表 5.6-1 主电机过电流与允许运行时间关系

过电流（%）	10	15	20	25	30	40	50
允许运行时间（分）	60	15	6	5	4	3	2

⑤主电机电流三相不平衡程度,满载时最大允许值为15%,轻载时任何一相电流未超过额定数值时,不平衡的最大允许值为10%,如超过上述允许范围,应查明原因。

⑥主电机轴承润滑脂型号及用量应符合电机设备生产厂家的规定。

⑦主电机启动前,应测量定子绝缘电阻。若主电机绝缘电阻及吸收比较历年正常值有明显下降应查明原因并将其消除。不断开启加热器或启动频繁的备用主机组,在运行期间短时间内重新投入运行,可不测量绝缘电阻。主电机备用期间应开启加热器,防止绝缘受潮。

⑧电动机运行中不应有碰擦等杂音。

⑨轴承允许的最高温度不应超过制造厂的规定。如厂家未作规定,轴承允许的最高温度为95 ℃。润滑油脂应符合设备厂家要求。当电动机各部温度与正常值有很大偏差时,应立即检查电动机有无不正常运行情况。

⑩电动机的散热应良好,冷却风扇正常工作。定子线圈的温升不得超过制造厂规定的允许值。

⑪主电机运行期间的巡视检查,每班至少4次。巡查内容包括:

a.主电机定子电流、电压、功率指示正常,无不正常上升和超限现象;

b.主电机定子线圈、铁芯及轴承温度正常;

c.瓷瓶外部无破损、无裂纹、无放电痕迹,电缆接头连接牢固、无发热现象;

d.主电机冷却风机运行正常;

e.主电机振动、声音正常。

7 停机操作

(1)值班长在接到停机指令后即通知受水水厂(调蓄水库)、供电部门和值班员准备停机,填写操作票,进行停机操作。停机操作要求在5分钟内完成。

(2)逐渐关闭出水管上的控制阀门(液控止回偏心半球阀),当出水管上的控制阀门(液控止回偏心半球阀)到达关闭折点时,发出停泵指令。控制阀门为蝶式斜置密封缓闭止回阀/多功能水泵控制阀无此项操作。

(3)停泵操作在操作员站(或公用LCU柜)完成,由泵站监控系统上位机根据泵站工艺流程的要求及工艺过程检测参数实现。

(4)断开主电机:

①断开1#电机高压断路器,关闭1#主电机(高压软启)。

②先根据供水量设定电机频率,关闭1#高压变频器启动按钮,再断开1#电机高压断路器,关闭1#主电机(高压变频)。

③关闭低压软启按钮,断开1#电机断路器,关闭1#主电机(低压软启)。

④先根据供水量设定电机频率,关闭1#变频器启动按钮,再断开1#电机断路器,关闭1#主电机(低压变频)。

(5)检查蝶式斜置密封缓闭止回阀/多功能水泵控制阀/液控止回偏心半球阀装置应可靠工作。

(6)检查电机电压和电流应迅速回零。

(7)将主电机断路器手车拉至试验位置。

(8)断开主电机冷却风机电源开关。

(9)如果停泵时间超过7天再开机,将水泵吸水管路阀门关闭,打开排水阀将泵内与管道中的余水放空。

(10)根据运行需要及天气情况确定是否合上主电机干燥电源开关。

(11)泵站进水池液位计在低液位报警时,水泵停运。电流表、电压表读数超过其额定范围时,应停机检修。轴承温度过高,应停机检修。主机组运行中有下列情况之一时,应立即停止运行:

①主机组启动后,水泵出口控制阀门异常;

②主电机、电气设备发生火灾、人身或设备事故;

③主电机声音、温升异常,同时转速下降;

④主水泵内有清脆的金属撞击声;

⑤主机组发生强烈振动;

⑥辅机系统故障无法修复,危及全站安全运行;

⑦发生危及主电机安全运行故障,保护装置拒绝动作;

⑧直流电源消失,一时无法恢复;

⑨上、下游发生安全事故或出现危及泵站安全运行的险情。

8 操作电源切出

(1)切除事故照明电源开关。

(2)切除电机进线柜断路器合闸电源开关。

(3)切除控制保护电源开关。

(4)切除电源总开关。

(5)采用计算机监控系统的泵站,应进行操作员注销。

9 停机后的检查工作

水泵机组停止运行后的检查:

(1)观察水泵轴在停止瞬间惰走时间和倒转现象。

(2)液控止回偏心半球阀闭合应正常,不得产生倒灌。

(3)机组及时做好保洁工作,保持机组整洁。

(4)水泵、电机运转4 000小时或1年更换润滑脂,更换润滑脂应使用厂家规定的牌号。

(5)水泵机组各部连接螺栓的紧固状态,应无松动、无泄漏。

10 水泵机组运行相关记录

水泵机组开停机需填写操作票,开停机操作票见附录5.4-3。

注:操作票每月成册。

5.6.1.2 液控止回偏心半球阀运行规程

1 一般规定

(1)液控止回偏心半球阀的操作人员必须熟悉本产品的运行方式,控制工作原理,遵守操作规程。

(2)液控止回偏心半球阀的操作必须按调度指令执行,严禁随意启闭。

(3)改变液控止回偏心半球阀的控制要求时,一定要注意控制在产品的性能范围内。

(4)操作人员应按要求认真填写有关操作记录。

2 操作程序

(1)确认电源正常;

(2)按操作指令启动操作按钮;

(3)观察运行情况,并按要求做好应急处理预案。

5.6.1.3 集水井排水系统运行规程

1 操作前须进行的检查

(1)检查排水供电设备是否正常。各电气回路应完整良好。电机检修后或长期停用应检查电动机绝缘是否合格。

（2）检查抽排水设备操作系统是否完好。合上抽排水设备供电总开关，合上抽排水设备供电分控开关，合上抽排水设备操作回路开关。

（3）检查水池中有无影响潜水排污泵安全运行的杂物。

（4）检查出水管路阀门是否在开启状态。

（5）各部连接螺丝无松动现象，出水管路无滴漏水现象。

2　操作程序

（1）将运行方式旋钮设定在自动位置，水泵控制分别设定在运行和备用位置，则集水井排水系统根据水位设定自动排水。

（2）当需要手动操作时，将运行方式旋钮设定在手动位置。按下所要启动的排水泵开、停按钮控制排水泵运行与停止。

5.6.1.4　拍门运行规程

拍门附近应无淤积物，拍门铰轴、铰座配合应良好，转动灵活，无严重锈蚀。缓冲装置良好。

5.6.1.5　变频器运行规程

1　日常操作

（1）任何操作人员必须按照操作规程进行操作。

（2）需要给变频器送电时，必须先送控制电源，变频器自检正常后给出"合闸允许"信号后，方可给变频器送电。

（3）需要切断变频器电源时，应先断电，再断开控制电源。

（4）切断控制电源前，最好从人机界面先将计算机关闭，防止在程序工作状态时直接切断计算机电源。

（5）切断控制电源后，要把 UPS 开关同时关掉，否则 UPS 过度放电将导致 UPS 损坏。

（6）使用液晶屏时，只需手指轻触即可，严禁使劲敲击或用硬物点击，严禁任何无关人员任意指点液晶屏，以防产生误操作。

（7）变频器出现轻故障（比如控制电源掉电等）时，虽不会立即停机，但必须及时处理，否则会演变成重故障，导致停机。

（8）严格保证变频器运行的环境温度不超过 40 ℃，否则会影响变频器的寿命，运行安全不能保证。

（9）变频器所有参数在设备交付运行前都已进行合理设置，用户不得随意更改。

2　启动操作

（1）如果变频器处于断电状态，启动时应先加上控制电源。

（2）变频器自检正常后，给出"合闸允许"信号，方可给变频器送电。

（3）如果现场开关或控制系统没有得到变频器提供的"合闸允许"信号，请确认变频器控制电源是否加上，变频器本身是否处于故障状态。

（4）对于风机负载，变频器启动前，风机挡板最好处于关闭位置。并确认电机没有因为其他风机的运行而反转，否则容易引起变频器启动时过流。

（5）电机需要启动时，如果电机刚停机不久，应确认电机已经完全停转，否则容易引起变频器启动时单元过电压或者变频器过电流。

（6）电机通过变频器启动，对风机、水泵、电机、开关及电网的冲击都很小，只要满足以上条件，启动次数及时间间隔没有限制。

（7）工频旁路情况下，要启动电机，直接将真空开关合闸即可。

3　停机操作

（1）要实现变频器正常停机，应先给出变频器的停机或急停指令，不能直接分断真空开关。运行情况下直接分断真空开关，变频器将按电源故障（缺相或欠压）处理。这时必须履行故障处理措施，查明并记录故障原因，排除故障，将变频器复位后方可重新开机，给操作带来不必要的麻烦。

（2）给变频器发停机或急停指令使电机正常停机后，真空开关可以分断，也可以不分断。如果分断，则下次启动前必须重新合闸。

（3）对于水泵负载，变频器具有阀门联动功能。如果开放该功能，需要停泵时，可以直接给变频器发停机或急停指令，变频器会自动先关闭阀门，然后再减速停机。如果出现关阀故障，变频器将提供报警信息，不停机继续运行，以保证工业系统安全。如果阀门联动功能无效，则应按照常规操作规程进行操作，停变频器前先人工关闭水泵出口阀门。

（4）工频旁路情况下，想将电机停机，则直接分断真空开关即可。

5.6.1.6　高压干式软启动柜运行规程

1　开机操作程序

（1）确认主回路绝缘是否满足通电条件，检查软启动柜内是否有杂物、灰尘、螺杆松动等，若有应及时处理。确认断路器与软启动器的二次航空插头是否正确插在柜内的插座上，保护接地是否可靠有效。

（2）送上调压电源三相 AC380 V，此时相序继电器（XJ）检测进线电源相序；调压驱动电机运转方向必须正确，否则会损坏传动机构。若检测相序正确时相序继电器（XJ）指示灯亮，闭锁点闭合接通控制电源。反之，相序不正确时相序继电器（XJ）指示灯不亮，闭锁点断开切断控制电源（以防中途检修时三相 AC380V 电源相序有变，一定要确保相序的正确性）。合上控制电源开关，PT100V 电源开关。确定以上事宜后，才能将前后上下门锁好。

（3）确认相序正确无误后，用专用的摇把插入断路器手车底盘操作机构孔内，顺时针转动摇把约 20 圈，能听到"咔嗒"声，同时手车明显受阻，取下摇把，此时断路器处于工作位置，在控制面板状态显示仪上便有相应工作位置指示灯亮红色。

（4）启动前"备妥指示、储能指示、准启指示、停止指示灯同时亮"才能开机，建议用户每次开机前模拟操作二次控制回路，确保设备动作正确有效。

（5）应在不送高压电的情况下进行以上操作。

（6）先在软启动柜控制面板上旋转转换开关选择启动方式"直启"或"软启"。选择直启时断路器和旁路真空接触器同时合闸，电机全压启动（此功能只在应急时使用）。选择软启时先合断路器，电机通过软启动器调压完成软启动过程后，再吸合旁路真空接触器,软启动器退出,电机进入全压运行。

(7)控制面板上旋转转换开关选择控制方式"远控"或"近控"操作模式。将挡位选择"远控"操作模式,便可以在后台或机旁箱远距离对软动柜实现高压电机启动、停止等相应工作状态的操作。将挡位选择"近控"操作模式,就是软启动柜上手动操作。

(8)按"启动按钮"或给启动指令,软启动柜断路器合闸,此时调压指示灯亮、启动指示灯亮,电机软启动过程完成后能够"自动"或"手动"进入全压运行。启动过程中停止指示与备妥指示灯熄灭。

(9)电动机启动过程完成即电流降下来后可以按"运行按钮"使旁路闭合,有对应的运行指示灯亮,软启动退出工作模式。

(10)自动运行就是等待预先设定的时间到后,会自动切换使旁路闭合有对应的运行指示灯亮,软启动退出工作模式。

(11)正常运行后备妥指示、准启指示、运行指示、储能指示灯都亮。若在设定的时间内没有启动完成,可以强行按下运行按钮使旁路真空接触器合闸,软启动器退出工作模式。

2 停机操作程序

(1)按"停止按钮"或给停机指令,真空断路器与旁路真空接触器分闸,高压电机停止工作。控制面板上具备启动前提条件的相关指示灯都亮,运行指示灯熄灭。

(2)用专用的摇把插入断路器手车底盘操作机构孔内,逆时针转动摇把约20圈,能听到"咔嗒"声,同时手车明显受阻取下摇把,此时断路器处于试验位置,在控制面板状态显示仪上便有相应试验位置指示灯亮绿色。

(3)把软启动柜上两个转换开关都转换到零位(中间位置),防止误操作。

(4)若停机时间较长,应依次把操作控制回路的小型断路器分开。

3 相关注意事项

(1)开机前请仔细阅读操作规程,请严格按操作规程操作。

(2)停机按钮或停机指令,不受"远控"或"近控"操作模式的影响,可以任意停机,所以不要误操作,以免造成不必要的停机事故。

(3)在电机软启动过程完成后投入全压运行时,一定要确保旁路真空接触器吸合,干式调压软启动器完全退出,启动指示灯灭,运行指示灯亮,此时操作人员才可离开;否则应按停止按钮,查明旁路未合闸的原因。

(4)多次(3~4次为宜)连续启动总时间不超过90秒,若多次叠加时间90秒内还未启动完成,需至少隔4小时冷却后才能够再次启动。

(5)准启指示、备妥指示、储能指示、启动指示、停止指示、运行指示和微机综保电源为同一电源,A/B/C三个单相数显电流、调压指示、复位指示与状态显示仪为AC220 V电源。

(6)当负载投入运行时,状态显示仪显示都亮红灯,若出现异常,应立即停电检查原因。

(7)软启动柜若出现不正常现象应立即停机,真空断路器失控时,应立即打开软启动柜中门,按下断路器面板分闸按钮,使断路器机械分闸。

(8)对电气设备巡视时,"值班人员不允许单独巡视"(不过《电力安全工作规程》上有,具有单独巡视的领导或者资格的人可以单独巡视),且不允许跨过安全遮拦。

(9)进出高低压开关室,要随时关门,防止小动物闯入。

(10)雷雨天气巡视设备时应穿绝缘靴(防止跨步电压)。不得靠近避雷装置。巡视有关设备时,值班人员与避雷装置必须保持规定的安全距离。通常,避雷、接地装置与道路或建筑物的出入口等处的水平距离应大于 3 m。

(11)每隔 1 小时巡视一次,记录三相电流、电压、功率因数数值,并查看设备是否正常。

(12)每隔一个月需对软启动柜进行检查,例如检查固定一次铜排与二次线螺栓是否松动,软启动器固定螺栓是否松动,软启动器上是否有灰尘杂物等。

(13)在检修或更换进线相序后,一定要确保调压电源三相 AC380 V 相序正确。

4 检修操作程序

(1)将高压电关闭,软启动柜进线电源电缆没有高压电确保安全可靠。

(2)确认高压电缆不带高压电后,打开前后门,做好安全工作,挂好接地线进行检修。必要时,将断路器用服务手车取出移动至旁边放好。

(3)检修工作处理完成后清理干净,取出在检修过程中挂的接地线,再将前后门关好,以便能即时恢复闭锁装置。

5.6.1.7 变压器运行规程

1 变压器充电前,应检查调整充电侧母线电压及变压器分接头位置,保证充电后各侧电压不超过规定值。

2 充电变压器应具备完备的继电保护,在对变压器充电时,应选择保护齐全、可靠和有后备保护的电源侧充电。

3 对变压器充电时,一般应按照先从高压侧充电的原则进行充电。

4 在进行变压器倒换运行操作时,应检查投运变压器确已带负荷后,才能将待停变压器退出运行。

5 新安装及大修后的变压器投入运行时,应以额定电压进行冲击试验,冲击次数和试运时间按有关规定或启动方案执行,有关保护应投入跳闸位置。

6 变压器空载运行时,应防止空载电压超过允许值。

7 变压器的主保护不允许同时退出运行。必要时,须经局主管领导批准。

8 主变投运后,应先空载一段时间,待绕组温度及油温稳定后,再带负荷运行。

9 变压器不宜超负荷运行,特殊情况下超负荷运行时间应符合表 5.6-2 的规定。

表 5.6-2 变压器超负荷运行允许持续时间

超负荷对额定负荷之比	1.30	1.60	1.75	2.00	2.40	3.00
超负荷允许持续时间(分)	120.0	30.0	15.0	7.5	3.5	1.5

10 变压器的运行电压不应高于该运行分接额定电压的 5%。对于特殊使用情况,

可在不超过110%额定电压下运行。

11 干式变压器的温升限值应按制造厂规定执行,如制造厂无规定,应按表5.6-3规定执行。

表5.6-3 干式变压器各部位允许最高温升值

变压器部位	绝缘等级	允许最高温升值(℃)	测量方法
绕组	E	75	电阻法
	B	80	
	F	100	
铁芯表面及结构零件表面	最大不应超过接触绝缘材料的允许最高温升		温度计法

12 干式变压器在停运期间,应防止绝缘受潮。

13 变压器运行时中性线最大允许电流应按制造厂规定执行,如制造厂无规定,不应超过变压器额定电流的25%,超过规定值时应重新分配负荷。

14 变压器运行期间的巡视检查,每班至少1次。巡查内容包括:

(1)套管外部无破损裂纹、无放电痕迹及其他异常现象;

(2)变压器声响正常;

(3)吸湿器完好,吸附剂干燥;

(4)电缆、母线及引线接头应无发热现象;

(5)压力释放器、防爆膜应完好无损;

(6)干式变压器的外部表面应无积污。

5.6.1.8 高压母线运行规程

1 母线表面应光洁平整,无裂纹、褶皱、变形和扭曲等现象。

2 支柱绝缘子底座、套管的法兰、保护网(罩)等应清洁、完好。

3 母排连接处应贴有示温片或示温纸,温度不应超过60℃。

5.6.1.9 高压开关柜运行规程

1 断路器手车装入柜内的操作

(1)断路器手车准备由柜外推入柜内前,认真检查断路器是否完好,有无漏装部件,有无工具等杂物放在机构箱或开关内。

(2)确认无问题后将手车装在转运车上并锁定好。

(3)将转运车推到柜前并升到合适位置。

(4)将车前部定位锁插入柜体中隔板插口并将转运车与柜体锁定。

(5)打开断路器手车的锁定钩,将手车平稳推入柜内同时锁定。

(6)确认已将手车与柜体锁定好。

(7)解除转运车与柜体的锁定。

(8)将转运车移开。

2 断路器手车在柜内的操作

(1)断路器手车在从转运车装入柜内后,即处于柜内主回路断开位置和手车处于试验位置。必须将辅助回路插头插好,把柜门关好锁好,此时可在主回路未接通的情况下对手车进行电气操作试验。

(2)若想继续进行操作,首先确认断路器处于分闸状态,才可将手车操作摇柄插入中部面板上的操作孔内。

(3)顺时针转动摇柄,直至摇柄明显受阻。

(4)取下摇柄。此时主回路接通,断路器处于工作位置,可通过控制回路对其进行合、分闸操作。

3 断路器手车从工作位置退出

(1)确认断路器已处于分闸状态。

(2)插入手车操作摇柄,逆时针转动直到摇柄受阻,手车便回到试验位置,此时主回路已经断开,金属活门关闭。

4 从柜内移出手车

(1)确认手车已处于试验位置及分闸状态。

(2)拔下辅助回路插头。

(3)并将动插头扣锁在手车架上。

(4)将转运车推至柜前(操作程序与手车装入柜内时相同)。

(5)将手车解锁并向外拉出,使手车完全进入转运车。

(6)确认手车与转运车锁定。

(7)解除转运车与柜体的锁定。

(8)把转运车向后拉出适当距离,移至合适位置存放。在推运转运车时应十分小心,防止运输过程中发生意外碰坏触头。

5 断路器在柜内的分、合闸状态确认

(1)断路器的分、合闸状态可由断路器手车面板上分、合闸指示牌及仪表室面板上分、合闸指示灯两方判定。

(2)若透过柜体中面板观察窗看到手车面板上绿色的分闸指示牌,则判定断路器处于分闸状态,此时如果辅助回路插头接通电,则仪表面板上分闸指示灯亮。

6 有接地开关断路器柜操作的注意事项

(1)手车在柜内的操作当准备将手车从试验位置移入工作位置时,除了要遵守上述有关的操作程序要求外,还须确认接地开关应处于分闸状态,否则绝对不能进行下一步操作。

(2)合、分接地开关操作程序

①确认手车已退到试验/断开位置。

②取下推进摇把。

③按下接地开关操作孔处的联锁弯板,插入接地开关操作手柄。

④顺时针转动操作手柄90°,接地开关处于合闸状态。若再逆时针转动90°,接地开

关处于分闸状态。

(3)在断路器处于非试验位置时,尽管设有机械联锁,仍然严禁操作接地开关。

7 电容及避雷器柜操作规程

(1)停电操作和检修

①确认母线断电→摇手车至试验位置。

②开中前门并拔下航空插头→隔离手车至转运车。

③开后门检修。

(2)送电操作

关后门→确认母线不带电→摇隔离手车由试验位置至工作位置。

(3)隔离手车推进:手柄顺时针转动为隔离手车推进,逆时针转动为手车退出,手车行程约为 200 mm,当听到"嗒"的一声响时手车已经到工作位置(操作时切忌用力过大损坏底盘手车机构)。

(4)不能摇动手车时要检查手车是否到位、闭锁是否解除。

(5)严禁在母线带电的情况下摇动隔离手车。

8 进线开关柜、站用变压器柜操作规程

(1)停电操作和检修

①分断路器→摇断路器手车至试验位置。

②开中前门并拔下航空插头→断路器手车至转运车。

③开后门检修。

(2)送电操作

关后门→断路器处在分闸状态→摇断路器手车由试验位置至工作位置→合断路器。

(3)断路器推进手柄顺时针转动为断路器手车推进,逆时针转动为断路器手车退出,手车行程约为 200 mm,当听到"嗒"的一声响时手车已经到工作位置(操作时切忌用力过大损坏底盘手车机构)。

(4)不能合闸时要检查断路器手车是否到位、闭锁是否解除,不要长时间按合闸按钮。

(5)断路器手车不能推进、退出时要检查断路器是否处于合闸位置。

9 电动机出线开关柜操作规程

(1)停电操作和检修

①分断路器→摇断路器手车至试验位置。

②开中前门并拔下航空插头→摇断路器手车至转运车。

③合接地开关→开后门检修。

(2)送电操作

关后门→分接地开关→断路器处在分闸状态→摇断路器手车由试验位置至工作位置→合断路器。

(3)断路器推进:手柄顺时针转动为断路器手车推进,逆时针转动为断路器手车退出,手车行程约为 200 mm,当听到"嗒"的一声响时手车已经到工作位置(操作时切忌用力过大损坏底盘手车机构);接地开关分合方向应按标示操作,顺时针合,逆时针分。

(4)不能合闸时要检查断路器手车是否到位、闭锁是否解除,不要长时间按合闸按钮。

(5)断路器手车不能推进、退出时要检查断路器是否处于合闸位置,接地开关是否在合位。

10 计量柜操作规程

(1)停电操作和检修

①确认母线断电(进线断路器开关处于分闸位置)→摇PT手车至试验位置。

②开中前门并拔下航空插头→PT手车至转运车。

③开后门检修。

(2)送电操作

关后门→确认母线不带电(进线断路器开关处于分闸位置)→摇PT手车由试验位置至工作位置。

(3)PT手车推进:手柄顺时针转动为手车推进,逆时针转动为手车退出,手车行程约为200 mm,当听到"嗒"的一声响时手车已经到工作位置(操作时切忌用力过大损坏底盘手车机构)。

(4)不能合闸时要检查断路器手车是否到位、闭锁是否解除,不要长时间按合闸按钮。

(5)PT手车不能推进、退出时要检查进线断路器开关是否处于合闸位置。

5.6.1.10 开关的操作规定

1 检查开关允许分、合负荷电流和各种设备的充电电流以及额定遮断容量以内的故障电流。

2 操作前运行人员应按照现场规程对开关进行检查,确认开关性能良好。

3 合闸前,应检查继电保护已按规程投入。开关合闸后,应确认其状态正确且电压指示正常。

4 拉、合开关前,应考虑因开关机构失灵可能引起非全相运行造成系统中零序保护动作的可能性。

5 新装或大修后的开关,投入运行前必须进行各项试验,验收合格后才施加运行电压;检修后或非备用状态的开关,送电前应在拉开手车的情况下做现地跳、合闸试验2~3次。

6 开关、接地刀闸之间有电气联锁装置的或计算机监控系统有闭锁条件的,严禁解除联锁装置或越过闭锁条件进行操作。

5.6.1.11 负荷开关及高压熔断器运行规程

1 负荷开关及高压熔断器本体应无破损变形,瓷件清洁、无裂纹及放电痕迹。

2 传动装置中延长轴、轴承、联轴器及拐臂等传动部件位置应正确,锁定可靠。

3 负荷开关的导电部分,触头间应接触紧密,无过热、变色、熔化现象。

4 负荷开关灭弧筒内产生气体的有机绝缘物应完整无裂纹。

5.6.1.12　高压断路器运行规程

1　高压断路器应在铭牌规定的额定值内运行。

2　高压断路器操作的交、直流电源电压,应在规定范围内。

3　分、合高压断路器应用控制开关进行远方操作,长期停运的高压断路器在正式执行操作前应通过远方控制方式进行试分、合操作 2~3 次。

4　高压断路器运行中不应进行慢合或慢分操作。

5　高压断路器当其储能机构正在储能时,不应进行分、合操作。

6　拒分的高压断路器未经处理并恢复正常,不应投入运行。

7　高压断路器事故跳闸后,应检查有无异味、异物、放电痕迹,机械分合指示应正确。

8　真空断路器出现真空损坏等现象时,应立即断开操作电源,悬挂警示牌,采取减负荷或上一级断开负荷后再退出故障断路器。

9　高压断路器运行期间的巡视检查,每班至少 1 次。巡查内容包括:

(1)断路器的分、合位置指示正确;

(2)绝缘子、瓷套管外表清洁,无损坏、放电痕迹;

(3)绝缘拉杆和拉杆绝缘子应完好,无断裂痕迹、无零件脱落现象;

(4)导线接头连接处,无松动、过热、熔化变色现象;

(5)断路器外壳接地良好;

(6)真空断路器灭弧室无异常现象;

(7)电磁操作机构分、合线圈无过热、烧损现象;

(8)弹簧操作机构储能电机行程开关接点动作准确、无卡滞变形,分、合线圈无过热、烧损现象,断路器在分闸备用状态时,合闸弹簧应储能。

5.6.1.13　互感器运行规程

1　电压互感器投入时必须先合手车;电压互感器退出时操作与此相反。

2　电压互感器退出时,必须先停用失去电压可能误动(带方向和电压闭锁)的保护;有自动切换装置时,其所带保护不需退出,但应检查电压切换良好。

3　母线停电时,电压互感器应最后停电;母线送电时,电压互感器应首先送电。

4　电压互感器应装设熔断器保护,高压电压互感器熔断器应使用专用熔断器。

5　电压互感器二次侧不应短路,不应超过其最大容量运行。

6　不应使用隔离开关停用故障的电压互感器。

7　电流互感器二次侧不应开路,不应长期过负荷运行。

8　互感器二次侧及铁芯应可靠接地。

9　互感器运行期间的巡视检查,每班至少 1 次。巡查内容包括:

(1)电压互感器电压、电流互感器电流指示应正常;

(2)一、二次接线端子与引线连接应无松动、过热现象;

(3)瓷瓶应清洁,无裂纹、破损及放电痕迹;

(4)当线路接地时,供接地监视的电压互感器声音应正常,无异味;

(5)电流互感器无二次开路或过负荷引起的过热现象;

（6）运行中无异常声响，无异常气味。

5.6.1.14 防雷装置和接地装置运行规程

1 泵站和变电所的接地网、避雷器和避雷针的接地装置，均应在每年雷雨季节前进行 1 次检查及试验。

2 氧化锌避雷器在运行中应每天记录泄漏电流，雷雨后应检查记录避雷器的动作情况。

3 防雷装置应定期巡视检查。巡查内容包括：

（1）避雷针本体焊接部分无断裂、锈蚀，接地引下线连接紧密牢固，焊接点不脱落；

（2）避雷器瓷套管清洁、无破损、无放电痕迹，法兰边无裂纹；

（3）避雷器导线及接地引下线连接牢固，无烧伤痕迹和断股现象；

（4）避雷器内部应无异常响声；

（5）避雷器计数器密封良好，动作正确。

5.6.1.15 无功补偿（SVG）运行规程

1 触屏电脑操作

（1）按照说明进行正确安装和配线，并详细检查。

（2）上电后在液晶屏开机画面中输入密码进入主菜单，进入"参数查询"，确认装置额定参数和装置运行方式配置正确，若不正确，进入"参数设置"栏设置正确的参数。

该画面中包含如下内容：

装置的运行状态：待机、充电、并网、跳闸和放电。

开关状态：显示主断路器闭合或断开，旁路接触器闭合或断开。

操作按钮：启动，表示启动装置并网；停机，表示装置跳闸退出运行。

2 控制面板操作

装置启动流程如图 5.6-1 所示。

装置停机流程如图 5.6-2 所示。

3 操作注意事项

（1）操作顺序：先给二次控制系统上电，控制系统根据检测到的各种状态量判断系统状态，再依次操作。

（2）链式动态电能治理装置为高压设备，操作时必须有高压意识，严格遵守操作规程。

（3）动态补偿装置中的有关参数出厂时已经设置完毕（依据为用户提供和实际应用场合的有关参数），如果对装置和负荷系统没有足够的了解，请不要随意更改参数，否则可能会给系统带来不必要的麻烦，甚至重大损失。

（4）正常运行时，不可以随意按动键盘或者前面的操作按钮，否则可能引起系统误动。

4 安全注意事项

（1）动态补偿装置操作使用时必须严格遵守相关的操作规程，任何错误的操作方法都可能导致人员伤害和设备的损害。

图 5.6-1　装置启动流程

（2）动态补偿装置的操作维护人员必须经过专门培训取得电气设备操作使用合格证，同时应仔细读完用户手册。

（3）本产品的充电柜、功率柜均属高压危险区域，在高压通电情况下绝对不能打开柜门进行作业。

（4）必须按照高低压设备的安装操作维护规程使用本产品，并严格按照本用户手册进行各项操作。

（5）重要注意事项

图 5.6-2　装置停机流程

①系统电压应在允许范围之内；

②上下电顺序应遵循启机时先开控制电再上高压电，关机时先断高压电然后断控制电；

③运行当中用户应随时监视运行情况，不正常时应及时停机；

④应保证室内良好通风，尽可能维持环境温度在-10~40 ℃。

（6）动态补偿装置维护注意事项

动态补偿装置在设计时充分考虑到人员的安全，然而就像任何功率装置一样，许多内部端子上存在足以致命的高电压。另外，散热器和其他一些内部元件温度较高，所以在接触和操作动态补偿装置时要遵循以下原则。

使用人员必须接受培训熟悉本装置的结构，并掌握实际运行知识及注意事项。

只有通过上述培训的人员才允许运行和维修本装置。

只有在动态补偿装置不带电（高压电和控制电）且不存在高温时才能接触柜内部件。

在检修时，要确保充电柜的上隔离断开。

维护时必须遵守高压操作规程，如戴绝缘手套、穿绝缘鞋。

工作时必须有其他监护人员在场。

必须安装安全防护栏（标有高压危险），使用中不要将其移走。

禁止把易燃材料（包括设备图纸和操作手册）放在动态补偿装置旁。

在处理或测量动态补偿装置内部件时要十分小心，注意不要让仪表引线相互短接或接触其他端子。

为安全起见，禁止动态补偿装置在柜门打开的情况下运行。

禁止在主电路有电时断开风扇和散热系统电源，这样会导致过热损坏装置。

在搬运动态补偿装置时,装车必须对称、平稳,在卸货时确认用于放置的水泥地面是水平的。

用户进行故障维护仅限于记录故障现象,并在必要时更换链节,进一步的维修应移交厂家进行处理。

更换链节必须在动态补偿装置停电超过 15 分钟才能进行。

任何不正确的操作都可能导致人员伤害或动态补偿装置损坏。

遵守在本手册中提及的其他安全注意事项。

必须遵守这些安全注意事项,以防止人员伤亡和设备损坏。

(7)使用注意事项

本产品属于微电子技术、光电通信技术、高压应用技术、电子计算机技术等综合性技术的高技术产品,使用时应注意满足以下规定。

使用环境应符合产品的技术条件要求。

安装应该由符合电气设备安装条件的有资质的正规安装公司安装,并在生产厂家指导下进行安装。

产品的操作使用人员必须是经过专业训练的电气设备操作使用人员。

产品在使用过程中会不断地凝集灰尘以及各种杂质,必须定期进行清理维护。

产品经过一段时间的运行后,由于风机的震动和其他机械震动可能引起电气接触部件的松动,以至于引起接触不良甚至损坏元件、部件及整机,造成用户的不便和损失。因此,在使用一段时间后需要进行维护和清理检查避免造成损失。

应该经常检查接地电阻是否符合设备运行的要求,是否符合国家标准的要求。接地电阻不符合要求会造成危险。

应该形成记录设备运行状况的制度和应用维护制度。

5.6.1.16 电力电缆运行

1 电缆长期允许工作温度应按制造厂规定执行,如制造厂无规定不应超过表 5.6-4 中的规定值。

表 5.6-4 电缆长期允许工作温度

电压等级(kV)		≤3	10
不同种类电缆允许工作温度(℃)	交联聚乙烯绝缘	90	90
	聚乙烯绝缘		70

2 电缆不应超负荷运行,即使在处理事故时出现超负荷,也应迅速恢复其正常电流。

3 对电缆线路及电缆线段应定期巡视,巡视周期为:

(1)敷设在地下架设的电缆,至少每 3 个月 1 次;

(2)电缆沟、隧道、电缆井、电缆架及电缆线段,至少每 3 个月 1 次;

(3)对挖掘暴露的电缆,按工程情况,酌情加强巡视。

4 电缆线路及电缆线段巡视检查内容包括：

（1）直埋电缆

①电缆线路附近地面应无挖掘痕迹；

②电缆线路标示桩应完好无损；

③电缆沿线不应堆放重物、腐蚀性物品及临时建筑；

④室外露出地面上的电缆的保护钢管或角钢不应锈蚀、位移或脱落；

⑤引入室内的电缆穿墙套管应封堵严密。

（2）沟道内电缆

①沟道盖板应完整无缺；

②沟道内电缆支架牢固，无锈蚀；

③沟道内应无积水，电缆标示牌应完整、无脱落。

（3）电缆头

①油浸电缆不应有渗漏油，铅包及封铅处不应有龟裂现象；

②接地线应牢固，无断股、脱落现象；

③大雾天气，应监视终端头绝缘套管无放电现象；

④负荷较重时，应检查引线连接处无过热、熔化等现象。

5.6.1.17 直流装置运行

1 直流装置应根据制造厂规定要求及使用情况定期进行维护保养。

2 蓄电池应采用浮充电方式运行，并经常处于满充状态。

3 蓄电池不能按浮充电方式运行时，可采用充电—放电方式运行，并根据放电和使用情况，确定充电时期。

4 蓄电池每 1~3 个月，或充电装置故障使蓄电池较深放电后，按制造厂规定要求进行 1 次均衡充电。

5 蓄电池每年按制造厂规定要求应进行容量核对性充放电。在放电过程中，应严密监视电池电压，当单体电池电压达规定下限时，应停止放电。若放充 3 次蓄电池组均达不到额定容量的 80%，可判此组蓄电池使用年限已至，应进行更换。

6 蓄电池容量核对充放电时，放电后间隔 1~2 小时应进行容量恢复充电，禁止在深放电后长时间不充电，特殊情况下不应超过 24 小时。

7 蓄电池充电时应防止过充、欠充及温度过高现象的发生。

8 蓄电池运行环境温度应在 10~30 ℃，并保持良好的通风和照明，当环境温度长时间过高时，应采取降温措施。

9 蓄电池控制母线电压保持在 220 V（110 V），变动不应超过±2%。

10 蓄电池、充电装置运行期间的巡视检查，每班至少 1 次。巡查内容包括：

（1）充电装置工作状态、各电压、电流应正常；

（2）直流母线正对地、负对地电压应为零，直流系统对地绝缘电阻应良好；

（3）大容量专设蓄电池室，其室内的通风、照明情况良好，蓄电池室温度符合要求，不应使用明火。

（4）蓄电池室（或盘）及蓄电池应清洁无积污。

（5）蓄电池连接处无锈蚀，凡士林涂层应完好；

（6）蓄电池容器应完整、无破损、漏液，极板无硫化、弯曲、短路等现象；

（7）蓄电池电解液面、蓄电池温度应正常。

11 每1个月应对蓄电池、充电装置至少进行1次详细检查，除每班巡视检查内容外，应进行每只蓄电池电压的测量，过低或为零，应查明原因，进行恢复处理或更换。检查结果应记在蓄电池运行、维护记录中。

12 每1年应对非免维护蓄电池的电解液纯度进行1次分析，电解液可由若干个典型电池中抽取。

13 非免维护蓄电池电解液面与极板上缘距离小于制造厂规定值时，应进行补充。如电液比重过高应补加蒸馏水，过低应查明原因，然后按制造厂要求补加不同比重电解液。

14 应使用性能良好且具有自动控制和监测功能的充电装置，并使充电装置始终处在正常状态下运行；浮充电压、均衡充电电压整定应按制造厂规定执行，不应随意修改；温度补偿功能不应随意停用。

15 免维护密封蓄电池的维护、检查应按制造厂家规定执行。

16 当发生直流系统接地时，应立即用绝缘监察装置判明接地极，并汇报总值班征得同意后，进行拉路寻找，尽快查出故障点予以消除。

17 拉路寻找应遵循先拉不重要的回路，后拉重要电源回路的原则。在试拉控制、保护电源回路时，应征得总值班同意，并做好有关安全措施和事故预想，试拉动作应迅速，拉开时间不应超过2 s。

18 在试拉直流熔丝时，应先拉正极，后拉负极，合上时顺序相反。

19 寻找直流接地时，不应用蓄电池未接地的一极接地的方法，来查找接地点。

5.6.1.18 应急电源操作规程

1 详细阅读产品使用说明书，了解EPS应急电源相关知识。

2 做好开机前的准备工作：检查机器内部是否异常、是否有异物、测量电池电压是否符合设备要求等。

3 开机操作

（1）把"转换开关"选择在自动位置，"强启锁孔"处于关闭状态。

（2）依次合主电开关、电池柜及主机内电池开关、充电器开关。

（3）LCD液晶屏显示：主电指示灯亮、充电指示灯亮、设备工作正常。

应急指示灯正常不亮，若亮则说明市电无电，检查是否停电。故障灯正常不亮，若亮即刻断开所有开关并拨打售后服务电话。

（4）按"切换键"查看设备工作情况，及观察设备内部有无异响。

（5）上述均正常，合上输出开关。完成开机操作。

注意：两个输出开关"维修旁路开关"和"正常输出开关"不得同时闭合。

正式投运前，EPS负载调试阶段或EPS故障时，需合维修旁路开关。

4 关机操作

(1)依次断开"充电器开关""主机内电池开关"和"市电开关"。

(2)LCD 液晶显示屏无显示,断开"输出断路器",完成关机操作。

5.6.1.19 继电保护装置运行

1 在任何情况下,电气设备不应无保护运行。

2 继电保护装置的配置、整定计算应由泵站主管技术部门负责。

3 继电保护装置定值、配置的变更由泵站主管技术部门下达,继电保护专职人员应按通知单要求执行,按规定时间完成。执行完毕后,应记录备案并将定值修改情况报告给下发变更通知单的部门。

4 继电保护装置的正常维护、定期检查和整定应由继电保护专业人员负责,并建立完善的岗位责任制。

5 泵站运行值班人员负责继电保护装置的运行监视,出现异常时,值班人员应立即向总值班汇报,继电保护专职人员应及时到场进行处理。

6 继电保护动作后,值班人员应立即向总值班汇报,做好详细记录,并通知泵站主管技术人员和继电保护专职人员及时到场进行分析处理。

7 泵站投运前应检查继电保护的类型、定值与泵站的运行方式相一致。

8 继电保护和自动装置中的继电器试验后均应加封印,继电保护运行方式的改变和设计定值的变更应报上级主管部门批准,由专业人员按规定程序调整,并做好记录。因运行方式变更,需修改整定值的继电器可不加封印。

9 微机继电保护装置室内最大相对湿度不应超过 75%,应防止灰尘的侵入。微机继电保护装置室内环境温度应在 5~30 ℃范围内,超出允许范围应投运空调设施。

10 应定期对微机继电保护装置进行采样值检查和时钟校对,检查周期不应超过 1个月。

11 只有在下列情况下可对不停电设备的继电保护停用进行工作:

(1)有两种以上主保护装置;

(2)有专用主保护在运行时,可允许其后备保护短时停用;

(3)变压器的瓦斯和差动保护可允许短时停用一套。

12 微机继电保护装置非运行期间不宜停电。

5.6.1.20 计算机监控系统运行

1 采用计算机监控系统(以下简称监控系统)实现自动化监视和控制的泵站应根据各泵站的具体情况,制定监控系统运行管理制度。

2 泵站监控系统维护应有专人负责,每 1 个月应检查 1 次系统的运行情况。

3 对于履行不同岗位职责的运行人员,应分别规定其安全等级操作权限。

4 监控系统投入运行前应进行检查并应符合下列要求:

(1)不间断电源装置逆变正常、可靠,运行时应置逆变状态,并能在交流电源停电时,供给监控系统装置允许停电时间的电能;

(2)监控系统及其网络通信系统运行正常;

（3）现地控制单元运行正常；

（4）各自动化元件，包括执行元件、信号器、传感器等工作可靠；

（5）自动控制正确、可靠；

（6）视频监控系统正常，调节控制可靠，图像清晰；

（7）音响、显示报警信号系统正常，无告警显示。

5　运行期间每天测试一次音响、显示报警系统应正常。

6　监控系统运行发生故障时应查明原因，及时排除。

7　未经无病毒确认的软件不应在系统中使用。监控系统的计算机不应移作他用和安装未经站（所）领导或技术负责人同意的软件。

8　监控系统应安装防病毒软件，并应定期进行防病毒软件升级和系统程序漏洞修补。

9　监控系统的计算机不应设置为共享。

10　监控系统可通过专用局域网与本地其他监控系统互联。监控系统与办公自动化系统或其他信息系统之间采用网络方式互联时，应采用经国家有关部门认证的专用可靠的安全隔离设施。

11　监控系统软件应进行备份并做好记录，以便故障时及时修复监控系统。

12　在自动控制系统故障时应能切换至手动运行。

13　历史数据应定期转录并存档。

14　监控系统装置电源应为不间断电源，非运行期间可不停电。

15　不间断电源定期切换试验应在机组停运后进行，试验前应做好防止计算机丢失储存信息。

16　监控系统在开机不成功时应自动返回到停机状态，并自动报警。

17　不间断电源维护应按制造厂家规定执行。

5.6.1.21　柴油发电机运行规程

1　一般规定

（1）柴油发电机组是事故备用电源，应按规定做好日常维护工作，随时保持备用状态。

（2）机组应按设备规范运行，运行中现地值班人员应密切监视，认真记录运行参数，分析机组的运行状况。无人值守的机组，运行人员应尽快到场。

（3）正常情况下，柴油发电机组启动以自动的方式进行。柴油发电机组处于备用状态时，确保有关设备开关的正确状态。

（4）柴油发电机组不能与主电源并联运行，只能作单机运行。

（5）柴油发电机组每次空载运行时间最长不得超过30分钟，以10分钟左右为宜；机组带负荷运行后，停机前应空载运行约5分钟进行冷却。

（6）柴油机组燃油、机油及冷却系统回路及其各滤清器的进出口阀门正常情况下应保持在全开位置。

（7）柴油箱内的柴油油位禁止超过上限线；超过上限线时禁止启动柴油发电机组。

（8）蓄电池电压在正常恒压浮充电时应保持在规定范围内，具体电压值可根据系统配置的蓄电池数量确定。电解液密度在 25 ℃时保持在 1.275～1.285 g/cm³ 的范围内；液面高于隔板 15 mm 或在上下液面线之间。柴油发电机组运行时由机组本身提供电源向蓄电池充电，备用时应合上充电器的交流电源刀闸，由主电源进行充电。若蓄电池不具备自动充电功能，应在日常定期补充充电。

（9）蓄电池电压不正常时，禁止启动柴油发电机组。柴油发电机组运行中，或充电器正在充电时，禁止解开蓄电池组的接线，防止瞬间高压伤人及损坏电子调速器、机组控制组件等设备。

（10）柴油机组在备用状态时，应保持机油油位接近油标"静止面"的"高"位，但不得超过，超过时不得启动；启动前，以及停机后 15 分钟检查时，机油油位不得低于油标"静止面"的"低"位，过低时不得启动并应及时加油。机组运行中机油油位不得高于油标"运行面"的"高"位，不得低于油标"运行面"的"低"位，否则应尽快停机进行认真检查或加油。如柴油机组运行中机油油位不正常上升或下降速度明显过快，应及时进行检查分析。

（11）每两周运行值班人员启动柴油发电机组试运行至少 15 分钟左右，启动前应进行全面检查，汛期及某些供水特殊时期应增加试运行频次。

（12）柴油机组运行中，机油油温一般应在 82～107 ℃之间。在突增至满负荷，并且无其他异常的情况下，允许在 116 ℃以下短时运行（柴油机组运行计时器累计计时不足 100 小时时，为 121 ℃），但在 5 分钟时间内，应采用减负荷等措施，将油温降到正常范围内。

（13）柴油机组启动前应检查冷却液位，不足时加注清洁水；运行中，或停机后但冷却液未冷却时，禁止打开水箱盖，防止高温冷却液伤人。

（14）当柴油机房内环境温度可能低至−4 ℃时，应采取保温措施，或将机组退出备用排净冷却液，防止冷却液冻结损坏设备，特殊情况需要冬季运行时，可加注发动机专用防冻液。

（15）进入冬季后，应更换柴油，使用负 10 号柴油。

（16）柴油发电机组第一次启动或停机较长时间后再次启动，应先用手压泵排尽燃油系统内的空气。

2　操作前检查

现地值班人员每天对备用的柴油发电机组进行一次全面检查，并进行设备及机房的清洁工作。检查的主要项目如下：

（1）燃油箱油位是否正常，油量是否足够；

（2）燃油、机油、冷却液回路有无渗漏，阀门位置是否正确，机油油面是否正常，水箱内冷却液是否足够；

（3）机组各连接件和紧固件有无松动现象；

（4）蓄电池的充电、电压是否正常，电解液液面、比重是否正常，接线有无松动、锈蚀；

（5）发电机出线、机组控制组件柜、自动切换柜内各电气连接有无松动、锈蚀、过热、放电痕迹；

（6）机组控制组件柜、自动切换柜内各指示信号是否正确，各操作切换开关、空气开

关、刀闸位置是否正确,保险是否完好;

（7）机房内有无异音异味,门窗等是否保持完好。

3　操作程序

（1）柴油发电机组定期启动试运行操作:

①检查柴油发电机出口空气开关(手动)在"合"位(若空气开关为电动,应在"分"位);

②检查柴油发电机组具备启动条件,蓄电池电压在正常范围;

③拉开柴油发电机组蓄电池的充电器交流电源开关(自动充电蓄电池,不需要此项);

④检查柴油发电机组控制器的锁控开关在"自动启动"位置;

⑤从上位机发"柴油机—投入—执行"令,现场监视柴油发电机组启动过程,检查转速、电压至额定值正常,监视柴油机房通风机自动启动正常;

⑥试运行约10分钟后,从上位机发"柴油机—退出—执行"令,现场监视柴油发电机组自动停机过程;

⑦机组停定后,合上柴油发电机组蓄电池的充电器交流电源开关(非自动充电蓄电池,不需要此项)。

（2）柴油发电机组现场手动启动操作。当远方启动柴油发电机组不成功时,可现场进行手动启动操作:

①检查柴油发电机出口空气开关(手动)在"合"位(若空气开关为电动,应在"分"位);

②检查柴油发电机组具备启动条件,蓄电池电压在正常范围;

③拉开柴油发电机组蓄电池的充电器交流电源开关(非自动充电蓄电池,不需要此项);

④将柴油发电机组控制器的锁控开关拧至"手动启动位置";

⑤按轻触式"手动启动"按钮,稍后放开,监视柴油发电机组启动过程,检查转速、电压至额定值正常,监视柴油机房通风机自动启动正常;

⑥将柴油发电机组控制器的锁控开关拧回"自动启动"位置。

（3）柴油发电机组手动停机操作。当远方停柴油发电机组不成功时,可现场进行手动停机操作:

①带负荷运行后,应先保持柴油发电机组空载运行5分钟进行冷却;

②5分钟后,将柴油发电机组控制器的锁控开关拧至"即时停机"位置;

③监视柴油发电机组即时停机正常;

④检查柴油发电机组"远程启动"指示灯未亮后,将柴油发电机组控制器的锁控开关拧至"自动启动"位置;

⑤合上蓄电池的充电器交流电源开关,检查蓄电池充电正常(非自动充电蓄电池,不需要此项)。

4　运行中巡视检查

（1）机组正常带负荷运行中,出现频率超出 48~51 Hz,或非负荷变化引起的大幅波动不止;电压低于 360 V 或高于 410 V,或非负荷变化引起的大幅波动不止时,应及时查明原因消除,无法消除时尽快转移负荷后停机联系维修人员进一步处理。

(2)柴油机运行过程中出现下列情况时,应紧急停机:

①机油压力突然快速下降;机油温度突然快速上升;

②燃油、机油、冷却系统回路破断,严重渗漏;

③发生短路、冒烟、着火事故;

④机组内部出现不正常声响、异味;

⑤机组强烈振动、过速、过压;

⑥其他严重影响人身、设备安全运行的情况时。

(3)柴油机组运行中,冷却液温度应在 74~91 ℃之间。超过 91 ℃(柴油机组运行计时器累计计时不足 100 小时时,为超过 88 ℃)要查明原因,以及采用减负荷等的措施,将温度降回到正常范围内。如升高至 93 ℃未自动停机时应手动停机处理。

(4)柴油发电机组在启动、空载/负载运行、停机的全过程中,应对运行参数做记录分析外,还应认真检查下列项目:

①机组振动有无异常;

②有无排黑烟或青烟现象;

③负荷冲击后能否较快地稳定转速和电压;

④风扇等皮带传动部分的运转有无异常。

5 常见故障及处理方法

(1)机组不能正常启动:

①检查蓄电池电压是否正常,容量是否严重下降,电气回路接线有无松动;

②检查机组控制组件面板上有无故障信号,如有则先将锁控开关拧至"即时停机"位置,查明原因消除故障后再启动;

③如果拖动电动机有转动,但转动 10 秒左右即停止,要检查是否出现故障报警自动停机;是否蓄电池的容量下降;燃油管路各阀门有无全开;燃油进油管部分是否有破损出现吸气现象;进排气系统的吸气滤清器是否严重污脏。如果是由于气温低又无其他异常时,可启动 3 次,每次间隔 1 分钟左右。如果是转动时出现有撞击声,或查不清原因时,通知维修人员处理。

(2)机组能启动但达不到额定转速,或转速产生较大波动不能稳定时,要检查蓄电池电压是否正常;燃油管路各阀门有无全开;燃油进油管部分是否有破损出现吸气现象;进排气系统的吸气滤清器是否严重污脏。带负荷运行中,排除机组本身故障原因后,可试行适当减少负荷观察。查不清原因时,通知维修人员处理。

(3)机组在额定转速时,不能自动减压或电压不正常无法处理时,停机后通知维修人员处理。

(4)柴油机组带负荷运行中,排出的为黑烟或青烟,要检查涡轮增压器工作是否正常;进排气系统的吸气滤清器是否严重污脏;进排气系统管路有无严重漏气;燃油回路的回油管阀门有无全开;机油压力有无明显异常;是否过载运转。查不明原因时,停机后通知维修人员处理。

（5）机组过速时,若未能自动停机,则应迅速采用下列方法进行停机。过速事故发生时,绝对禁止减少或甩去负荷:

①将柴油发电机组控制器的锁控开关拧至"即时停机"位置;

②关闭燃油管路的进油管阀门;

③用棉布等物封堵空气滤清器的进气口;

④机组停定后通知维修人员处理。

（6）机组带负荷运行时,机端输出电压过低:

①如果是机组频率过低引起,按规定进行处理;

②如果是过负荷引起,可切除部分次要用电负荷维持运行;

③如果机组频率正常且未过负荷,先切除部分次要用电负荷,迅速将电压恢复回 380 V,以确保重要负荷维持运行,确实无法维持运行时,尽快转移负荷处理;

④机端输出电压低于 340 V 不能恢复时,应立即切开柴油发电机出口空气开关,以保护用电设备;

⑤通知维修人员处理。

5.6.1.22　闸门及启闭机运行规程

1　运行前应做的准备

（1）妥善处理运行对涉及区域内的危险隐患。

（2）检查闸门运行路径有无卡阻物。

（3）检查启闭机及电气设备状态是否符合运转要求。

（4）检查闸门开度与开度指示器的显示数值是否一致。

（5）检查供电电源质量是否符合要求。

（6）观察上下游水位、流态,查对流量。

（7）做好各项观测、记录的准备工作。

2　闸门的操作运用

（1）操作人员应符合下列要求:

①启闭闸门设备的操作人员应持证上岗,明确责任,保证设备和操作人员的安全。

②操作人员应按上级指令和设备操作规程执行操作,不得违章作业。

③操作人员应熟悉业务,思想集中,谨慎操作。

（2）操作过程应符合下列要求:

①操作过程中闸门应有人巡视和监护。

②闸门启闭如发生卡阻、停滞、异常响声等情况,应停止,并检查处理。

③闸门应避免停留在震动或水流紊乱的位置。

④闸门启闭后应核对开启高度,检查控制设备,切断电源。

3　液压启闭机系统的操作运用

（1）检查油箱油位是否在规定范围内。

（2）检查油泵、阀组、表计、管路等是否漏油。

（3）运行中注意是否有异常振动现象。

（4）转动部位及工作范围内应无障碍物。

（5）启闭机运转后如有异常响声,应及时停机检查,加以处理。

（6）启闭机运转时,启闭机及电气操作屏旁应有人巡视和监护。

（7）启闭机运行时应注意开度、荷载与各种仪表指示位置是否正确。

（8）手动运行闸门接近最大开度或关闭位置时,应及时停机避免损坏闸门及启闭设备。

（9）闸门操作应有专门记录,并妥善保存。记录内容应包括:启闭依据、操作时间、操作人员、启闭过程以及启闭电流、电压、上下游水位、流量等值,操作前后设备状况、操作过程中出现的不正常现象及采取的措施。

（10）启闭操作完成后,参与人员应在记录上签字。

5.6.2　输水线路运行操作规程

5.6.2.1　输水线路阀件运行操作规程

1　控制阀操作

（1）控制阀开阀操作

①电动远程开阀操作

a.合主机柜拟用控制阀电源开关。

b.确认智能电动执行器旋钮开关置"远程"状态。

c.在计算机(或 LCU 控制屏)上通过开始按钮开启阀门。

②电动就地开阀操作

a.合主机柜拟用控制阀电源开关。

b.把智能电动执行器旋钮开关置 LOCAL 位置。

c.旋转智能电动执行器 LC/LO 旋钮,逆时针开启阀门。

d.把智能电动执行器旋钮开关置 STOP 位置。

③手动开阀操作

a.按压手电动切换手柄切换至手动操作状态。

b.逆时针转动操作手柄开启阀门。

（2）控制阀关阀操作

①电动远程关阀操作

a.确认智能电动执行器旋钮开关置"远程"状态。

b.在计算机(或 LCU 控制屏)上通过关闭按钮关闭阀门。

c.分主机柜拟用控制阀电源开关。

②电动就地关阀操作

a.把智能电动执行器旋钮开关置 LOCAL 位置。

b.旋转智能电动执行器 LC/LO 旋钮,顺时针关闭阀门。

c.把智能电动执行器旋钮开关置 STOP 位置。

d.分主机柜控制阀电源开关。

③手动关阀操作

a.按压手电动切换手柄切换至手动操作状态。

b.顺时针转动操作手柄关闭阀门。

2 检修阀操作

(1)检修阀(手动蝶阀)开阀操作

逆时针转动操作手柄开启阀门。

(2)检修阀(手动蝶阀)关阀操作

顺时针转动操作手柄关闭阀门。

3 空气阀前手动偏心半球阀操作

(1)手动偏心半球阀开阀操作

逆时针转动操作手柄开启阀门。

(2)手动偏心半球阀关阀操作

顺时针转动操作手柄关闭阀门。

4 排空阀(手动偏心半球阀)操作

(1)排空阀(手动偏心半球阀)开阀操作

逆时针转动操作手柄开启阀门。

(2)排空阀(手动偏心半球阀)关阀操作

顺时针转动操作手柄关闭阀门。

5 调流阀操作

河南省配套工程仅南阳3-1口门泵站输水线路末端设有调流阀,其余泵站输水工程均无调流阀。

3-1口门谭寨泵站供水目标为镇平县五里岗水厂和规划水厂。泵站输水线路布设一条主管道向镇平县五里岗水厂供水,由主管道分一支管向规划水厂供水,输水线路总长12.09 km,其中主管线长11.65 km,支管线长0.44 km。主管线(口门—五里岗水厂)管径根据不同段输水流量从上至下分别采用DN1 200 mm和DN800 mm两种规格的球墨铸铁管。规划水厂线路输水管采用管径DN600 mm的球墨铸铁管。两水厂采用一条主管道输水,为保证各水厂的用水量,在主管和支管线路末端各装设一台调流阀,调流阀采用活塞式,口径为DN800 mm和DN600 mm。主管道分岔后在主管线和支线(近分岔口处)上设有控制阀,控制阀采用电动蝶阀,口径为DN1 200 mm和DN600 mm。

该输水线路末端的两处调流阀仅作流量分配,阀门开度一直保持在满足各自额定流量要求的状态,不允许关闭。当水厂停止用水需求时,需向现地管理机构提出停水计划,泵站现地调度员接到上级调度指令后,关闭对应供水机组,并关闭对应主管道分岔后的控制阀(电动蝶阀)。

(1)调流阀调节操作

①电动远程调节操作

a.复核流量调度指令。

b.确认智能电动执行器旋钮开关置"远程"状态。

c.在计算机(或 LCU 控制屏)上按流量计测得数据控制调流阀开度,直至满足流量要求。

②电动就地调节操作

a.复核流量调度指令。

b.把智能电动执行器旋钮开关置 LOCAL 位置。

c.旋转智能电动执行器 LC/LO 旋钮,按逆时针(顺时针)增大(减小)调节流量。按流量计测得数据控制调流阀开度,直至满足流量要求。

d.把智能电动执行器旋钮开关置 STOP 位置。

③手动调节操作

a.按压手电动切换手柄切换至手动操作状态。

b.转动操作手柄,按逆时针(顺时针)增大(减小)调节流量。按流量计测得数据控制调流阀开度,直至满足流量要求。

5.6.2.2 输水管道运行操作规程

1 机组启动之前,应对管道及附件进行检查,并符合下列要求:

(1)输水管道已安装完毕,沿线构筑物、现地管理房已施工完成,并通过分部工程验收。管道畅通,无漏水现象;进水池内清洁干净无杂物。

(2)沿线阀门、仪表已安装完毕并调试合格,已能满足系统试通水要求。输水管路进口控制阀启闭灵活、安全保护装置功能可靠(如限位、过载、开关位置接点等)可靠;输水管路末端调流阀启闭灵活、安全保护装置功能可靠(如限位、过载、开关位置接点等)可靠;输水管道中的阀门井无积水,裸露管道部分完整无损;测量仪表盘面清晰,显示正常。

(3)现地管理站供电线路、变配电设备均已验收合格,用电计划已落实。

(4)输水管道初期运行的安全防护措施落实,并准备就绪。

(5)输水管路中的所有检修阀在全开位置;输水管路中的所有空气阀前的检修阀在全开位置;输水管路中的所有排空阀或排泥阀在关闭位置。

(6)输水管路运行流速宜大于 0.6 m/s,以防止输水管道淤堵。

2 管道首次运行时,输水管路空气阀井应派人现场监视管理,察看空气阀密封状态。

3 测量仪表显示失准,应及时校准或更换。

4 管道运行过程中出现爆管时,应及时通知泵站停泵,并关闭爆管点两侧最近的检修阀,并通过排空阀(排泥阀)将管内水排除后维修爆管点。

5 供水结束后,应对管道进行下列维护和保养:

(1)清洁保护装置和测量仪表;

(2)阀门机构涂油,盖好阀门井;

(3)金属管道及附件每年进行防锈处理。

6 输水管道每次通水时优先检查所有空气阀,正常后方可投入运行。

7 严禁在管线上圈、压、埋、占;沿线不应有跑、冒、外溢现象。

8 应设专人每天一次进行全线巡视,发现危及输水管道的行为及时制止并上报主管部门。

9　管线低处排空阀为每年 1 次排放积泥,根据排放水质情况,可调整排放时间、次数。

10　输水管线上的主管检修阀、空气阀前的检修阀、排空阀等阀门,每季应开关一次并进行保养。

5.7　运行事故及不正常运行处理

5.7.1　运行事故处理

1　运行事故指运行时间内发生的人身、设备、建筑物等的事故。

2　运行事故处理的基本原则:

(1)迅速采取有效措施,防止事故扩大,减少人员伤亡和财产损失;

(2)立即向上级报告;

(3)在事故不扩大的原则下,设法保持设备继续运行。

3　在事故处理时,运行人员必须留在自己的工作岗位上,集中注意力保证设备的安全运行,只有在接到值班长的命令或者在对设备或人身安全有直接危险时,方可停止设备运行或离开工作岗位。

4　运行值班人员应把事故情况和处理经过详细记录在运行日志上。

5　测量仪表显示失准,应及时校准或更换。

6　管道运行过程中出现爆管时,应及时停机,并关闭爆管点两侧最近的检修阀,并通过排空阀(排泥阀)将管内水排除后维修爆管点。

5.7.2　不正常运行处理

5.7.2.1　一般规定

1　泵站工程和设备发生不正常运行时,值班人员应立即查明原因,尽快排除故障。

2　不正常运行,若不能恢复正常,应立即向负责人汇报,在故障排除前,应加强对该工程或设备的监视,确保工程和设备继续安全运行,如故障对安全运行有重大影响可停止故障设备或泵站的运行。

3　发生不正常运行时,应及时向负责人报告,重要事件应及时向上级主管部门汇报。

4　值班人员应将不正常运行故障情况和处理经过详细记录在运行日志上。

5.7.2.2　泵站工程超设计标准运行的处理

1　泵站工程不应超设计标准运行,如发生超设计标准运行时,应报请上级主管技术部门批准,必要时并经原设计单位校核,在制定应急方案后方可进行。

2　泵站工程超设计标准运行时,运行值班人员应熟练掌握应急方案的相关技术规定,加强对泵站、泵站运行设备以及管线和管线运行设备的巡视检查,若有异常应立即向总值班汇报,情况紧急时可立即停止泵站或设备的运行。

5.7.2.3　监控系统不能正常运行的处理

1　泵站运行时,如监控系统不能正常运行,应立即查明原因,处理后恢复运行,如不能恢复正常运行,应立即向总值班汇报,尽快排除故障。

2　在故障排除前,应加强对运行设备声响、振动、电量、温度的监视;对由监控系统进行自动控制的设备,改用手动操作,并加强对该设备的巡视检查,确保设备安全运行。

5.7.2.4　变压器内部声音异常的处理

1　变压器正常运行时声音应是连续的"嗡嗡"声。当变压器运行声音不均匀、声音异常增大或有其他异常响声,主要有以下原因:

(1)负荷变化较大、过负荷运行、系统短路或接地;

(2)内部紧固件穿芯螺栓松动、引线接触不良;

(3)系统发生铁磁谐振。

2　当变压器运行中发生声音异常时,应立即查明原因。情况严重时可向总值班汇报停止变压器运行。

3　变压器运行中有下列情况之一时,应立即停止运行:

(1)声音异常增大或内部有爆裂声;

(2)套管有严重的破损和放电现象;

(3)冒烟起火;

(4)附近设备着火、爆炸等,威胁变压器安全运行;

(5)负荷、冷却条件正常、温度指示可靠,变压器温度异常上升。

5.7.2.5　主电机启动故障的处理

1　主电机不能正常启动,主要有以下原因:

(1)启动电压过低;

(2)电源缺相;

(3)荷载偏大;

(4)机械卡阻;

(5)异步电机转子鼠笼式绕组接触不良或开路。

2　主电机不能正常启动,应立即停止启动并查明原因,排除故障后再启动运行。

5.7.2.6　主电机电源突然停电的应急处理

1　检查断流装置是否已正常关断,主机组是否已停止运转,否则应立即采用辅助设施使其可靠断流。

2　检查总进线断路器或主电机断路器是否已在断开位置,否则应立即予以断开。

3　退出各断路器手车或拉开刀闸。

4　检查停电原因,进行处理,并尽快恢复运行。

5.7.2.7　主电机温度异常的处理

1　主电机温度异常,主要有以下原因:

(1)测温元件或测温装置损坏;

(2)超设计负荷运行;

(3)运行电压过高;

(4)电机通风不畅;

(5)电机定、转子表面积尘过多;

(6)电机转子线圈匝间短路;

（7）缺相运行。

2　主电机运行温度异常或运行温度异常上升,应立即查明原因予以处理。

5.7.2.8　主电机故障跳闸的应急处理

1　处理步骤同 5.7.2.6。

2　检查故障跳闸主电机相关继电保护装置动作情况,分析故障原因,排除故障后重新投入运行。

5.7.2.9　主机组运行中有下列情况之一时,应立即停止运行:

1　主机组启动后,出水口阀门异常;

2　主电机、电气设备发生火灾、人身或设备事故;

3　主电机声音、温升异常,同时转速下降;

4　主水泵内有清脆的金属撞击声;

5　主机组发生强烈振动;

6　辅机系统故障无法修复,危及全站安全运行;

7　发生危及主电机安全运行故障,保护装置拒绝动作;

8　直流电源消失,一时无法恢复;

9　上下游发生安全事故或出现危及泵站安全运行的险情。

5.7.2.10　高压断路器拒合的处理

1　进行高压断路器合闸操作而断路器出现拒合时,应立即停止合闸操作。

2　退出断路器手车或拉开刀闸。

3　检查、分析故障原因,并予以排除。

4　故障排除后再次进行合闸操作。

5.7.2.11　高压断路器拒分的处理

1　进行高压断路器远方分闸操作而断路器出现拒分时,应立即停止远方操作。

2　改用现场操作机构箱现场操作,仍拒分时应停止操作。

3　采用越级分闸,退出该断路器。

4　检查、分析断路器拒分故障原因,并予以排除。未排除故障前不应投入运行。

5.7.2.12　高压断路器运行中有下列情况之一时,应立即停止运行:

1　真空断路器真空破坏;

2　绝缘瓷套管断裂、闪络放电异常;

3　断路器有异味或声音异常。

5.7.2.13　电力电容器运行中有下列情况之一时,应立即停止运行:

1　电容器爆炸;

2　电容器瓷套管闪络放电;

3　电容器外壳鼓肚异常;

4　电容器喷油、起火;

5　电容器外壳温度超过 55 ℃,或室温超过 40 ℃,采取降温措施无效时;

6　电容器声音异常。

5.7.2.14 直流电源接地故障的处理

1 主机组正常运行发生直流接地故障处理时,应汇报总值班同意后进行,并有专人监护。

2 短时间退出可能误动作的保护。对可能联动的设备,应采取措施防止设备误动作。

3 用绝缘监察装置判明接地极,进行拉路寻找。

5.7.2.15 直流电源故障停电的处理

1 主机组正常运行发生直流电源故障停电时,立即进行故障排除,并应密切注意设备运行状态。一旦发现设备运行异常,应立即采用机械分断相应断路器,并采取措施使机组断流装置可靠动作。

2 短时间内不能恢复直流供电,应手动操作停止主电机、站用变压器、主变压器的运行。

3 排除直流电源故障,重新投入运行。

5.7.2.16 发生火灾的应急处理

1 泵站运行现场发生火灾,运行值班人员应沉着冷静,立即赶到着火现场,查明起火原因。

2 电气原因起火,应首先切断相关设备的电源,停止设备运行,用磷酸铵盐干粉灭火器灭火。

3 火情严重时,在切断相关设备电源后,应立即拨打 119 向消防部门报警。

4 发生人身伤害,应做好现场救护工作。情况严重时,应立即拨打 120 向急救中心求助。

5.8 应急处理措施

5.8.1 一般规定

1 供水运行期间,应建立应急处置机构,设立应急联系电话及当地有关部门联络电话,配置专用车辆和抢险物质、设备,接受应急处理领导小组统一指挥和工作协调。

2 泵站工程和设备发生不正常运行时,值班人员应立即查明原因,尽快排除故障。

3 如不正常运行不能恢复正常,应立即向总值班汇报,在故障排除前,应加强对该工程或设备的监视,确保工程和设备继续安全运行。如故障对安全运行有重大影响可停止故障设备或泵站的运行。

4 发生不正常运行时,应及时向总值班报告,重要事件应及时向上级主管部门汇报。

5 值班人员应将不正常运行故障情况和处理经过详细记录在运行日志上。

5.8.2 泵站运行事故处理的基本原则

1 迅速采取有效措施,防止事故扩大,减少人员伤亡和财产损失。

2 立即向上级报告。

3 在事故不扩大的原则下,设法保持运行设备继续运行。

4 在事故处理时,运行人员必须留在自己的工作岗位上,集中注意力保证设备的安全运行,只有在接到值班长的命令或者对设备或人身安全有直接危险时,方可停止设备运行或离开工作岗位。

5.8.3 应急处理措施

泵站输水线路应根据泵站技术特点,在运行规程和反事故预案中,对可能出现的不正常运行和事故制定处理办法和应急预案。

5.8.3.1 水泵故障应急处理

水泵运行故障主要有磨蚀和磨损、机械故障、性能故障和轴封故障等,主要表现有以下几方面。故障一旦出现,应组织技术人员检查并排除。

1 启动困难,见表5.8-1。

表 5.8-1

故障原因	排除方法
水泵灌不满水	检查吸水管是否漏水、水泵底部放空螺栓是否关闭

2 不出水或水量过少,见表5.8-2。

表 5.8-2

故障原因	排除方法
水泵转动方向不对	改变电机接线,即将三相中任意对换两根接线
水泵转速太低	检查电路,是否电压太低或频率太低
吸水管漏气	修补吸水管
吸水扬程过高,发生汽蚀	检查吸水管有无堵塞
出水阀门或止回阀未开或故障	检查出水阀门、止回阀

3 振动或噪声过大,见表5.8-3。

表 5.8-3

故障原因	排除方法
基础螺栓松动或安装不完善	拧紧螺栓,完善基础安装,添加防振部件
泵与电机安装不同心	矫正同心度
轴承损坏或磨损	更换或修理轴承
出水管存留空气	去存留空气处,加装排气设施

4 转动困难或轴功率过大,见表5.8-4。

表 5.8-4

故障原因	排除方法
轴承弯曲,轴承磨损	矫正泵轴,更换轴承
联轴器间隙太小	调整间隙
电压过低	检查电路,找出原因,对症检修
流量过大,超出使用范围太多	关小出水阀门

5 电机过负荷,见表5.8-5。

表 5.8-5

故障原因	排除方法
转速过高	检查电机与水泵是否配套
流量过大	关小出水阀门
泵内混入异物	拆泵去除异物
电机或水泵机械损失过大	检查水泵叶轮与泵壳之间的间隙,泵轴、轴承是否正常

5.8.3.2 管道事故应急处理措施

巡视人员一旦发现有爆管出现,立即通知泵站或现地管理机构调度值班人员,并按程序上报。现场运行值班人员接到上级调度指令后应立即停止加压或关闭调节阀,然后关闭事故段上下游检修阀,命令排空井值班人员及时排水,释放管内压力。然后通知相关人员及时到达事故发生地点,分析事故原因,安排解决办法。

1 管道漏水时,采用橡胶密封圈法兰连接的接口,可通过调整传力接头进一步拧紧法兰螺栓,或更换橡胶密封圈。

2 管道漏水时,钢管表面采用焊接方法修补,水泥制品管可通过纱布包裹水泥砂浆、混凝土加固。

3 管道运行过程中,输水管道末端的调流阀或安全保护装置失灵,应及时关闭上游最近的检修阀门停止检修。

4 测量仪表显示失准,应及时校准或更换。

5 管道运行过程中出现爆管时,应及时关闭爆管点两侧最近的检修阀,并通过泄水阀(排泥阀)将管内积水排除后维修爆管点。

6 阀门漏水应对措施

阀井处值班人员一旦发现阀门漏水,及时通知值班人员停止加压或关闭调节阀。值班人员通知相关人员到达事故现场,分析事故原因,及时处理。

5.8.3.3 水厂故障应急处理

水厂处理构筑物一旦溢流,应立即通知泵站或现地管理站运行人员,减小水泵出口阀门或重力流管道末端调节阀开度。

5.9 运行流程

5.9.1 泵站变频机组变频流程(见图 5.9-1)

5.9.2 泵站机组启动流程

    1 高压软启机组启动流程,见图 5.9-2。

    2 高压变频机组启动流程,见图 5.9-3。

    3 低压软启机组启动流程,见图 5.9-4。

    4 低压变频机组启动流程,见图 5.9-5。

5.9.3 泵站机组停机流程(见图 5.9-6)

5.9.4 停电事故处理流程(见图 5.9-7)

5.9.5 爆管事故处理流程(见图 5.9-8)

5.9.6 水泵机组事故停机处理流程(见图 5.9-9)

图 5.9-1 泵站变频机组变频流程

图 5.9-2 高压软启机组启动流程

图 5.9-3　高压变频机组启动流程

图 5.9-4　低压软启机组启动流程

图 5.9-5 低压变频机组启动流程

图 5.9-6　泵站机组停机流程

5.9.7　流量调节流程(见图 5.9-10)

5.9.8　3-1 泵站支线停机处理流程(见图 5.9-11)

5.10　泵站运行相关记录

　　1　泵站运行值班人员应填写《运行值班记录表》(其格式参见附录 5.10-1),确认数据准确性并签字,按月装订成册。电子版按照旬、月、年度进行采集整理。

　　2　泵站运行值班人员交接班时需填写《交接班记录表》(其格式参见附录 5.10-2)。

图 5.9-7 停电事故处理流程   图 5.9-8 爆管事故处理流程

图 5.9-9 水泵机组事故停机处理流程

图 5.9-10　流量调节流程　　　图 5.9-11　3-1 泵站支线停机处理流程

3　运行值班人员应每天适时将现地管理站、泵站监测信息发送传真至现地管理机构,以便现地管理机构及市级管理机构监控人员对工程调度、水量水情、管道压力、设备运行及现地值守等情况实行动态监控,对监测数据进行统计分析,及时研判配套工程运行状态。

6 巡视检查

6.1 一般规定

1 配套工程巡视检查指提水泵站、输水线路、沿线构筑物、构筑物内设备及运行管理设施等的巡视检查活动。

2 配套工程巡视检查的任务是：按照规定的巡视线路、项目进行巡视检查，及时发现工程及其设备设施缺陷、损坏等运行安全隐患，报告巡视检查事项及处理情况，保证工程安全有序运行。

3 配套工程巡视检查管理实行统一领导与分级负责相结合的原则，省级管理部门负责配套工程巡视检查工作的督导、检查，各市级管理机构受省级管理机构委托，负责组织实施辖区内配套工程巡视检查工作。

4 泵站输水线路主要设备、设施应建立巡视检查制度，根据设备系统运行特点，制定各责任岗位巡回路线、重点巡查项目和巡查周期，并公布于现场。

5 检查与观测应有专人负责，按规定要求定期进行。

6 检查观测工作应做好原始记录，及时分析整理，经校核鉴定后，定期进行整编和归档。

6.2 巡视检查制度

对设备设施进行巡视检查是掌握设备运行情况、及时发现设备设施缺陷，保证安全运行的重要措施，值班人员必须认真地按时进行巡视，对设备异常状况做到及时发现，认真分析，随时详细记录，对发现的重大问题应及时汇报并采取防范措施。具体制度如下：

1 巡视检查人员应统一佩戴标识，认真履行岗位职责，严格遵守工作制度，必须按照规定的巡视线路进行巡视检查，逐步规范巡视检查、保护管理行为。

2 巡视工作至少要两人同时进行，巡视中禁止对阀门和设备进行操作；特殊情况下经值班负责人同意进行单人巡视检查时，巡视人员不得移动或打开遮拦，不得触动设备。巡视中发现设备异常或故障并严重威胁人身、设备安全时，可以进行正确的处理，但事后必须立即汇报值长。

3 巡视检查人员应配备必要的工具和仪器设备，严格按照有关规程执行，采取有效的防范措施，确保人员安全。

4 触摸设备外壳时，应首先检查设备外壳接地线是否接触良好，然后方可以手背触试。

5 雷雨天气在户外巡视高压设备时，应穿绝缘靴，并不得靠近避雷器和避雷针。

6 巡视检查高压设备时,应遵守《电力安全工作规程》中的有关规定。巡视检查中,不应进行其他工作。在不设警戒线的地方,应保持不小于表6.2-1规定的安全距离。

表 6.2-1

电压等级(kV)	≤10
安全距离(m)	0.7

巡视检查中如发现设备缺陷异常时,应按本规程中有关规定进行处理。

7 高压设备发生接地时,工作人员与故障点的距离:室内不得小于4 m,室外不得小于8 m,进入上述范围和接触设备时,应按规定进行。

8 巡视检查应认真、仔细、到位,保证巡视检查质量,要做到"五到",即走到、闻到、看到、听到、摸到。记录数据要准确,不得估测,有疑问及时向值班负责人或上级汇报。对机电设备的巡视,巡视人员应熟悉设备的检查项目、内容和标准,集中思想,巡视期间结合看、听、嗅、摸、测等方式进行,掌握设备设施运行情况。

9 巡回检查完毕后随手关闭屏柜门、通道门、阀井井盖,认真做好记录,钥匙归放在指定位置,及时向值班负责人汇报巡视检查情况。

10 巡视检查中发生事故,应立即中断巡视检查,统一听从值班负责人指挥,参与事故处理。

11 巡视检查人员应及时发现并制止工程管理和保护范围内影响工程运行、危害工程安全、供水安全的违规、违法行为,同时在第一时间向上级报告。

12 巡视检查中发现的问题应进行分类管理:

(1)严重威胁工程安全和运行安全的问题或"重大缺陷""较大缺陷",立即处理并及时报市级管理机构,市级管理机构及时上报省级管理机构,必要时启动应急预案;

(2)对于"一般缺陷""轻微缺陷"或其他问题,由现地管理机构或市级管理机构按照有关规定处理;

(3)外部事项对工程的影响,须及时制止并向有关部门反映,协调处理。

13 市级管理机构不定时采用电话、即时传真、现场检查等形式抽查工程巡视检查工作。

14 值班人员应根据上级指示和下列情况,安排增加特别或特殊巡视:

(1)设备过负荷、存在缺陷和可疑现象时;

(2)新投入运行、长期停用或检修后投入运行的设备;

(3)设备试验调试时;

(4)运行方式发生较大变化时;

(5)水位接近极限值时;

(6)遇有雷雨风雪雾雹等异常天气,设备存在薄弱环节时;

(7)发生事故(非供电电源消失原因造成全站停电等),采取相应措施后;

(8)火灾自动报警系统报警时。

6.3 泵站、现地管理房巡视检查

6.3.1 巡视检查人员要求

1 泵站、现地管理房巡视检查工作由当值运行管理人员负责,值班长组织,当值值班人员负责具体工作;

2 巡视检查人员应具备相关专业知识,熟悉巡视范围内的工程设备设施情况。

6.3.2 巡视检查人员工作职责

1 值班长:按照要求组织日常巡视检查工作,根据具体情况或上级指令等组织专项或特殊巡视检查。加强日常检查监督,确保巡查工作到位。根据季节特点和现场设备设施的实际情况开展事故预想,研究制定相关运行措施,做好预防和处理对策。

2 值班员:按照巡视路线、巡视项目按时进行巡视检查,及时了解和掌握设备运行情况,发现异常及缺陷及时汇报和处理。认真记录设备各种运行参数,做好运行观测数据分析和存档工作。

6.3.3 巡视检查类别

结合泵站、现地管理房运行特点,巡视检查分为以下三种:

1 日常巡视检查:即值班人员每日值班期间,对运行设备设施及建筑物进行的定时巡视检查。

2 全站巡视检查:由当值值班长组织,对泵站、现地管理房生产区内所有设备设施及建筑物进行的巡视检查。

3 特殊巡视检查:根据天气变化、负荷变化、政治要求、新设备投产等特殊情况而进行的巡视检查。

6.3.4 巡视检查时间

1 泵站机组运行日常巡视检查每半小时一次,现地管理房日常巡视检查每日 3 次,分别为 9:00、15:00、22:00,巡视人员应按规定路线对运行设备进行巡视检查。

2 全站巡视检查每周一 9:00 与日常巡视检查合并进行,填写巡视检查记录表,巡视记录表格式见附录 6.5-1。

3 特殊巡视检查时间根据具体情况或上级指令执行。

6.3.5 巡视检查范围及路线

1 值班员巡视设备时应按照规定的巡视路线和项目内容进行,对运行设备、备用设备、进水池等进行认真的巡视检查,不得擅自改变巡视路线及内容。

2 值班人员日巡视线路:中控室→高低压配电室高压柜→高低压配电室低压柜→泵房车间 1# 机组→2# 机组→N# 机组→前池→空压机房→空气罐。有新设备投入或设备退出运行时,巡视检查路线应及时修改。

巡视路线流程如图 6.3-1 所示。

6.3.6 巡视检查方式

值班人员应熟悉设备的工作原理及特点,集中思想,结合看、听、嗅、摸、测等结果,发现设备运行情况。

看:设备各指示仪表及报警信号灯有无异常及损坏。

听:设备运行声音是否正常。

嗅:设备有无焦味等异常气味。

摸:运行设备的外壳(接地良好下进行)温度有无异常。

测:接触面关键部位发热情况。

6.3.7　巡视检查项目及内容

6.3.7.1　一般规定

泵站所有机电设备名称、编号、铭牌应齐全,并固定在明显位置;旋转机械应标示出旋转方向;油、气、水管道、阀门等应按规定涂刷明显的颜色标志。

长期停用、大修后的主机组投入运行前,应进行试运行。

未按规定项目、周期进行检验试验,或检验试验不合格的设备不应投入运行。对运行设备、备用设备应定期巡视检查。

6.3.7.2　水泵机组巡视检查项目

1　水泵机组各测量值在规定值以内,电流电压信号正常,电源工作正常;

2　机组 LCU 盘内部各电源开关投入良好,模式开关位置正确,触摸屏画面无告警信号,各信号指示灯指示正常,LCU 盘风扇运转声音正常,交直流电源开关投入良好;

3　机组 400 V 自用电盘各负荷开关投入良好,电源电压指示正常,备用电源指示灯亮;

4　水泵水流畅通,水压、流量正常,压力、传感器及流量计完好,管路无渗漏;

5　连接电缆无异味,无异常声音,电机加热器电源及切换开关投入良好;

6　水泵运行无异音及不正常的振动,水泵轴旋转平稳,主轴密封无漏水,水泵进出口压力正常。

6.3.7.3　主变、输入变及其附属设备巡视检查项目

1　变压器外壳完好、无破损;

2　有无异常气味及声音;

3　套管是否清洁,有无裂纹、放电痕迹;

4　变压器室通风设备良好,温度正常;

5　变压器的外壳接地良好;

6　雨雾天应检查导线接头有无火花放电、电晕及过热发红现象,大风应检查变压器上盖是否挂有杂物;

7　消防器材齐备、完好;

8　变压器保护装置正常,保护投入情况符合实际运行方式。

6.3.7.4　高压电缆巡视检查项目

高压电缆巡视每 3 个月 1 次,巡视项目主要有:

中控室

高低压配电室高压柜

高低压配电室低压柜

泵房车间1#机组

泵房车间2#机组

泵房车间N#机组

前池

空压机房

空气罐

图 6.3-1　巡视路线流程

1　直埋电缆

（1）电缆线路附近地面应无挖掘痕迹。

（2）电缆沿线不应堆放重物、腐蚀性物品，不应搭建临时建筑。

（3）室外露出地面上的电缆的保护钢管或角钢不应锈蚀、位移或脱落。

（4）引入室内的电缆穿墙套管应封堵严密。

2　沟道内电缆

（1）沟道盖板应完整无缺。

（2）沟道内电缆支架牢固，无锈蚀。

（3）沟道内应无积水和其他杂物，电缆标示牌应完整、无脱落。

（4）电缆上不允许放置任何物品，电缆不应有挤压、受热、受潮或摇动现象。

3　电缆头

（1）接地线应牢固，无断股、脱落现象。

（2）大雾天气，应监视终端头绝缘套管无放电现象。

（3）负荷较重时，应检查引线连接处无过热、熔化等现象。

4　户内外电缆及电缆终端头应清洁无机械损伤。

6.3.7.5　10 kV 开关设备巡视检查项目

1　检查开关分、合闸指示是否与当时实际运行工况相符，各开关位置指示是否正常；

2　检查开关"远方"与"现地"切换开关位置是否与实际运行要求相对应；

3　检查各开关储能机构是否正常，储能指示灯指示是否正确；

4　检查控制母线电压是否正常；

5　设备有无异常放电声、剧烈振动声或异常焦臭味；

6　配电室内通风良好，消防设备完整齐全，照明充足；

7　夜间时，进行一次熄灯检查，注意各处有无火花放电、电晕及过热烧红现象。

6.3.7.6　继电保护装置巡视检查项目

1　保护装置柜门完好，密封可靠。

2　所有继电保护的压板位置、切换开关、继电器的整定值均与当时运行方式相对应。

3　装置状态指示灯指示正常，无不正常信号发出。若发现动作指示灯动作，应先详细记录继电器动作信息汇报值长后，方可复归信号，如信号不能复归，切除该保护出口连片，立即报告调度，通知继电保护调试人员进行处理（事故与故障除外）。

4　交、直流小开关的状态符合当时设备的运行情况。

5　继电器无过热、烧焦、冒烟及电阻灼热的情况。

6　各保护装置的时间显示正常，当出现时间误差大于 5 分钟时，应进行校准。

7　被保护设备负荷电流不应超过最大允许负荷电流。

8　运行中应充电的继电器（或元件）应在励磁状态，元件无过热、异味、异音或失磁等不正常现象。

9　继电器接点距离正常，无烧黑、烧毛情况，接点无不正常的抖动或响声。带动接点的连杆不卡涩，接点间无异物。

10　装置所处环境是否符合装置运行要求，保护柜柜内卫生条件较好，无腐蚀性气体、导电尘埃和杂物。

6.3.7.7 高压变频装置巡视检查项目

1 各控制电源开关、切换开关位置是否正确。

2 现地控制器显示运行参数是否正常,有无报警信号显示。

3 控制器显示屏各运行指示灯指示与实际运行状态相符,显示屏无乱码、闪屏等现象。

4 变频器冷却系统工作正常。风机滤网清洁,风机运转正常,无异常声响及振动,进出水温度及进出风温度符合规定。

5 室内环境清洁,温湿度正常。冬季室内温度不低于 5 ℃。

6 室内照明充足、通风良好,无异常气味。

7 变频器长期停运后设备内部干燥剂是否失效。

6.3.7.8 400 V 系统巡视检查项目

1 厂用变压器运行中的三相电压、电流正常,无异常声音。

2 变压器中性点及外壳接地牢固可靠。

3 变压器温控仪正常,温度指示正确。

4 各母线进出线开关位置是否同运行方式一致,各转换开关位置正确。

5 各盘柜仪表外壳无破损,柜内二次接线清晰,继电器完好、保护投入正确,表计指示和信号灯指示正确。

6 各开关位置正确,开关储能正常。

7 电缆孔洞密封良好,电缆头无闪络、放电痕迹,无过热、烧焦等异常。

8 设备区明亮整洁,各类警示标志正确齐全。

9 配电室、变压器室通风设备正常,室内清洁无异物。

10 备自投装置的投、退是否与当时厂用系统运行方式相符。

11 备自投装置、双电源自投装置的切换开关位置正确、指示灯指示正常。

12 备自投装置的各继电器端子、接线应无松动、脱落、过热等异常现象。

6.3.7.9 柴油发电机

1 柴油发电机机组周围无杂物。

2 柴油发电机控制盘内、外电气一、二次回路正常。

3 机组无漏油、漏水现象,燃油系统无泄漏现象。

4 机组接地装置连接良好。

5 检查空气过滤器情况,检查风扇和皮带连接松紧情况。

6 检查蓄电池端子有无腐蚀,电解液液面正常。

7 检查各连接件、紧固件和操作部分有否松动、脱落、卡死等异常现象。各导线连接处是否牢固、正确、接触良好。

8 检查柴油储存量,是否低于最低储备量。

9 检查机组出线主开关位置是否正确。

6.3.7.10 直流系统

1 直流母线电压及浮充电流是否正常,充电装置工作状态、电压、电流是否正常。

2 直流系统绝缘在线监测装置 LCD 显示正常,"电源"和"运行"灯点亮,无告警信号。

3 整流装置元件及电源变压器无损坏、过热、变色、异味等现象。

4 整流模块工作"正常"灯亮,模块输入、输出值正常。冷却风扇工作正常。

5 电源及出线切换开关位置正确,符合当前运行方式要求。

6 各盘柜内"温湿度控制器"指示正常。

7 蓄电池外观正常,清洁、无渗漏现象,引线端子接触良好,无腐蚀现象。

8 整流装置、蓄电池的周围应无腐蚀气体,导电尘埃,易爆物及振动,通风、照明设备完整。

9 蓄电池室内清洁,通风和照明设备应完整,消防器材应齐全、合格。

10 室内温度应经常保持在 10~30 ℃之间。

6.3.7.11 液控止回偏心半球阀

1 操作前检查

(1)检查阀门的开关状态。水泵启动前应在关闭状态。

(2)对机电设备元器件进行检查。

(3)检查开度指示针是否正常。

(4)检查液控止回偏心半球阀的液压系统油压是否处于设备要求值。

(5)检查液控止回偏心半球阀电机接线,以及各监控信号是否处于正常情况。

2 操作后检查

(1)检查阀门的开关状态。

(2)检查开度指示针是否正常。

6.3.7.12 电动蝶阀

1 现地控制盘电源正常、信号指示正确,切换开关位置与实际运行方式一致,无故障报警;

2 阀体及各连接部位无渗漏现象;

3 阀门控制柜开度显示同现地开度位置指示一致,阀门状态同机组运行方式一致;

4 电机电源正常,阀门动作过程中电机无异常声音。

6.3.7.13 传力(伸缩)接头

1 密封是否良好,有无渗漏;

2 防腐涂层完好,有无锈蚀;

3 限位螺栓是否在正确位置。

6.3.7.14 渗漏检修排水系统

1 动力盘、控制屏内设备正常,各参数显示正确;

2 水泵操作切换开关位置正确;

3 PLC 装置工作正常,电源正常;

4 水位测控仪电源正常,水位显示正确;

5 运行中电流表指示正常,无大的摆动现象,且不应超过电动机额定值,三相电压平衡;

6 电动机运行中声音正常,无异常振动,轴承和电动机外壳正常,无过热现象;

7 各管路、阀门无漏水,阀门位置正确,压力表显示正常。

6.3.7.15 前池抽排水系统

1 动力盘、控制屏内设备正常,各参数显示正确;

2 水泵操作切换开关位置正确;

3 PLC装置工作正常,电源正常;

4 水位测控仪电源正常,水位显示正确;

5 运行中电流表指示正常,无大的摆动现象,且不应超过电动机额定值,三相电压平衡;

6 前池连通阀阀门位置同运行方式要求一致,出水管路阀门位置正确;

7 电动机运行中声音正常,无异常振动,轴承和电动机外壳正常,无过热现象;

8 各管路、阀门无漏水,阀门位置正确,压力表显示正常。

6.3.7.16 油系统

1 油罐油压、油位、油色正常,进排油阀位置正确、无渗漏油现象;

2 油系统动力箱动力电源正常,各仪表指示正常,阀门开关位置正确;

3 油泵、滤油机等油处理设备完好、位置正确;

4 油处理室应保持干燥、通风良好、消防设施合格齐全。

6.3.7.17 火灾自动报警联动系统

1 中控室消防报警监控台消防电源盘主电、备电开关在投入位置,"主电工作"灯亮,输出电压、电流正常;

2 中控室消防报警监控台联动盘"工作"灯亮,控制方式在"手动",火灾报警图文显示系统(CRT)上无报警闪烁;

3 火灾报警联动主机控制柜"POWERON"电源灯亮,画面无报警信号;

4 消防广播主电、备电开关投入良好,"主电工作"灯亮,输出电压、电流正常,无报警指示灯亮;

5 手报装置玻璃完好,烟感、温感、红外等探测器工作正常,消防电话完好并在正确位置;

6 进行火灾报警控制器的自检、消音、复位功能检查,查看各回路及信号灯状态是否正常。

6.3.7.18 水消防系统

1 动力盘、控制屏内设备正常,电源正常,各参数显示正确;

2 消防水泵操作切换开关及各阀门开关位置等与系统运行方式一致;

3 消防水源正常,消防管道内水压力正常,管道及设备连接处无渗漏;

4 消防水箱内水位正常,稳压系统设备工作状况正常;

5 室内外消防栓及消防栓按钮、消防水带及其消防水带箱、水泵接合器完好,无锈蚀及漏水。

6.3.7.19 手提式灭火器及其他消防器材

1 各区域灭火器箱是否在正常位置,箱内灭火器数量是否正确;

2 灭火器表面清洁,各部件完好,压力正常,在检验有效期内;

3 消防沙箱沙子无凝结,消防斧、消防锹、消防桶等设备完好,配备齐全;

4 消防安全标志、安全出口标志、疏散指示标志、应急照明完好；

5 防火门、防火卷帘等完好、开关灵活、位置正确。

6.3.7.20 通风系统

1 风机控制电源正常,电压表、电流表、指示灯指示正常；

2 控制屏切换开关位置与实际运行方式一致；

3 风机传动部分润滑油正常,否则及时联系加油；

4 风机表面清洁、无锈蚀现象；

5 风机工作正常,无异常声响及振动。

6.3.7.21 拦污栅

拦污栅前杂物是否及时清理,栅前后有无明显水位差。

6.3.7.22 闸门

1 经常检查应巡视闸门运行状况及其零部件是否齐全完好并做好记录,为以后的设备运行、维护、检修提供依据。

(1)润滑检查应包括下列内容:

①闸门上所有转动轴、转动轮、转动铰等需要润滑部件润滑是否良好,转动是否灵活及有无卡阻和异常声响。

②润滑设备及其零件是否齐全、完好。

③润滑油脂是否选择合理。

(2)防腐蚀检查应包括下列内容:

①闸门及埋件防腐涂层是否完好。

②闸门槽附近的扶梯、栏杆、盖板的防腐蚀情况。

(3)运行检查应包括下列内容:

①运行是否平稳。

②启闭过程中有无卡阻、跳动、异常振动和响声。

(4)其他检查内容:

①闸门止水部件工作区域内有无沉积和杂物。

②锁定装置是否安全可靠。

③闸门各部位的安全走道或扶手、栏杆、爬梯是否完整安全。

④止水装置是否良好,部件是否完整,有无变形和老化现象。

2 定期检查和特别检查

(1)门叶检查应包括下列内容:

①门叶、梁系、支臂、吊耳等是否有变形,其焊缝有无开裂。

②紧固件有无松动、缺损和断裂现象。

③闸门有无振动和空蚀现象。

(2)行走支撑装置检查应包括下列内容:

①滑块有无裂纹、磨损及老化现象。

②行走轮、侧轮、反轮是否齐全及锈蚀情况。

6.3.7.23 启闭机

1 机械部分检查应包括下列内容:

(1)机架防腐蚀涂层是否完好,结构有无变形、裂纹。

(2)连接螺栓有无松动、断裂现象。

(3)主令控制器工作是否正常,齿轮、轴承的润滑情况是否良好。

(4)主令控制钢丝绳有无松动、打折、断丝、乱槽现象。

2 液压系统检查应包括下列内容:

(1)油缸与支座、活塞杆、闸门的连接是否牢固。

(2)油缸支铰、副机滑道的润滑状况,腐蚀及磨损情况。

(3)油缸、活塞有无裂纹、变形、腐蚀、渗漏等情况。

(4)油箱及管路有无腐蚀、裂纹、渗漏或堵塞现象。

(5)油泵与阀组元件的工作是否正常,操作及控制是否灵活可靠。

(6)油泵及油路系统运行是否平稳,有无异常声音。

(7)油位、油压、油温等仪表应清洁、牢固、无损伤、无泄漏,且指示正常。

(8)滤油器、空气滤清器、放气螺塞等工作是否正常,有无锈蚀、堵塞情况。

(9)系统压力、流量要求、运行速度、同步性等整定值是否满足设计要求。

(10)液压油有无浑浊、变色、异味、沉淀等情况。

6.3.7.24 水工建筑物及其他

1 建筑物有无裂缝、渗漏、涂层脱落等情况;

2 门窗是否完好,开闭正常,有无漏雨现象;

3 各区域照明系统是否正常;

4 电梯间、电子库房等空调运行是否正常;

5 各类阀井、管道井等井盖是否完好;

6 栏杆、楼梯、爬梯等设施完好;

7 厂房楼顶无杂物,排水沟、管无淤堵;

8 厂区地面、绿化带内及建筑物周边散水等有无沉降;

9 各类乔灌木植物有无损坏;

10 厂区内其他施工作业是否遵守安全管理规定,有无安全隐患;

11 厂区内有无影响运行生产的物品堆放等。

6.4 输水线路巡视检查

6.4.1 巡视检查人员要求

1 巡视检查人员应具备相关专业知识,熟悉巡视范围内的工程设备设施情况。

2 按照巡视路线、巡视项目按时进行巡视检查,及时了解和掌握设备运行情况,发现异常及缺陷及时汇报和处理。认真记录设备各种运行参数,做好运行观测数据分析和存档工作。

6.4.2 巡视检查类别

输水管线巡视检查分为日常巡视检查、专项巡视检查和特别巡视检查。

1 日常巡视检查是指为了掌握工程运行及沿线情况,及时发现工程缺陷和威胁工程安全运行情况而进行的例行巡视检查。日常巡视检查由市级管理机构组织实施。

2 专项巡视检查是指在每年的汛前汛后或供水前后等,对沿线构筑物、构筑物内机电、金结、自动化设备及运行管理设施等进行的专业检查。专项巡视检查由市级管理机构或省级管理机构组织实施。

3 特别巡视检查是指气候剧烈变化、自然灾害、外力影响、异常运行等特殊情况时,为及时发现工程异常或工程损坏情况而进行的巡视检查。特别巡视检查根据需要及时进行。特别巡视检查由省级管理机构组织实施。

6.4.3 巡视检查时间

配套工程输水管线巡视检查原则上每周不少于 2 次,遇供水初期或汛期、重大节日、重要活动等适当加密频次;重点部位(如阀井、穿越交叉部位等)每天至少一次,遇供水初期或汛期适当加密频次,必要时 24 小时监控。

6.4.4 巡视检查范围

输水线路巡视检查范围为配套工程管理及保护范围,配套工程管理和保护范围按照国家法规及河南省有关规定确定。

各市级管理机构根据辖区内的工程和巡视检查人员实际情况,应对管理范围内工程进行适当的巡视单元划分,组织分别制定日常巡视检查工作方案,明确巡查范围、重点部位、路线、频次、安全保障及组织等事项。

配套工程需重点巡视检查的工程部位应根据国家相关标准规范、设计文件及调度运行方案等进行确定,尤其应包括出现过问题、存在缺陷或薄弱环节的部位。

6.4.5 巡视检查路线

巡视检查路线应包括输水线路、沿线构筑物、构筑物内设备及运行管理设施等所有设备设施。制定巡视线路图表,保证对工程及其设备设施检查到位。巡视检查人员必须按照规定的巡视线路进行巡视检查,不多跑路,不漏项目。有新设备投入或设备退出运行时,巡视检查路线应及时修正。

6.4.6 巡视检查方式

值班人员应熟悉设备的工作原理及特点,集中思想,结合看、听、嗅、摸、测等结果,发现设备运行情况。

看:设备各指示仪表及报警信号灯有无异常及损坏。

听:设备运行声音是否正常。

嗅:设备有无焦味等异常气味。

摸:运行设备的外壳(接地良好下进行)温度有无异常。

测:接触面关键部位发热情况。

6.4.7 巡视检查项目及内容

巡视检查内容包括配套工程输水线路所有工程实体和外部事项对工程影响等。

1 配套工程实体,包括输水管(渠、河)道、涵洞(暗渠)、阀井、穿越河(渠)道、公路、城区道路、铁路交叉工程、利用现有水库的调蓄工程及运行管理设施等。

2 外部事项对工程影响行为,包括各类其他工程穿跨或邻接配套工程,以及影响工程运行、危害工程安全、供水安全的违规、违法行为。

6.4.7.1 手动蝶阀

1 阀门开关位置与实际运行方式一致;

2 阀体及各连接部位无渗漏现象;

3 防腐涂层完好,有无锈蚀;

4 蝶阀必须保持全开或全闭状态,不允许通过蝶阀进行流量调节。

6.4.7.2 电动蝶阀

1 现地控制盘电源正常、信号指示正确,切换开关位置与实际运行方式一致,无故障报警;

2 阀体及各连接部位无渗漏现象;

3 阀门控制柜开度显示同现地开度位置指示一致,阀门状态同机组运行方式一致;

4 电机电源正常,阀门动作过程中电机无异常声音。

5 蝶阀必须保持全开或全闭状态,不允许通过蝶阀进行流量调节。

6.4.7.3 伸缩接头

1 密封是否良好,有无渗漏;

2 防腐涂层完好,有无锈蚀;

3 限位螺栓是否在正确位置。

6.4.7.4 空气阀

空气阀、隔离阀部件及其连接处有无异常渗漏水现象(充水时当水流到空气阀处时,在浮球坐合关闭前可能会发生少量水喷现象)。

6.4.7.5 泄压阀

1 密封是否良好,有无渗漏;

2 防腐涂层完好,有无锈蚀。

6.4.7.6 超声波流量计

1 检查流量计显示是否正常,是否出现测量报警提示。

2 检查流量计外壳、连接电缆是否有损坏。

6.4.7.7 水工建筑物及其他

1 建筑物有无裂缝、渗漏、涂层脱落等情况;

2 门窗是否完好,开闭正常,有无漏雨现象;

3 各区域照明系统是否正常;

4 电梯间、电子库房等空调运行是否正常;

5 各类阀井、管道井等井盖是否完好;

6 栏杆、楼梯、爬梯等设施完好;

7 厂房楼顶无杂物,排水沟、管无淤堵;

8 厂区地面、绿化带内及建筑物周边散水等有无沉降;

9 各类乔灌木植物有无损坏;

10 厂区内其他施工作业是否遵守安全管理规定,有无安全隐患;

11 厂区内有无影响运行生产的物品堆放等。

6.5 巡视检查记录管理

1 工程巡视检查记录应准确、及时。

巡视检查应如实记录、及时整理。发现异常情况,应进行拍照或录像,必要时绘出草图,同时将检查结果进行比较,分析原因。

日常巡视检查中发现缺陷、问题,现场填写《××市(县)南水北调受水区供水配套工程巡视检查记录》(格式参见附录6.5-1,应结合工程实际修改、细化和完善)。巡视检查记录表应按月进行整理、归档,纸质版和电子版同步保存。

对于"重大缺陷"和"较大缺陷"缺陷问题应进行拍照或录像,并如实填写《重大事项报告单》(格式参见附录4.1-1),必要时绘出草图,照片等影像资料有序整理,有效保存。

2 现地管理机构和市级管理机构应严格按照要求高效做好信息报送工作。

3 市级管理机构每月应对工程巡视检查发现的问题进行汇总分析。同时,建立工程巡视检查工作台账,对所辖工程的技术数据、重要程度、发现缺陷以及处理情况等进行全面管理,各类巡视检查成果按年度整理归档。

4 市级管理机构每月将日常巡视检查中发现的问题及缺陷处理进展情况报省级管理机构;专项巡视检查报告在检查完成后及时报省级管理机构。

7 维修养护

7.1 一般规定

1 配套工程维修养护一般是指日常维修养护、年度岁修和大修及更新改造,维持、恢复或局部改善原有工程面貌,保持工程的设计功能。为加强配套工程泵站的维修养护管理,提高泵站维修养护作业水平和质量,确保泵站的功能完好和运行安全,并延长其使用年限,促进泵站维修养护工作的科学化、制度化、规范化,提高泵站的综合效益,制定本规程。

2 泵站维修养护应遵循"经常养护、及时维修、养重于修、修重于抢"的工作原则。

3 泵站维修养护分为养护、岁修、大修和抢修,本规程的维修养护重点在养护和岁修。

7.2 管理机构职责及维修养护方式

省级管理机构是配套工程维修养护的责任主体,对工程维修养护负总责。为保证工程完好、安全,配套工程的维修养护可采用省级管理机构直接采购确定维修养护队伍或委托市级管理机构管理等方式进行。维修养护队伍通过招标、竞争性谈判等方式选定,负责工程维修养护各项工作任务的落实,按维修养护工作计划组织实施。具体管理维修养护方式由省级管理机构根据工程实际需要和工程特点等情况确定。

市级管理机构受省级管理机构委托,具体负责辖区内配套工程维修养护工作。市级管理机构应建立完善技术、经济、财务、合同、档案管理等方面的管理制度,完善组织机构,具有管理维修养护所需的有关专业技术人员和管理人员等。

7.3 维修养护管理制度

7.3.1 设备检修制度

1 市级管理机构召开检修会议,讨论检修项目,确定检修负责人及检修人员,明确现场安全员,并进行分工安排。

2 检修负责人全面负责检修组织工作,提出检修全过程的工艺要求,全面掌握质量,安排检修时间及进度,落实安全措施。

3 技术人员严格检查检修质量,主动配合检修负责人解决技术问题,提出改进意见,监督安全措施的落实。

4 维修养护单位负责检修人员思想和劳动纪律的管理,协调各工种、各小组间的配合工作,加强检修设备的管理,科学安排设备检修进度,严格控制检修器材使用,坚持安全生产"五同时"。

5　安全领导小组落实检修安全措施,其成员有权在检修人员有违反操作行为时进行批评教育,对情节严重而又屡教不改者可责令其停工,停工期间按旷工处理。

6　检修项目其检修工艺质量由技术主管会同检修人员把关验收,电气设备还须经实验室试验。各项测量和测验项目均在合格范围内,检修人员与技术主管双方确认无误,签字并注明时间,检修工作方可结束,并及时终结工作票。

7　运行期间的小修项目由技术主管人员组织验收检修质量,进行试运转。

7.3.2　设备检修质量验收制度

1　凡改造、大小修、预试的设备,必须经有关人员验收合格,手续完备,方能投入运行。

2　各类设备的验收均应按有关规程和技术标准进行。

3　重要工序和重要项目及阶段验收项目由市级管理机构进行验收。检修后,应填写阶段验收记录,其内容包括检修项目、技术记录、质量评价、检修和验收双方负责人签名。

4　设备大修后的总验收和整体试验、试运行由省级管理机构、市级管理机构有关人员及检修负责人等参加,经总验收并试运行合格后,项目正式完工。

5　外包检修项目,先由维修养护单位自检,再由省、市级管理机构组织有关人员进行验收合格后项目正式完工。

6　重要设备和改造工程的质量验收应报省级管理机构职能部门,由省级管理机构组织人员进行验收。

7.3.3　设备缺陷管理制度

1　市级及现场管理机构应设立"设备缺陷登记簿",详细登记发现设备缺陷的内容、程度、类别、时间及消除措施。

2　运行人员对设备进行定期巡查、维护,应注意检查设备状况,对于发现的缺陷,应及时消除,事后在班组做相应的记录。如有不能及时消除的缺陷应采取必要措施,防止其发展与扩大,并及时记录和向班长汇报。

3　发现重大缺陷时运行人员应立即报告市级管理机构领导,市级管理机构领导应立即组织维修人员到现场处理缺陷,及时上报并在设备缺陷记录本上记录。

4　事故性缺陷、重大缺陷除立即向上级主管部门汇报外,事故性缺陷应尽快处理,重大缺陷要限期处理,一般性缺陷可结合定期检修或在合适时机修复处理。

5　所有的缺陷登记应对发现人员、时间、维修人员、消除缺陷的时间、消缺过程中发现的问题和处理办法以及遗留的设备问题如实认真填写,以便查询和管理。

6　各运行值班长应随时了解掌握设备缺陷情况,并将本班新发现的缺陷、消除的缺陷以及现存的较大缺陷情况作为交接班的重要内容交接清楚。

7　维修人员消除缺陷后,运行人员应及时进行设备试运转工作,在验证设备缺陷确已消除后将设备投入运行。

7.3.4　监控系统维修制度

1　监控系统维修应有专人负责,配备专业维修软件、硬件工程师各 1 名。

2　维修人员应熟练掌握泵站自动控制系统、视频监视系统和通信网络的技术性能和维修要求,具有故障的应急处理及应用软件的修改完善能力。

3　维修人员应及时解决系统运行中出现的故障和日常维护中发现的问题,对较大故障或一时难以修复的故障应及时提出应急维修方案,报省级管理机构职能部门批准后实施。

4　维修人员应按监控系统定期检查记录要求,定期对监控系统进行全面的检查、维护,每年2次,即汛前(3月底前完成)和汛后(10月底前完成)各1次。检查、维护结束后,向省级管理机构职能部门及相关工程管理机构提交定期检查记录。汛后检查报告应包括下年度监控系统维修计划、技术改进方案等。

5　监控系统故障维修后,维修人员应及时填写故障维修记录,详细记录故障发生时间、情况、处理经过等。

6　应用软件修改后,维修人员应及时备份应用软件,并填写应用软件修改记录,详细记录应用软件修改内容、修改时间、修改人员、备份文件存储路径。

7　维修人员应定期备份应用软件,并填写应用软件备份记录,详细记录备份内容、备份时间、备份人员及备份文件存储路径。

8　维修人员应定期转存历史数据库中的历史数据,并填写历史数据转存记录,详细记录转存内容、转存时间、转存人员及数据文件存储路径。

9　监控系统应按技术档案管理要求建立专门文字档案,主要包括系统档案记录、应急维修方案、定期检查记录、故障维修记录、应用软件修改记录、应用软件备份记录、历史数据转存记录等,其中系统档案记录应详细记录各工程监控系统相关用户名、密码、设定值等内容。

7.3.5　检修现场管理制度

1　泵站检修现场应做到检修区域明确,设备摆放合理,措施落实到位,人员配置合理。

2　设备检修应有检修计划和检修方案,检修现场应明确关键工序进度计划、质量要求及人员组织网络。

3　检修现场根据需要设置各类安全警示标志,坑洞周围应设置硬质安全围栏且固定可靠。电气检修应严格执行工作票制度,落实好组织措施和技术措施。

4　做好检修现场的防火工作,合理配置灭火器材,检修现场严禁抽烟。可燃易燃物堆放合理,严禁将汽油作为清洗剂使用。

5　检修工具符合安全使用要求,专人管理,使用前进行检查,检修现场分类定点摆放整齐,随用随收,每日收工时认真清点,防止遗失。

6　检修拆卸的零部件及螺栓、定位销等连接件应有专人管理,做好标记、编号,及时做好清理保养工作,做到无损伤、无遗漏、无错置。

7　金属切割及焊接设备符合安全使用要求,在检修现场合理摆放,各类临时电线、气管应敷设整齐,固定可靠,禁止私拉乱接。

8　检修用脚手架使用合格的钢管、脚手板等,搭设符合安全要求,连接可靠,紧固到位,经专人验收合格后使用。

9　夜间检修作业现场应增设照明器材,保证足够的亮度,施工现场应设置安全警示灯。

7.3.6 工作票制度

1　为确保泵站人员及设备的安全,所有人员到泵站检修、调试、施工一律办理工作票手续。

2　工作票一定按格式填写,字体工整清晰,用黑色或蓝色钢(水)笔或圆珠笔填写或签发,一式两份,不得任意涂改。

3　工作票由工作票签发人审核无误,手工签名后方可执行。工作票一份应保存在工作地点,由工作负责人收执;另一份由工作许可人收执,按值移交。工作许可人应将工作票的编号、工作任务、许可及终结时间记入登记簿。

4　一张工作票上所列的检修设备应同时停、送电,开工前工作票内的全部安全措施应一次完成。若至预定时间,一部分工作尚未完成,需继续工作而不妨碍送电者,在送电前,应按照送电后现场设备带电情况,办理新的工作票,布置好安全措施后,方可继续工作。

5　工作票一旦签发不得更改,如有变更必须有签发人同意。

6　需要变更工作班成员时,应经工作负责人同意,对新的作业人员进行安全交底手续,将变更情况通知工作许可人,并在工作票"备注"栏注明变更人员。工作负责人允许变更一次,由工作票签发人同意并通知工作许可人,将变动情况记录在工作票上。

7　在原工作票的停电及安全措施范围内增加工作任务时,应由工作负责人征得工作票签发人和工作许可人同意,并在工作票上增填工作项目。若需变更或增设安全措施者应填新的工作票,并重新履行签发许可手续。

8　工作票有破损不能继续使用时,应补填新的工作票,并重新履行签发许可手续。

9　工作票需办理延期手续,应在有效时间尚未结束以前由工作负责人向工作许可人提出申请,经同意后给予办理。

10　工作许可人在完成施工现场的安全措施后,还应完成以下手续,工作班方可开始工作:

(1)会同工作负责人到现场再次检查所做的安全措施,对具体的设备指明实际的隔离措施,证明检修设备确无电压;

(2)对工作负责人指明带电设备的位置和注意事项;

(3)和工作负责人在工作票上分别确认、签字。

11　工作间断时,工作班人员应从工作现场撤出,所有安全措施保持不动,工作票仍由工作负责人执存,间断后继续工作,无须通过工作许可人。每日收工,应清扫工作地点,开放已封闭的通道,并将工作票交回运行人员。次日复工时,应得到工作许可人的许可,取回工作票,工作负责人应重新认真检查安全措施是否符合工作票的要求,并召开现场站班会后,方可工作。若无工作负责人或专责监护人带领,作业人员不得进入工作地点。

12　在同一电气连接部分用同一工作票依次在几个工作地点转移工作,全部安全措施由运行人员在开工前一次做完,不需再办理转移手续。但工作负责人在转移工作地点时,应向工作人员交代带电范围、安全措施和注意事项。

13　在未办理工作票终结手续以前,任何人员不得将停电设备合闸送电。

工作间断期间,若有紧急需要,运行人员可在工作票未交回的情况下合闸送电,但应先通知工作负责人,在得到工作班全体人员已经离开工作地点、可以送电的答复后方可执行,并应采取下列措施:

(1)拆除临时遮拦、接地线(接地刀闸)和标示牌,恢复常设遮拦,换挂"止步,高压危险!"的标示牌;

(2)应在所有道路派专人守候,以便告诉工作班人员"设备已经合闸送电,不得继续工作"。守候人员在工作票未交回以前,不得离开守候地点。

14 工作票格式参见附录5.4-4。

7.4 维修养护项目分类及管理

维修是指对已建水利工程及附属设施在运行和全面检查中发现的损坏和问题,进行必要的整修和局部改善。养护是指对已建水利工程经常检查发现的缺陷和问题,随时进行保养和局部修补,以保持工程及设备完好整洁、操作灵活。

配套工程维修养护按项目可分为日常维修养护项目、专项维修养护项目、应急抢险项目。按管理可分为维修项目和养护项目。

1 日常维修养护项目

日常维修养护项目是指为保持工程设计功能、满足工程完整和安全运行,需进行经常、持续性维修养护的项目(含年度岁修项目)。

2 专项维修养护项目

专项维修养护项目是指日常维修养护项目以外,维修养护工程量较大、技术要求较高,需进行集中、专门性维修养护的项目(含大修及更新改造项目)。对于专项维修养护项目,实行项目管理,包括计划制订、维修养护实施和项目验收三个环节。

3 应急抢险项目

应急抢险项目是指对突然发生危及工程安全的各种险情,需进行紧急抢修、处置的项目。

对于应急抢险项目的具体要求和实施过程中的管理,参照相应的应急预案执行。

7.4.1 维修项目管理

1 工程维修项目管理主要内容包括项目计划的编制、申报、审批、下达;实施计划的编制及审批;工程招投标;合同管理;开工申报审批;实施过程的工序管理、质量管理、安全管理、工期管理、经费管理;工程的内部财务审计;档案验收;工程竣工验收等。

2 市级管理机构每年10月底以前完成下一年度计划的编制上报工作,经初审汇总后,上报省级管理机构研究审批,次年由省级管理机构下达市级管理机构组织实施,需采购的项目,由有关市级管理机构或省级管理机构经办部门提出项目采购方案,报省级管理机构批准后方可实施。

3 项目实施采用工程维修项目管理卡,首先应在充分调研和研究的基础上编制项目实施方案及预算,在规定的时间内报市级管理机构审批,经费超过30万元的项目需报省级管理机构审批。各单位不得自行调整实施计划,如确需调整,须按上述程序重新报批。如项目内容变更或经费结余和超支过多,需重新报省级管理机构审批。

4 实施计划批准后,进行维修单位选择和施工前的准备工作,按规定要求采取公开招标、询价、竞争性谈判或直接采购等方式进行设备采购和选择维修单位。

5 工程开工前应向市级管理机构提交开工报告,报经省级管理机构批准方可开工。

6 市级管理机构应成立专门的项目管理机构,对项目实施的进度、质量、安全、经费及资料档案进行管理,并填写项目管理卡。项目实施过程中应随时跟踪项目进展,建立施工管理日志,用文字及图像记录工程施工过程中发生的事件和形成的各种数据,真实反映主要材料、机械、用工及经费等的使用情况,做到专款专用,并及时填写项目实施情况记录表。对实施招投标的项目,应参照基本建设施工管理要求执行。

7 项目实施过程中应同步进行质量控制检查,工程质量检查验收由市级管理机构组织,相关运行管理机构、监理、施工单位共同进行。根据相关验收标准进行质量检验,填写相应质量检验表格,并留下影像资料。

8 市级管理机构应视工程实施情况,加强对工程质量、经费、进度、安全、资料等方面的跟踪检查监督,维修单位应根据市级管理机构的检查意见和要求进行整改。

9 工程验收分为隐蔽部分验收、分项验收、项目竣工验收,工程竣工应具备相应的技术资料、竣工总结及图纸、照片、项目决算及内部审计报告等资料。工程竣工验收前应报市级管理机构档案管理部门进行项目资料档案的验收,待档案验收合格后方可进行工程竣工验收。

凡项目经费超过30万元的项目,市级管理机构进行初步验收,省级管理机构参加竣工验收。

7.4.2 养护项目管理

1 日常养护项目由市级管理机构组织维修养护单位实施,项目主要内容及标准要求见《河南省南水北调配套工程日常维修养护技术标准(试行)》。

2 其他养护项目由现地管理机构根据工程设备状况和维护要求编制养护项目及费用预算金额,经市级管理机构初审汇总后,向省级管理机构报单项养护实施方案和预算,在实施前向市级管理机构报养护申请,待批准后方可开工。

3 养护项目管理由市级管理机构负责,对养护项目的进度、质量、安全、经费及资料档案进行管理,按工程填写工程养护管理卡,记载养护日志。按单项建立养护台账,填写质量检查表格,并留下影像资料。

4 养护项目验收实行单项验收,每个单项完成后即由市级管理机构及相关部门进行验收。年度养护项目经费完成后,市级管理机构进行养护资料验收,最后由省级管理机构进行年度养护内部审计和养护项目验收。

7.5 建筑物的维修养护

7.5.1 建筑物的维修

7.5.1.1 一般规定

1 泵站建筑物应根据工程的运用情况,进行必要的岁修、大修或抢修。其划分为:

(1)岁修:针对泵站工程在运用、观测和检查中发现的问题,每年进行必要的整修和局部的改善。

（2）大修：当工程有较大损坏，技术复杂，工程量大时，需有计划地进行修复或局部改建。

（3）抢修：当泵站遭到严重自然灾害或突发性事故，工程受到较大损坏，危及工程安全或影响正常运行时，应立即组织力量进行突击性修理。

2 维修工作应符合以下要求：

（1）维修工作应以恢复原设计图纸，按原设计标准或局部改善原有结构功能为原则，综合考虑技术、设备、材料、经费等因素制定维修方案，并据此编报维修计划，经上级主管部门审核批准后实施；

（2）维修施工应按照《水利泵站施工及验收规范》（GB/T50133—2014），以确保工程质量。按《水利水电工程施工质量检验与评定规程》（SL176—2007），进行质量检验、评定和验收。

7.5.1.2 进水池、泵房及现地管理房建筑物

1 伸缩缝填料老化，脱落流失，应及时填充。止水设施损坏，可采用柔性材料修补，或者重新埋设止水予以修复。

2 进水池的混凝土及钢筋混凝土挡墙、翼墙、墩等水下结构部分如发现风化、脱壳、剥落、机械或人为损坏、碳化、钢筋锈蚀等现象，应凿除损坏部分，根据损坏原因、环境条件、损坏程度、材料及施工条件等选用涂料封闭、砂浆涂抹、喷浆、钢板覆盖等多种修补措施。锈蚀钢筋应除锈；损坏严重的，按原规格更换。

3 混凝土建筑物发现微细浅层裂缝时，应判断裂缝生成原因、性质和其危害程度，可采用表面涂抹、表面粘贴玻璃丝布、凿槽嵌补柔性材料后再抹砂浆、喷浆或灌浆等修补措施。

4 混凝土结构的渗漏，应结合裂缝的处理，采用砂浆、环氧砂浆抹面、粘贴玻璃丝布，必要时再灌浆等堵漏措施。

5 进水池混凝土墙身的水下部位和混凝土底板如发生表层剥落、裂缝、冲坑、止水设施损坏、进水池护底反滤设施损坏、防冲设施损坏等现象时，应根据水深、部位、面积大小、危害程度等不同情况，采用潜水员水下修补，或选用钢围堰、气压沉柜等设施进行修补。必要时筑坝断流抽干水施工作业。混凝土、止水、反滤设施损坏的修补可选择上述有关方法进行施工。

6 泵站建筑物底板发现裂缝，首先应摸清裂缝开展情况，查明原因，判定性质，再决定修补方法。

（1）裂缝宽度在 0.5~3 mm 以内，长度尚未贯穿底板全部且无渗漏水现象，可采用玻璃丝布粘贴法。

（2）裂缝宽度大于 5 mm 以上，缝深已贯穿底板，缝长通缝，或有渗水现象，可采用沥青砂浆嵌补法，或用压力灌浆修补。

（3）水下嵌缝材料可选用水下聚合物水泥砂浆、水下树脂砂浆等。

7 泵房混凝土墙体有渗水、漏水现象。可利用停水期水位下降在迎水面修补，或迎水面水下修补。一般尽量用背水面涂抹法，必要时应用迎水面贴补法。

（1）背水面涂抹法：先将渗漏处混凝土表层凿去 20～30 mm，清除和冲洗表层，再涂抹防水砂浆；或将渗漏部位凿去 5～10 mm，表层冲洗干净后，涂抹环氧水泥砂浆。

（2）迎水面贴补法：可在停水期水位下降时找到渗漏缝隙，清除污垢，凿出新混凝土层面，冲洗烘干，用玻璃丝布环氧基液进行粘贴修补。

（3）水下施工：潜水员凿槽、嵌填水下聚合物水泥砂浆、水下树脂砂浆等。

8　进出水管道管坡、管床、镇墩、支墩发生裂缝的，轻的用环氧玻璃丝布粘贴，重的用凿槽嵌填环氧水泥砂浆修补。

9　管道伸缩缝、沉降缝出现漏水时，充填物损失的应予补充，止水损坏的应予更换。

10　屋面发现局部漏雨、渗水的，应查明原因，根据原屋面的结构状况，先拆除破损部分，再按原设计予以恢复。

11　门窗局部破损的，尽可能按原来使用的材料按原规格予以整修或更换。

12　内外墙涂层发现有起壳、空鼓、脱落、裂缝现象时，如面积较大，问题较为严重的，应在工程岁修时，将原涂层铲除，重做内外涂层。

13　外墙面砖，如发现局部脱落，应重新局部修补。

14　整体楼地面部分出现裂缝、空鼓、剥落、严重起砂，应将原混凝土地坪凿除，用同配合比的混凝土进行修补。

15　地砖、地面涂层发现部分裂缝、破损、脱落、高低不平的，则应凿除损坏部分，尽量按原样予以恢复。

16　护栏、栏杆、爬梯、平台如发现损坏，应及时修补，并保持原样。

17　水尺、标示牌、警示牌如有损坏应及时修理或更换。

7.5.2　建筑物的养护

7.5.2.1　一般规定

1　养护是指为保持建筑物清洁完好所进行的日常保养，包括修补轻微损坏。

2　对管理区范围内的生产、生活设施按有关规定进行的安全监督与管理均为养护内容。

3　建筑物养护要做详细记录。

4　对可能受冰冻破坏的设施（如供水管、排水管、冷却水管、生活用水水管等）应采取有效的防冻保暖措施。

5　雨雪后应及时消除交通要道与工作桥等工作场所的积水、积雪。

7.5.2.2　进水池、泵房及现地管理房建筑物

1　进水池四边设置的防护栅墙应保持完好。

2　进水池旁的杂草、杂物应及时清除，进水池的拦污栅应及时清理。清出的污物、杂物应及时清运至规定地点。

3　泵站运行时应观测旋转机械或水力引起的振动，严禁在共振状态下运行。

4　应防止过大的冲击荷载直接作用于泵站建筑物。

5　建筑物屋顶应防止漏水，泛水、天沟、落水斗、水落管应完好且排水畅通；外露的金属结构应定期油漆，一般每年一次，遭受腐蚀性气体侵蚀和漆层容易剥落的地方，应根据具体情况适当增加油漆的次数。

　　6　内外墙涂层或贴面应清洁、美观,无起壳、脱落、裂缝、渗水等现象,少量损坏的可安排适当修补。

　　7　门窗应保持清洁完好、无破损,应定期清洁门窗及玻璃,破损的玻璃和小五金配件要及时更换。

　　8　泵房、现地管理房地面要清洁,无破损、裂缝。

　　9　栏杆、扶梯、平台等设施应保持清洁,需油漆的应定期油漆,室内设施油漆周期为每二年一次,室外设施油漆周期为每年一次。

　　10　泵站进出水流道的金属管道,管壁内外部分及钢支承构件应无锈蚀,并应定期进行冲洗和涂刷防腐漆等。

　　11　进水池、泵房、现地管理房设置的金属护栏、栏杆、爬梯等表面应保持清洁,不破损,如需要油漆的,应定期油漆,每年一次。

　　12　水尺、标志牌、警示牌表面应保持完好、洁净、醒目,每月应擦洗一次;水尺高程每两年应"水准测量"校核一次,若高程与读数之间误差大于 10 mm,水尺必须重新安装。

7.6　机组维修养护标准

7.6.1　主水泵
　　每月应对主水泵进行一次停泵、开泵日常维修养护,包括以下内容:

7.6.1.1　运行前检查
　　水泵运行前的检查,应符合下列规定:

　　1　盘车检查时,水泵叶轮及电机转子不得有碰擦和轻重不均匀现象。

　　2　弹性联轴器的轴向间隙和同轴度,应符合产品的技术要求。

　　3　水泵机组轴承润滑应良好。采用稀油润滑轴承的机组,检查轴承箱的油位,应指示正常。

　　4　主泵机组填料函泄水应符合要求。

　　5　油、气、水系统等辅助设备应完好。

　　6　水泵机座、泵体管道连接螺栓应紧固。

　　7　进出水管路应畅通,进水水位应高于水泵最低运行水位。

　　8　检查相应的进水闸(阀)门,应开启。

　　9　启闭闸(阀)门的操作系统工作应正常。

7.6.1.2　运行中巡检
　　水泵运行中的巡视检查,应符合下列规定:

　　1　水泵机组应在规定的电压、电流、流量、扬程范围内运行。

　　2　水泵机组在运行中应转向正确,运行平稳,无异常振动与噪声,连接法兰处无漏水。

　　3　采用油轴承的机组,应检查运行前后油位变化的情况,不应过高或过低,否则应查明原因。

　　4　轴承允许最高温度不应超过制造厂的规定值,如制造厂无规定,最高温度不应超过下列值:滚动轴承为 95 ℃,滑动轴承为 70 ℃,弹性金属塑料轴承(轴瓦)为 65 ℃。

　　5　填料函处应有少量滴水,但不应滴水成线。填料函处泵轴应无偏磨、过热现象,温度不大于 50 ℃。

　　6　水泵机组的油、气、水系统工作应正常。

　　7　水泵运行时,进水池水位不应低于最低运行水位。

　　8　泵站格栅内外水位差不应大于设计要求。

　　9　任何水泵机组运行时不允许产生汽蚀现象,否则要查明原因。水泵运行应平稳,振动与噪声应在正常范围内。

　　10　泵机运行中应加强巡视检查,做到"六勤":勤看、勤听、勤嗅、勤摸、勤清和勤捞。

　　(1)勤看:仪表与监控显示屏,电压、电流、温度、进出水池水位、设备运行工况等应正常;

　　(2)勤听:轴承、叶轮、电机、变压器等,应无不正常的异声;

　　(3)勤嗅:轴封机构、联轴器、电机、电气设备等应无异常的焦味;

　　(4)勤摸:无须采取特别的安全措施,能用手摸的部位,用手摸感觉检查温度、振动等,如油箱、冷却水箱、电动机外壳、轴承外壳等部位的温度和振动应正常;

　　(5)勤清:经常做好设备、设施及工作环境的清洁保养工作,经常做好设备的润滑工作;

　　(6)勤捞:经常检查与清除格栅上及水泵内的垃圾,保持泵站排水畅通。

7.6.1.3　停机后检查

水泵机组停止运行后的检查,应符合下列规定:

　　1　检查与观察机组停机后惰走的时间,应正常合适;

　　2　机组的轴封机构处渗漏水应符合要求;

　　3　管路上的止回阀、拍门闭合应紧密,不应有倒流水现象;

　　4　柔性止回阀的闭合应正常,不得有回缩现象;

　　5　出水口闸(阀)门应关闭可靠。

7.6.1.4　水泵养护

　　1　水泵的日常养护,应符合下列规定:

　　(1)做好水泵机组的日常清洁工作,外壳应无尘垢(潜水泵机组除外);

　　(2)紧固机组与管路连接螺栓;

　　(3)做好机组轴承、机械密封的润滑工作,适时加注或更换润滑油脂,润滑油脂的牌号应符合规定;

　　(4)检查与调换填料密封的填料,并清除填料函内的污垢及调整轴封机构;

　　(5)检查与养护机组油、气、水系统等辅助设备,确保其工作正常与可靠;

　　(6)检测潜水泵电动机绝缘电阻及温度、泄漏、湿度传感器,其参数应符合产品技术要求。

　　2　不经常运行的水泵机组的养护,应符合下列规定:

　　(1)两周试泵一次,每次运行时间不少于 30 分钟;

　　(2)卧式泵机组可用工具盘动泵轴,以改变泵轴相对搁置的位置。

7.6.1.5 水泵定期维修

水泵定期维修的一般规定：

1 机组定期维修前,应制定维修方案及安全措施;

2 水泵维修后,流量不应低于原值的90%,机组效率不应低于原值的90%;

3 定期维修应做好完整的维修记录,包括维修内容、调换的零部件、材料消耗各种费用等;

4 水泵机组解体维修周期应符合表7.6-1的规定。

表 7.6-1 水泵机组解体维修周期

水泵类型	离心泵	混流泵	潜水泵	不经常运行的泵
维修周期	3 000~5 000 小时	5 000 小时	3 000~10 000 小时	3~5 年

7.6.2 主电机

7.6.2.1 启动前检查

电动机启动前的检查,应符合下列规定：

1 测量电动机定子绕组及电缆的绝缘电阻,必须符合安全运行的要求;

2 开启式电动机内部应无杂物;

3 轴承润滑应良好,润滑及冷却水系统应正常;

4 绕线式电动机的滑环与电刷应接触良好,电刷压力应正常;

5 电动机引出线与电缆连接应紧固,无松动;

6 电动机除湿保温装置电源应断开;

7 电动机外壳接地应牢靠。

7.6.2.2 运行中巡查

电动机运行中的巡视检查,应符合下列规定：

1 电动机工作时,电压与电流应在规定的范围内;

2 电动机在运行中,内部不得有碰擦现象与异常的响声;

3 电动机轴承润滑良好,无漏油现象,轴承温度应正常;

4 电动机定子绕组的温升不应超过规定的允许值;

5 电动机的散热装置及冷却系统应完好;

6 绕线式电动机的电刷与滑环接触应良好,不得产生火花及烧毛。

7.6.2.3 电动机日常养护

电动机的日常养护,应符合下列规定：

1 做好电动机外壳、电缆接线盒等处的清洁工作,并保持清洁。

2 梅雨季节或潮湿天气,应对电动机进行除湿、保温。

3 适时加注润滑油脂及排除废油脂,保持轴承良好的润滑。滑动轴承应保持正常的油位,油路应畅通,注意适时添加润滑油。

4 冷却水管路应保持畅通无堵。

5 经常做好绕线式电动机的滑环、电刷、电刷架及引线等处的清扫工作,每周至少一次清扫电刷磨损散落的粒子,必须保持该处的清洁。滑环表面如有氧化或凹凸不平,必须磨光并保证圆度及光洁度。如调换电刷,则应与滑环保持面接触,并调整电刷的压力达到规定的要求。

7.6.2.4 电动机定期维修

电动机的定期维修,应符合下列规定:

1 水泵电动机累计运行达到 6 000~8 000 小时应维修一次;不经常运行的水泵电动机,每三年应维修一次。

2 高压电动机解体维修后,必须进行电气试验,试验合格后方可投入运行。

3 电动机定期维修的主要项目与要求见表 7.6-2。

表 7.6-2　电动机定期维修的主要项目与要求

名称	主要检查与维修项目	要求
一、定子	1.定子内部及绕组的清扫;	1.无积尘与油垢,定子通风沟、槽应畅通;
	2.定子绕组引线与绝缘检查;	2.引线绝缘良好,相位标记清晰;
	3.定子槽楔检查与维修;	3.槽楔无松动、无凸出;
	4.定子铁芯检查与维修;	4.定子铁芯硅钢片整齐无松动,定子圆度良好;
	5.定子端部绕组绑线检查与维修;	5.绑线不应断裂与松动,应牢固、完整;
	6.低压电动机绕组绝缘电阻;	6.绝缘电阻值应达到要求。若达不到,可进行烘燥、浸漆处理或更换绕组;
	7.定子内部喷漆防锈处理	7.喷漆应均匀
二、转子	1.转子各部位清扫;	1.无积尘与油垢,转子通风沟、槽应畅通;
	2.槽楔检查与维修;	2.应无松动、无凸出;
	3.转子铁芯检查与维修;	3.转子铁芯硅钢片整齐无松动,转子圆度良好;
	4.绕线式转子绕组引出线检查与维修;	4.引出线绝缘应完好无损,否则应做加强绝缘处理或调换引出线;
	5.鼠笼式转子笼条与端环检查与维修;	5.铸铝鼠笼无裂缝及断条,铜条焊接鼠笼焊接应牢靠;
	6.绕线式转子绕组端部并头与绑扎钢丝的检查与维修;	6.绕组端部并头焊接应良好,转子三相绕组直流电阻应平衡,端部绑扎钢丝应牢靠;
	7.绕线式转子滑环检查与维修;	7.车、磨滑环表面氧化层,做到光洁圆滑,转子引线与滑环连接牢靠;

续表 7.6-2

名称	主要检查与维修项目	要求
	8.绕线式转子电刷的维修与调换;	8.电刷与滑环的圆度应相同,接触面应光滑,调整弹簧压力应合适;
	9.绕线式转子举刷装置的清扫与维修;	9.举刷装置与并头铜环动作应灵活可靠;
	10.转子喷漆防锈处理	10.喷漆应均匀
三、轴承	1.滚动轴承清洗或调换;	1.清洗后调换润滑脂,填满空腔 1/2~2/3;
	2.滑动轴承的维修;	2.轴瓦研制或重新浇铸轴瓦;
	3.推力瓦的检查与维修;	3.测量水平度及调整,使符合要求,如磨损严重应调换;
	4.润滑油箱清洗;	4.清除油箱内的污垢,并调换润滑油;
	5.油冷却器清扫与水压试验	5.管路、冷却器保持畅通,水压试验应达到要求
四、电机底座	1.清扫底座各部件;	1.保持清洁,无污垢;
	2.底座安装面修正,同轴度调整;	2.底座安装面平整度与同轴度应达到要求;
	3.轴承、推力瓦;	3.参照上述轴承、推力瓦;
	4.弹性联轴器的维修;	4.调换老化、破损的橡胶圈与销轴,使配合紧密;
	5.联轴器轴向间隙及同轴度的调整	5.间隙距离应符合要求
五、电动机装配与试车	1.机组轴线的测量与调整;	1.应符合制造厂的要求;
	2.定、转子间隙的检查;	2.间隙应均匀,误差符合制造厂的规定;
	3.电动机试车时振动的测量;	3.应符合制造厂的要求;
	4.电动机试车时的噪声检查	4.应无异声,运转平稳
六、其他附件	1.散热风机的维修;	1.参照相关规定;
	2.排风管路涂漆防锈;	2.涂漆二度;
	3.温度计、压力表等校验	3.按仪表要求

7.6.3 其他水泵

除以下条款另有规定外,每月应对其他水泵进行一次日常维修养护,包括以下内容:

1 每月试泵一次,每次运行时间不少于 30 分钟。

2 卧式泵机组可用工具盘动泵轴,以改变泵轴相对搁置的位置。

3 做好水泵机组的日常清洁工作,外壳应无尘垢(潜水泵机组除外)。

4 紧固机组与管路连接螺栓。

5 做好机组轴承、机械密封的润滑工作,适时加注或更换润滑油脂,润滑油脂的牌号应符合规定。

6 检查与调换填料密封的填料,并清除填料函内的污垢及调整轴封机构。

7 检查与养护机组油、气、水系统等辅助设备,确保其工作正常与可靠。

8 潜水泵机组的定期维修养护,应符合下列规定:

(1)修补、调整或更换间隙超过规定的转轮室或叶轮。

(2)更换破损与穿孔的轮壳和盖板。

(3)修补汽蚀麻窝深度大于 2 mm 的叶片和流道,并做平衡试验。

(4)更换壁厚小于原厚 2/3 的叶轮。

(5)密封件:

①全部调换"O"形橡胶密封圈;

②检查、维护机械密封装置,如机械密封装置的接触面磨损过大、有裂纹、有破碎,以及有弹簧变形、开裂,失去弹性等的情况,则必须调换。

(6)潜水电动机:

①每三年至少一次检查油腔内的油质,如不符合要求则必须调换;

②三年至少一次加注轴承润滑油脂;

③每年至少一次,吊起机组目测检查防水电缆,其外层绝缘材料应无损伤与破裂;

④配套电控箱:按低压电气要求检查与维护电气元器件,并检测潜水泵专用保护装置,应符合制造厂的技术要求。

7.6.4 机组大修

主机组大修项目及要求见附录 7.7-1。

7.7 输水线路附件维修养护标准

7.7.1 一般规定

1 设备的运行、维护应符合国家和地方有关环境保护的规定。

2 闸门、管道等设备设施检查、维护时,必须采取有效的安全措施,确保人身与设备的安全。

3 起重设备、压力容器等均为强制性检验设备,每年必须按规定检验,合格后方可投入使用。

4 机电设备及管配件外表宜每两年一次除锈及做防腐处理。

5 现地管理站应做好完整的运行与维护记录,逐步推广电子信息化管理。

7.7.2　蝶阀

蝶阀的日常维修养护,应符合下列规定:

1　做好阀门的清洁保养工作,保持阀门清洁;

2　阀门的全开、全闭、转向等标牌显示应清晰完整;

3　检查电动阀门的电动装置与闸杆传动部件的配合状况应良好,电动阀门启闭时应平稳、无卡涩及突跳等现象;

4　检查与调整阀门填料密封压盖的松紧程度,要求松紧合适,不渗漏;

5　不经常启闭的阀门每月至少启闭一次;

6　操作与检查手动、电动操作切换装置,应正常;

7　蝶阀在启闭时应平稳无突跳现象,在运行中要注意阀板有无被垃圾缠绕,如有缠绕,应及时排除;

8　每年一次检查与整修手动操作杆与密封件;

9　每年一次检查与调整行程、过力矩保护及联锁装置;

10　每年一次检查、整修电控箱内电气与自控元器件;

11　每年一次加注或更换齿轮箱润滑油;

12　每三年一次检查、整修或调换蝶板密封圈;

13　做好电动装置外壳及机构的清扫工作,并保持清洁;

14　检查电动装置的运行工况,应运行平稳、无异声,无渗漏油、无缺油及限位正确可靠;

15　检查动力电缆、控制电缆的接线,应无松动,接线可靠;

16　检查电控箱及电气元器件应完好,工作正常;

17　拉动操作手轮检查手动、电动操作切换装置,应手感啮合良好;

18　经常检查自控系统中电动装置的运行工况,必须与实际工况一致;

19　每年一次加注或调换减速箱润滑油;

20　每年一次检查、清扫与维修电动装置内的各种电气元件与其触点,并调换不符合要求的电气元件;

21　每年一次检查、调整行程与过力矩保护装置,行程指示必须准确,过力矩保护机构必须动作灵敏,保护可靠。

7.7.3　偏心半球阀

偏心半球阀的日常养护,应符合下列规定:

1　做好阀门的清洁保养工作,保持阀门清洁;

2　阀门的全开、全闭、转向等标牌显示应清晰完整;

3　不经常启闭的阀门每月至少启闭一次,检查开启力和密封性是否正常,看清指示针指示位置,禁止蛮力开启;

4　每半年进行一次检查阀体、螺栓等外露件是否生锈,进行涂装油漆或防腐油等处理;

5　两年进行一次抽样检查,将阀门进行拆解,检查内部是否有损坏;

6　根据情况,建议5~8年将所有阀门进行拆解,对内部损坏件进行更换。

7.7.4 液压阀门

液压阀门的日常维修养护,应符合下列规定:

1 做好液压阀各个部件的清洁工作;

2 检查液压阀的缸体、活塞杆等部件,应无损伤或裂纹,连接螺栓应紧固无松动;

3 检查液压缸的密封垫片,油管接头、阀体、管路、油箱等应无渗漏;

4 主油泵运行应平稳,无异声,输出油量及压力应达到要求;

5 每半年至少一次检查及清除阀体内的垃圾及污物;

6 每半年一次更换主油泵过滤器的滤油芯;

7 每半年一次检查或更换控制油路与油缸的油封;

8 每年一次检查与调整油缸内活塞行程,应符合制造厂技术要求;

9 每年一次检查与整修电控柜的电气元器件;

10 每年一次校验压力继电器、压力变送器、压力表;

11 每年一次检查、整修液压站;

12 每年一次清洗油箱,过滤、化验液压油,油质和油量必须符合规定的技术要求;

13 每三年一次检查活塞杆垂直度、液压元件的磨损等,进行恢复性整修液压系统,确保液压系统工作正常可靠。

7.7.5 空气阀

空气阀的日常维修养护,应符合下列规定:

1 若阀门有漏水现象,检查活塞与橡胶密封环之间是否有异物,若橡胶密封环已坏,更换橡胶密封环。

2 若阀门所处环境温度低于 0 ℃,应严格注意阀门的保温。长期不用时,应把阀体内的水放掉,以防阀门内水结冰或冻裂阀门。

3 若空气阀已坏,需要从管道上拆掉更换或维修时,须先关闭空气阀前检修阀,重新安装后,再打开空气阀前检修阀。若在线维修空气阀,须关闭末端调流调压阀,再关闭空气阀前检修阀后,方可进行空气阀检修工作。

4 每半年进行一次检查阀体、螺栓等外露件是否生锈,进行涂油漆或防腐油等处理。

5 打开微量排气阀旁边的球阀进行自冲洗,将排气阀里的杂物排出。

6 两年进行一次抽样检查,将阀门进行拆解,检查内部是否有损坏。

7 根据情况,建议 5~8 年将所有阀门进行拆解,对内部损坏件进行更换。

7.7.6 活塞式调流调压阀

活塞式调流调压阀日常养护,应符合下列规定:

1 做好阀门的清洁保养工作,保持阀门清洁;

2 阀门的全开、全闭、转向等标牌显示应清晰完整;

3 液化油两年要进行一次更换,检查线路是否老化松动;

4 每半年进行一次检查阀体、螺栓等外露件是否生锈,进行涂装油漆或防腐油等处理;

5 两年进行一次把观察孔拆开,检查阀体内是否有堵塞物,并进行清理;

6 设备维修要有设备厂家专业技术人员指导,出现问题第一时间联系厂家进行咨询处理；

    7 建议5~8年将所有阀门进行拆解,对内部损坏件进行更换。

7.7.7 泄压阀

泄压阀的日常养护,应符合下列规定：

    1 做好阀门的清洁保养工作,保持阀门清洁；

    2 阀门的全开、全闭、转向等标牌显示应清晰完整；

    3 每半年进行一次检查阀体、螺栓等外露件是否生锈,进行涂装油漆或防腐油等处理；

    4 建议5~8年将所有阀门进行拆解,对内部损坏件进行更换。

7.7.8 拍门

拍门的日常维修养护,应符合下列规定：

    1 经常检查门板密封状况,不应有漏水现象；

    2 经常注意拍门的运行情况,如有垃圾杂物卡阻应及时清除,不得产生倒流现象；

    3 浮箱式拍门的浮箱内不应有漏水现象；

    4 每年一次检查或更换转动销；

    5 每年一次检查门框、门板,不得有裂纹、损坏,门框不应有松动；

    6 每三年一次检查或更换门板的密封圈；

    7 每三年一次对钢制拍门做防腐涂漆处理。

7.8 电气设备维修养护标准

电气设备应定期进行试验和检修,其试验项目和周期见附录7.8-1,检修项目和周期见附录7.8-2。

除以下条款另有规定外,每月应对电气设备进行一次日常维修养护,包括以下内容：

7.8.1 变配电间的防雷和接地装置

变配电间的防雷和接地装置的日常维修养护,应符合下列规定：

    1 每年一次在雷雨季节前对避雷器与接地装置检查一次,均必须符合设计要求；

    2 检查接地装置各连接点的接触情况与接地线的损伤、折断和锈蚀等情况；

    3 每五年一次对含有酸、碱、盐等化学成分的土壤地带检查地面下500 mm以上部位接地体、接地线腐蚀程度；

    4 避雷器在运行中,在雷雨后应检查与记录避雷器的动作情况。

7.8.2 电力电缆

电力电缆的日常维修养护,应符合下列规定：

    1 电力电缆不应过负荷运行,电缆导体长期允许工作温度不应超过制造厂的规定值。

    2 敷设在电缆沟、隧道、电缆井及沿桥梁架设的电缆,至少每季度检查一次。

    3 敷设在竖井内与电缆桥架上的电缆,每六个月检查一次。

    4 电缆线路及电缆线段检查每三个月一次。

    5   直埋敷设电缆检查每三个月一次：

（1）电缆敷设附近地面应无打桩、挖掘、种植树木或伤及电缆的其他情况；

（2）电缆标桩应完好无缺；

（3）电缆沿线不应堆放重物、腐蚀性物品及搭建临时性建筑；

（4）室外露出地面的电缆和保护钢管不应锈蚀、位移或脱落；

（5）引入室内的电缆穿管应封堵严密；

（6）对挖掘外露的电缆应加强检查。

    6   沟道敷设电缆检查每三个月一次：

（1）沟道盖板应完整无缺；

（2）沟道内电缆支架应牢固，无严重锈蚀；

（3）沟道内应无渗漏水与积水，电缆指示牌应完整、无脱落。

    7   电缆终端头与中间接头检查每三个月一次：

（1）电缆终端头与中间接头检查；

（2）终端头和中间接头，不得有龟裂与渗漏油现象；

（3）接地线应牢固，无断股、脱落现象；

（4）潮湿天气应加强巡视终端头绝缘套管，不应有放电闪络现象；

（5）引线连接处应无过热、熔化现象。

    8   电缆桥架检查每三个月一次：

（1）每年一次检查电缆桥架间的连接线与接地线应连接牢靠；

（2）每年一次检查钢板电缆桥架的锈蚀程度，如有锈蚀则应及时做防腐处理。

7.8.3　干式变压器

干式变压器的日常维修养护，应符合下列规定：

    1   每三个月至少一次对变压器间及变压器外罩清扫，保持通风良好；

    2   在潮湿天气检查干式变压器绕组表面，不得有凝露水滴产生，否则要采取措施排除潮气；

    3   检查引出线连接螺栓应牢固，无松动；

    4   检查干式变压器绕组不得有裂纹与闪络痕迹；

    5   检查干式变压器的温控装置，其工作应正常；

    6   三年一次温控器装置送厂进行检测与标定，以保证精确度与可靠性；

    7   干式变压器如在规定的范围内超载运行，应巡视检查相应的散热风扇的启动与运行必须正常；

    8   每三年一次对散热风扇进行维修保养。

变压器检修项目及要求见附录 7.8-3。

7.8.4　高压母排

高压母排的日常维修养护，应符合下列规定：

    1   做好支持绝缘子、套管、保护网罩及母排等的日常清洁工作，应清洁无积尘。

    2   检查母排螺栓应紧固无松动，铝质母排检查接头处不应有严重的氧化层，否则应清除，母排温度不得超过 60 ℃。

3 每年一次对高压母排进行检查与维修。

4 高压母排的维修与要求：

(1)检查与紧固所有的连接螺栓；

(2)检查与清除铜、铝连接处的电化腐蚀；

(3)检查与清除铝母排连接处的氧化层；

(4)检查支持绝缘子、套管,应清洁、无裂纹及无闪络痕迹,否则必须更换；

(5)检查母排表面应光洁平整、无裂纹、变形和扭曲等现象,否则应拆下进行校正。

7.8.5 高压熔断器及负荷开关

高压熔断器及负荷开关的日常维修养护,应符合下列规定：

1 做好日常清洁保养工作,清扫瓷件表面灰尘,擦清刀片、触头和触指上的油污。

2 清扫操作机构和转动部分,并添加适量的润滑油。

3 检查所有的连接螺栓应紧固无松动。

4 每年一次检查与维修。

5 检查与维修的项目与要求：

(1)检查熔断器支架的夹力应正常,接触部位无氧化过热现象；

(2)检查绝缘子表面应无破损、裂纹和闪络痕迹,绝缘子的铁瓷结合处应牢固,否则必须更换；

(3)检查负荷开关触头间的接触应紧密,无过热、氧化变色及熔化等现象,否则应修整；

(4)负荷开关灭弧装置应完整,无烧伤现象；

(5)检查负荷开关合闸时,三相同期性良好,分闸时张开角度应符合产品要求,操作机构应无卡涩、呆滞现象。

7.8.6 高压真空断路器

高压真空断路器的日常维修养护,应符合下列规定：

1 做好日常清洁保养工作,绝缘子、套管外表保持清洁,无积尘。

2 检查套管、绝缘拉杆和拉杆绝缘子,应完好无损、无裂纹及无零件脱落现象。

3 检查与母排连接处,应紧固无松动,无过热、变色及熔化现象。

4 检查所有的紧固件,应紧固无松动。

5 做好断路器机械部分与操作机构的润滑工作,在操作过程中无卡涩、呆滞现象,电磁操作机构的分合闸线圈无过热现象,弹簧操作机构动作应灵活、准确。

6 做好断路器脱扣机构的清洁保养与润滑工作,脱扣机构动作应灵活、可靠。

7 检查真空断路器的真空灭弧室,应无漏气现象。真空断路器的真空灭弧室漏气或损坏后严禁投入。

8 每年一次定期维修,包括：

(1)真空断路器检查灭弧室的真空度,如真空度不合格,则必须更换,并调整触头行程,必须达到产品技术要求；

(2)维护与调整油断路器、真空断路器的操作机构及脱扣装置,应动作灵活、准确及分合闸可靠；

（3）弹簧操动机构、储能电机、行程开关接点动作准确,无卡滞变形。

7.8.7 接触器及负荷开关

接触器及负荷开关的日常维修养护,应符合下列规定:

1 做好日常清洗保养工作,绝缘壳体外表应清洁、无积尘;

2 做好机械活动部分的润滑工作;

3 检查紧固件,应紧固无松动。

7.8.8 互感器

互感器的日常维修养护,应符合下列规定:

1 做好互感器的日常清洁保养工作,保持互感器套管清洁无积尘。

2 检查互感器,其电压、电流指示应正常。

3 检查互感器二次侧及铁芯、接地必须可靠。

4 检查互感器一、二次接线应紧固无松动,无过热现象。

5 检查电压互感器的熔断器架与熔断器接触应良好,无氧化过热现象。二次侧不得短路,不允许超过其最大容量运行。

6 检查电流互感器二次侧不得开路,不允许过负荷运行。

7 每年一次对互感器定期维修,维修项目与要求如下:

（1）紧固所有连接螺栓,应紧固无松动;

（2）检查互感器与母排连接处不应有氧化、过热现象,否则应清除氧化层,并涂抹凡士林或导电胶;

（3）检查与清扫电压互感器熔断器架,如支架夹紧压力不够,则应修理或调换。

7.8.9 高压变频器

高压变频器的日常维修养护,应符合下列规定:

1 认真监视并记录变频器人机界面上的各显示参数,发现异常应即时反映;

2 检查冷却系统运行情况;

3 变频器柜门上的过滤网通常每月应清扫一次,如工作环境灰尘较多,清扫间隔还应根据实际情况缩短;

4 检查变频器输入输出电流的情况;

5 检查变频室的环境温度,环境温度应在-5~40 ℃之间;

6 半年左右对主控箱内部做一次清灰处理,检查板卡是否松动,主控箱风扇是否灵活转动,半年对变频器进行一次全面清灰;

7 如果变频器长期停机,半年应通高压电一次,持续最少1小时;

8 检查导体绝缘是否有腐蚀过热的痕迹、变色或破损;

9 检查冷却风扇是否正常运转;

10 每年两次对变频器柜控制部分、信号部分等做全面检查。

7.8.10 高压开关柜

高压开关柜每年维修养护以下内容:

1 检查二次接线端子接线紧固无松动;

2 检查试验位置与操作位置机械部分与信号部分是否正常;

3 进行设备清洁,应无积尘、油污;

4 高压开关柜应密封良好,接地牢固可靠,隔板固定可靠,开启灵活,应密封良好;

5 手车式柜"五防"联锁齐全,位置正确;

6 隔离触头应接触良好,无过热、变色、熔接现象;

7 联锁装置位置正确,二次连接插件应接触良好,辅助开关的接触位置正确;

8 成套柜内照明应齐全;

9 继电器外壳无破损,线圈无过热,接点接触良好;

10 仪表外壳无破损,密封良好,仪表引线无松动、脱落,指示正常;

11 二次系统的控制开关、熔断器等应在正确的工作位置并接触良好;

12 操作电源工作正常,母线电压值应在规定范围内;

13 检查温湿度控制器电源;

14 操动机构合闸接触器和分、合闸电磁铁的最低动作电压,操动机构分、合闸电磁铁或合闸接触器端子上的最低动作电压应在操作电压额定值的30%~65%。在使用电磁机构时,合闸电磁铁线圈通流时的端电压为操作电压额定值的80%(关合电流峰值等于及大于50 kA时为85%)时应可靠动作。

7.8.11 电抗器

电抗器的日常维修养护,应符合下列规定:

1 电抗器的接头应接触良好不发热;

2 在电抗器的周围应无杂物;

3 电抗器的支持绝缘子应清洁并安装牢固;

4 垂直布置的电抗器应无倾斜。

7.8.12 低压配电装置

低压配电装置的日常维修养护,应符合下列规定:

1 清扫与检查低压配电装置;

2 检查低压配电装置的连接螺栓,应紧固无松动;

3 做好自动空气断路器与交流接触器传动机构的润滑工作,应动作灵活,无卡涩现象,三相同步性良好;

4 检查熔断器、自动空气断路器与交流接触器,接触部分与触头应接触紧密,无烧毛及过热现象;

5 及时修整烧毛的触头,清除灭弧罩内铜粒子;

6 检查线圈的绝缘和温升,应符合产品要求;

7 检查与维护计量表计,清除灰尘与接线端子的氧化层;

8 每年至少一次对低压配电装置进行定期维修,维修项目与要求见表7.8-1。

表 7.8-1　低压配电装置的定期维修项目与要求一览表

部件名称	维修项目	要求	备注
插入式熔断器	瓷盒或瓷盖断裂	更换	
	插口处触头氧化	除去氧化层	
	插口处弹力不足产生过热或触头氧化	调整或更换	
热继电器	整定热继电器	与电动机额定电流匹配	
	修正刀座弹性不足	调整刀片,使分合闸动作同步	
	修正刀片触头	磨光被烧毛的痕迹	
自动空气断路器	触头表面被电弧灼伤	修整或更换触头	
	灭弧表罩表面烧焦、破裂、栅片严重烧熔	清除烧焦部分,并将微粒吹干	
	铁芯表面高低不平,响声大	锉平铁芯接触面	
交流接触器、时间继电器	分合时有卡阻现象	检查与调整机械活动部分	
		调整触头开距、压力、行程	
		应符合厂家要求	

7.8.13　电动机启动装置

1　软启动装置的日常维修养护,应符合下列规定:

(1)做好日常清洁保养工作;

(2)检查外控接口等连接线,应牢固无松动;

(3)旁路交流接触器、自动空气断路器的日常维修养护参照《低压配电装置的定期维修项目与要求一览表》;

(4)检查软启动器的工作温度应正常,散热风扇运行应良好;

(5)检查启动电流倍数的设定应准确。

2　软启动装置的定期维修每年一次,应符合下列规定:

(1)紧固所有连接螺栓;

(2)清扫软启动装置内外部,保持清洁无灰尘,通风散热良好;

(3)检查各设定值,应符合要求,然后重新调试;

(4)自动空气断路器与旁路交流接触器的定期维修参照《低压配电装置的定期维修项目与要求一览表》。

7.8.14　无功功率补偿装置

1　电力电容器的日常维修养护,应符合下列规定:

(1)做好日常清洁保养工作,套管及外壳保持清洁、无污垢。

(2)检查套管,应无裂纹、破损,无闪络痕迹,外壳无生锈、变形、胀肚与渗漏油现象。

(3)检查外壳接地应良好。

(4)检查运行电压、电流不得超过规定的范围,否则必须退出运行。

（5）检查环境温度不应超过 40 ℃,电容器外壳温度不应超过 55 ℃。

（6）电容器组三相间的容量应平衡,其误差不应超过一相总容量的 5%。

（7）检查电容器放电装置,其工作应正常。

（8）每年一次对电力电容器进行检查与维修。

（9）电力电容器外壳生锈,应除锈后涂漆。

（10）检查电力电容器渗漏油。

（11）检查套管,应无裂纹、破损及闪络痕迹。

（12）检查外壳,应无变形、胀肚,温度不应超过规定。

2　无功功率就地补偿装置的日常维修养护,应符合下列规定:

（1）做好日常清洁保养工作,保持内外清洁与通风散热畅通。

（2）检查连接螺栓应紧固无松动。

（3）参照《低压配电装置的定期维修项目与要求一览表》检查与维护交流接触器。

（4）检查放电指示灯或电压互感器应正常、可靠。

（5）检查电抗器温升应正常。

（6）检查电流表、功率因数表,应指示准确。

（7）无功功率就地补偿装置的每年定期维修,应符合下列规定:

①高压熔断器检查瓷盒或瓷盖断裂、插口处触头氧化、插口处弹力不足产生过热或触头氧化情况;

②检查放电指示灯,高压放电电压互感器的连接线与接地应紧固可靠;

③检查电流表、功率因数表,应准确。

3　无功功率自动补偿装置日常维修养护,应符合下列的规定:

（1）做好日常清洁保养工作,保持内外部清洁与通风散热通畅。

（2）交流接触器的日常维修养护参照《低压配电装置的定期维修项目与要求一览表》。

（3）检查放电指示灯。

（4）检查电流表、功率因数表,应完好并指示准确。

（5）检查自动补偿控制仪,应工作正常,能有效地自动补偿无功功率。

（6）每年一次无功功率自动补偿装置定期维修,应符合下列规定:

①交流接触器的维修参照《低压配电装置的定期维修项目与要求一览表》;

②检查无功功率自动补偿控制仪;

③检查电流表、功率因数表应准确。

7.8.15　直流电源装置

直流电源装置的维护,应符合下列规定:

1　整流电源装置

（1）做好日常清洁保养工作,整流装置应清洁无尘垢;

（2）交直流回路的绝缘电阻应符合要求;

（3）元器件应接触良好,无损坏和过热等现象;

（4）工作电源与备用电源的自动切换装置应可靠。

2 直流系统

(1)做好蓄电池室及蓄电池的日常清洁保养工作,保持室内通风、照明良好,室内温度不低于 10 ℃;

(2)蓄电池应以浮充电方式运行,并经常处于满充状态;

(3)检查直流绝缘监视装置,正负两极对地电压应为零;

(4)充电装置工作状态、电压、电流以及蓄电池温度均应正常。

3 蓄电池

(1)检查蓄电池运行温度宜在 10~30 ℃,最高不得超过 45 ℃,如允许降低容量,则最低温度可低于 10 ℃,但不得低于 0 ℃;

(2)检查蓄电池控制的母线电压应保持在 220 VDC(110 VDC),变动不应超过±2%;

(3)检查蓄电池外壳应完整,无破裂、漏液,极板无硫化、弯曲与短路;

(4)每六个月检查一次,蓄电池与导线连接处应无腐蚀,连接应牢固无松动;

(5)每年一次容量校对性充放电;

(6)测量每个蓄电池的电压,如过低或为零,应查明原因进行恢复性处理或更换。

7.8.16 继电器保护装置与二次线路

1 继电器保护装置的日常维修养护,应符合下列规定:

(1)清扫继电器外壳及内部的灰尘。

(2)检查继电器外壳应完整无损,外壳与底座结合应严密。外部接线螺丝无松动,继电器整定值指示位置准确、清晰。

(3)检查电磁式、感应式继电器动作应灵活,转轴的纵、横向窜动范围应适当。所有接点、支持螺丝、螺母应无松动,接点无烧毛,各焊点牢靠,弹簧无变形。

(4)微机综合继电保护装置,应显示正常、清晰,插口接触可靠。

(5)各种信号指示、光字牌、音响信号运行正常。

(6)继电保护装置的每年定期维护,应符合下列规定:

①检验开关量输入输出回路;

②检测保护功能、通信口与上位机数据交换;

③对各种继电器进行整定。

2 二次线路的检查与维护,应符合下列规定:

(1)清扫柜内积灰,检查各种元件的标志不应有脱落;

(2)二次线路接线应完好,绝缘无老化,测量绝缘电阻应符合要求;

(3)检查各指示灯应完好;

(4)检查断路器及隔离开关的辅助触点,应无烧毛及氧化;

(5)检查互感器二次侧接地应牢靠,二次交直流控制回路应完好;

(6)清除二次线路端子与接头的表面氧化层,并紧固牢靠,不得有松动。

7.8.17 UPS 电源

UPS 电源的日常维修养护,应符合下列规定:

1 检查 UPS 电源的输入电压、输出电压、输出电流、频率等数据;

2 检查 UPS 配电柜内设备运行情况;

3 检查是否有其他用电设备接入供电系统；

4 检查 UPS 蓄电池液位是否满足要求；

5 每年对蓄电池进行一次充放电维护。

7.8.18 柴油发电机

柴油发电机的日常维修养护，应符合下列规定：

1 清扫柴油发电机，检查发动机机脚紧固性，防止橡胶件和塑料件与燃油和润滑油接触，不要用有机洗涤剂清洗，只能用干布擦净；

2 备用状态时，每月启动空运转 1 小时以上；

3 空气进气管检查进气侧泄漏或损坏；

4 发电机传动检查三角皮带的张紧和损坏情况；

5 风扇传动检查三角皮带的张紧和损坏情况；

6 配气机构检查气门间隙；

7 检查燃油双联滤器；

8 机油旧油取样分析，必要时更换机油并更换机油滤清器；

9 检查发动机冷却水泵排泄孔；

10 检查增压器转动灵活性；

11 必要时更换空气滤清器；

12 检查蓄电池检查充电情况及电池组情况；

13 检查发动机电缆及监控系统，检查监控单元功能。

7.8.19 仪表与自控

仪表与自控的日常维修养护，应符合下列规定：

1 仪表安装应牢固，现场保护箱应完好、无腐蚀；

2 仪表接地应牢固可靠；

3 仪表供电与过电压保护必须可靠；

4 仪表传感器表面应保持清洁，发现污物应及时清洗；

5 仪表显示应正常，否则应及时检查、分析原因，并做好记录；

6 仪表传感器每月至少清洗一次，清洗后应进行零点和量程检查；

7 自动清洗的传感器，其自动清洗装置每月至少检查一次；

8 流量计应按使用要求，定期委托具有资质的计量单位进行标定；

9 水泵机组检测仪表应按使用维护说明定期校验。

10 检查计算机监控系统及其通信网络系统，应运行正常；

11 检查就地控制系统，运行应正常；

12 检查各自控元件，如执行元件、信号器、传感器等，工作应正常；

13 各级控制应正常、可靠；

14 监视系统应正常，调节控制可靠、图像清晰；

15 显示、音响报警信号系统应正常、可靠；

16 UPS 电源供电应正常，供电容量、时间符合产品要求；

17 仪表、信道及电源的过电压保护应可靠、有效；

18 如软件修改或重新设置,应将修改中设置前后的软件分别备份,并做好修改记录;

19 如运行中出现问题,应详细记录并上报;

20 自控系统的设备定期维护必须按照用户手册的说明要求进行;

21 每半年一次对 PLC、通信设施、通信接口进行检查与维护及工况、性能校验;

22 每半年一次对就地(现场)控制系统各检测点的模拟量及数字量校验;

23 每半年一次检查设备的手动、自动与遥控的控制功能以及控制级的优先权;

24 每半年一次测试自控系统的故障、声光报警点、保护、自启动及通信等功能;

25 每年至少一次检查与检测自控系统的接地(接零)、防雷与过电压保护设施;

26 每半年一次检查与维护自控系统供电装置;

27 每年至少一次检查与维护监控室的防静电设施;

28 每月一次对视频监视系统维护保养,清洁摄像头、润滑云台,清除接线端子与线头的氧化物及灰尘;

29 加强对计算机的网络安全管理,定时杀毒,及时更新杀毒软件;

30 定期对运行数据备份,对技术文档应妥善保管。

7.9 金属结构设备维修养护标准

7.9.1 拦污栅

拦污栅的日常维修养护,应符合下列规定:

1 及时清除拦污栅片上的垃圾及污物;

2 及时冲洗拦污栅平台,保持环境清洁;

3 检查拦污栅片,如有松动、变形与腐蚀,则应及时整修。

4 每年一次对碳钢拦污栅进行防腐涂漆处理;

5 碳钢拦污栅如腐蚀严重、影响机械强度,则应调换。

7.9.2 闸门与启闭设备

7.9.2.1 铸铁闸门

铸铁闸门的日常维修养护,应符合下列规定:

1 检查与观测闸门门体,不得有裂纹、损裂等现象;

2 闸门吊点处不得有裂纹或其他缺陷;

3 检查闸门的渗漏,应在规定的范围内;

4 检查闸门在启闭过程中的工作情况,应无异常的振动与卡阻;

5 每两年一次检查与维修门框、门板及导向支承;

6 每两年一次检查与维修闸门连接杆、揳紧块、推力螺母及密封面;

7 不经常启闭的闸门应每月启闭一次,检查运行工况、丝杆磨损、密封及腐蚀情况。

7.9.2.2 螺杆启闭设备

螺杆启闭设备的日常维修养护,应符合下列规定:

1 做好启闭设备的清扫养护工作;

2　检查启闭设备运行工况应正常；

3　检查传动机构，油箱应润滑良好，无渗漏油现象；

4　不经常运行的启闭设备，连同闸门应每月启闭一次，检查运行工况以及丝杆磨损、锈蚀、填料密封、润滑油渗漏等现象；

5　每年一次检查与维修；

6　螺杆、螺母应无裂纹或较大磨损，一般不超过螺纹厚度的20%，否则应调换；

7　螺杆及压杆的弯曲不超过产品的技术规定，否则应进行校直；

8　螺杆与吊耳连接，应牢固可靠。

7.9.2.3　启闭设备电动装置

启闭设备电动装置的日常维修养护，应符合下列规定：

1　做好启闭设备电动装置外壳及机构的清扫工作，并保持清洁；

2　经常检查启闭设备电动装置的运行工况，应运行平稳、无异声，无渗漏油、无缺油及限位正确可靠；

3　检查动力电缆、控制电缆的接线，应无松动，接线可靠；

4　检查电控箱及电气元器件应完好，工作正常；

5　每月一次拉动操作手轮检查手动、电动操作切换装置，应手感啮合良好；

6　经常检查自控系统中启闭设备电动装置的运行工况，必须与实际工况一致。

7　每年一次加注或调换减速箱润滑油；

8　每年一次检查、清扫与维修电动装置内的各种电气元件与其触点，并调换不符合要求的电气元件；

9　每年一次检查、调整行程与过力矩保护装置，行程指示必须准确，过力矩保护机构必须动作灵敏，保护可靠；

10　每三年一次解体养护维修，清洗或更换轴承、更换油箱密封件、清洗油箱与齿轮、检查齿轮磨损情况以及检查电机、电器各部件等；

11　解体维修后，必须重新调整行程、限位与过力矩保护，必须达到产品技术要求；

12　解体维修后，应与启闭设备、闸门以及自控系统联动试运行，必须达到设计要求。

7.9.2.4　潜孔式弧形工作钢闸门

潜孔式弧形工作钢闸门定期维护保养，应符合下列要求：

1　门体上应有的落水孔，保证梁格内的积水排泄畅通、无沉积物及其他杂物。

2　闸门防腐蚀涂层应保持完好。如有起皮、脱落现象，应查明原因进行修复。

3　各部位连接螺栓锈损、松动或丢失，应及时配齐、拧紧（高强螺栓连接应按规定力矩拧紧）。发现断裂时，应查明原因采取相应措施。

4　闸门发生振动时，应查明原因，采取措施消除或减轻振动。

5　闸门的止水橡皮不得与任何非止水部位及混凝土面发生摩擦。

6　弧门铰座地脚螺栓不得有松动现象。

7.9.2.5　深孔式弧门液压启闭机

液压启闭机定期维护保养，应符合下列要求：

1　液压缸及活塞杆维护应符合下列要求：

（1）液压缸各部位及其与支座的连接螺栓均不得松动,弹簧垫圈断裂或失效应予更换。

（2）及时清理活塞杆行程内的障碍物,避免活塞杆受到刮划和摩擦。

（3）长期暴露于缸外或处于水中的活塞杆应有防腐蚀保护措施。

（4）当空气进入油缸内部时,应用排气阀缓慢放气;若无排气阀,可用活塞以最大行程往复数次,强迫排气。

2 油泵、阀组及仪表维护应符合下列要求:

（1）擦拭油泵、阀组元件、油压表、油温表等指示仪表,各部位均不得有渗漏现象。

（2）定期校验并调节减压阀、节流阀、溢流阀和各种仪表,保持其动作灵活,指示准确。

3 油箱、管路及液压油维护应符合下列要求:

（1）保持油箱及管路清洁整齐,油位明晰。油箱及管路附近不得堆放易燃物,且应备有消防器具。

（2）清洗空气过滤器、吸油滤油器、回油滤油器、注油孔及隔板滤网,如有损坏应及时更换。

（3）空气过滤器颗粒干燥剂变色时应取出烘干、晒干或更换。

（4）管路固定牢固,如有振动、摩擦应及时处理。

4 液压油维护应符合下列要求:

（1）保持环境整洁,正确操作,防止水分、杂物或空气混入。

（2）油箱口、油管口、滤油机口、临时油桶等必须保持清洁,无灰尘、水分。

（3）使用液压油要注意防火安全,消防措施必须齐备可靠。

（4）油箱中的液压油应保持正常的液面,液面下降必须补油。补油必须符合系统规定的液压油牌号并对新油进行过滤,过滤精度不得低于系统的过滤精度。

（5）液压油在使用过程中会逐渐老化,老化时应及时更换。

7.9.3 金属结构大修项目及要求

金属结构大修项目及要求见附录 7.9-1。

7.10 辅助设备与设施维修养护标准

7.10.1 起重设备的维护

起重设备的维护应按国家现行规程《起重机械监督检验规程》执行。

7.10.1.1 电动葫芦

1 电动葫芦的日常养护,应符合下列规定:

（1）检查钢丝绳、索具,应完好,每季至少一次对钢丝绳、索具涂抹防锈油;

（2）检查升降及行走机构,运行应灵活、稳定、制动可靠;

（3）检查升降及行走机构的限位,位置应准确、可靠;

（4）检查电控箱及手控按钮箱,应正常可靠;

（5）检查接地线,应连接牢靠,如有锈蚀,应涂油漆。

2 电动葫芦的定期维修,应符合下列规定:

(1)每年至少一次清扫电动葫芦,外部应保持清洁。

(2)每年一次检查电动葫芦减速箱,加注润滑油。每三至五年一次清洗减速箱并换油。

(3)每两年一次检查电动葫芦的卷扬机构、制动器、电控箱,更换磨损及损坏的机械与电气部件。

(4)每两年一次检查电动葫芦的轮箍与工字钢轨道侧面的磨损程度和工字钢轨道的挠度,如超过规定值应校正。

(5)每年一次测定接地电阻,必须符合要求。

(6)维修后的电动葫芦必须报劳动安全部门审查,并领取使用证后方可使用。

7.10.1.2 桥式起重机

1 桥式起重机的日常养护,应符合下列规定:

(1)做好日常情况保养工作,保持清洁;

(2)检查吊钩和滑轮组,钢丝绳排列应整齐;

(3)每季度至少一次对滑轮组与钢丝绳涂抹防锈油脂;

(4)检查减速箱、驱动机构、行走机构等的机械部件,适时加注润滑油脂,保持润滑良好;

(5)检查桥式起重机的大小车及升降机构,应运行平稳、良好,制动可靠;

(6)检查电源吊线、滑触线,应接触良好、可靠;

(7)检查与修整电控箱、手操按钮内的电气元件,应保持完好;

(8)检查地接线,应连接牢靠,无锈蚀。

2 桥式起重机的定期维修,应符合下列规定:

(1)每三年一次定期维修;

(2)检查与维修的主要项目与要求见表7.10-1。

表7.10-1 桥式起重机检查与维修主要项目与要求

名称	主要检查与维修项目	要求
一、桥厢	1.桥架结构连接螺栓; 2.厢形梁架焊接件	1.所有连接螺栓必须紧固牢靠; 2.焊接不得有裂纹与脱焊
二、行走机构	1.驱动机构; 2.传动轴与联轴节	1.检查磨损程度、润滑部件以及制动状况; 2.连接螺栓必须紧固牢靠

续表 7.10-1

名称	主要检查与维修项目	要求
三、传动机构		
	1.减速箱;	1.解体检查与更换磨损严重的轴承与齿轮;
	2.卷扬机;	2.钢丝绳排列应整齐,制动应可靠;
	3.钢丝绳	3.更换锈蚀严重、断裂根数超过规定的钢丝绳
四、轨道		
	1.车轮;	1.检查磨损程度及啃道现象;
	2.轨道	2.检查挠度并校正轨道
五、电气设备		
	1.滑触线或绳索吊线;	1.检查滑触线的磨损程度与接触状况,应接触良好。绳索吊线应牢靠,电缆牵引正常;
	2.限位开关;	2.检查限位开关位置应准确、固定牢靠,触点接触良好;
	3.电控箱;	3.检查与调换可靠性较差的电气元件;
	4.手操按钮	4.同上

7.10.2 其他

7.10.2.1 消防器材的管理与养护

消防器材属于强制性检查项目,应落实专人管理。消防工作应执行中华人民共和国公安部令第 61 号《机关、团体、企业、事业单位消防安全管理规定》。消防器材的管理与养护还应符合下列规定:

1 每年一次对消火栓、水枪及水龙带进行试压,应达到有关消防要求;

2 灭火器、沙桶及消防器材应按消防要求配置,定点放置、定期检查及更换并建立档案资料;

3 做好露天消防设施的防冻措施。

7.10.2.2 安全色与安全标志应符合下列规定:

1 安全色应符合现行国家标准《安全色》(GB2893—2008)的规定;

2 安全标志应符合现行国家标准《安全标志及其使用导则》(GB2894—2008)的规定。

7.10.2.3 电气安全用具的管理,应符合下列规定:

1　电气安全用具应定点放置。

2　每半年一次对绝缘手套、绝缘靴、绝缘绳做电气试验,每年一次对高压测电笔、绝缘胶垫、绝缘杆、接地棒、绝缘夹钳等做电气试验。试验合格的安全用具必须贴上合格证后方可使用。

7.10.3　辅助设备大修项目及要求

辅助设备大修项目及要求见附录 7.9-1。

7.11　输水管道维修养护标准

7.11.1　日常维修养护

管道日常维修养护项目具体内容如下:

1　应每年对管线钢制外露部分进行油漆;

2　应每两年做全线的停水检修,测定管内淤泥的沉积情况、沉降缝(伸缩缝)变化情况、水生物(贝类)繁殖情况;

3　在冬季来临之前,应检查与完善明敷管或浅埋管道的防冻保护措施;

4　河床受冲刷的地区,每年应检查一次水下穿越管处河岸护坡、河底防冲刷底板的情况;

5　每日检查调节阀运行情况,检查易松动、易损部件,减少阀门的滴、漏情况。

7.11.2　输水管线大修

输水管线大修时应按下列要求:

1　当管道严重腐蚀、漏水时,必须更换新管,其更新管段的防腐符合原设计标准,较长距离的更新管段按规定进行打压试验;

2　当输水管道大量漏水时,必须排空检修。

7.11.3　非运行期保养

1　清洁保护装置和测量仪表。

2　阀门机构涂油,盖好阀门井。

3　金属管道及附件每年进行防锈处理。

4　管道漏水适宜采用下列方法处理:

(1)采用橡胶密封圈法兰连接的接口,可通过调整传力接头进一步拧紧法兰螺栓,或更换橡胶密封圈;

(2)钢管表面采用焊接方法修补;

(3)水泥制品管可用纱布包裹水泥砂浆、混凝土加固。

5　输水管道每次通水时优先检查所有空气阀,正常后方可投入运行。

6　管线低处排空阀为每年 1 次排放积泥,根据排放水质情况,可调整排放时间、次数。

7　输水管线上的主管检修阀、空气阀前的检修阀、排空阀等阀门,每季应开关一次并进行保养。

7.12 监控系统维护养护标准

监控系统维护项目及要求见附录7.12-1。

7.13 维修养护工作流程

为规范泵站工程的维护保养工作,顺利开展工程维修养护实施工作程序和步骤,明确工作职责和要求,强化过程控制和项目管理,确保维修养护工作按规定要求实施,保持设备完好,运行安全可靠,特编制了维修养护工作流程。

7.13.1 日常维修养护流程

1 依据规范规程有关规定、设备产品使用说明书和设计要求,市级管理机构组织编制辖区内配套工程的年度日常维护计划和预算,并按照省级管理机构要求的时限上报。

2 省级管理机构审核后,将日常维护计划下达至市级管理机构和委托的维修养护单位。

3 市级管理机构组织维修养护队伍按照维护计划和日常维修养护技术标准开展维护工作。运行人员巡视检查发现需要日常维护的问题,由市级管理机构派发《维修养护工作联系单》通知维修养护单位,维修养护单位及时变更工作计划,并开展维护工作。

4 日常维修养护完成后,经市级管理机构组织验收合格,市级管理机构对维修养护队伍提交的工作量确认单进行初审、签认,报省级管理机构进入结算程序。

5 省级管理机构按照合同约定,审批日常维修养护结算费用,并及时支付合同价款。日常维修养护项目工作流程见图7.13-1。

7.13.2 专项维修养护流程

1 专项维修养护工作按照"一事一报一处理"的原则组织实施。

(1)市级管理机构对巡视检查发现的可能危及工程运行安全的设施、设备问题,属于专项维修养护内容的,应及时向维修养护单位下发维修养护工作联系单,组织维修养护单位及时开展工作。

(2)维修养护队伍在日常维修养护工作中,发现需专项维修养护的设施、设备问题,应及时编报专项维修养护建议,建议应包括:发现的问题、位置、处置建议及初步方案、工程(工作)量估算、项目预算(包括各类预算表、编制说明和相关附件)、备品备件及维修养护专用工具采购建议等内容。

2 对发生的专项维修养护项目,单项维护费用在30万元以下的,由市级管理机构审批实施,报省南水北调办备案;单项维护费用在30万元以上(含30万元)的,由市级管理机构初审提出明确意见后,报省级管理机构审批。

3 批准的专项维修养护方案实施过程中需调整的,维修养护队伍应编报补充方案,经市级管理机构现场审核签认,履行程序后组织实施。

4 专项维修养护项目完工后,维修养护项目承担单位应组织有关人员进行项目自验,自验合格后应向验收组织机构提交《河南省南水北调配套工程维修养护项目验收申

图 7.13-1 日常维修养护项目工作流程

请报告》(见附录 7.13-1),并填写《河南省南水北调配套工程维修养护项目完工验收表》(见附录 7.13-2)。专项维修养护项目经市级管理机构验收合格后,维修养护单位将经市办同意的专项维修养护工作方案、现场签认单、验收单和报价申请单报市级管理机构,市级管理机构审核单项维护费用在 30 万元以下的,由市级管理机构审批实施,报省级管理机构备案;市级管理机构审核单项维护费用在 30 万元以上(含 30 万元)的,由市级管理机构提出初审意见后,报省办审批。

5　审批完成后,省级管理机构依据合同向维修养护单位支付专项维护款。

专项维修养护项目工作流程见图 7.13-2。

7.13.3　应急抢险流程

1　应急抢险工作按照"一事一报一处理"的原则组织实施。

2　应急抢险工作按照市办的要求组织实施。鉴于应急抢险工作的特殊性,需先期编制应急抢险预案。市办应根据其管理区内的工程实际,按照设备、管材、建(构)筑物运行工况,分别编制应急抢险预案。

3　维修养护单位应急抢险常备人员接市办通知后,应立即到场组织实施应急抢险作业,确保高效、准确有序地采取应急行动,控制灾害和事故的扩大,及时补救,最大限度地减少损失。应急抢险项目实施过程中,市级管理机构与现地管理机构对投入应急抢险工作的人员及设备、实物工程(工作)量及时进行签认。

4　应急抢险费用审批程序及流程同专项维修养护项目。

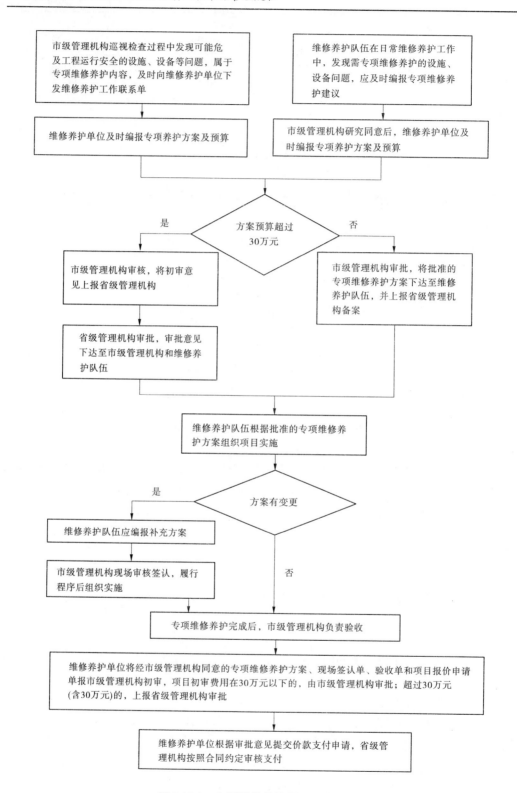

图 7.13-2 专项维修养护项目工作流程

8 安全管理

8.1 一般规定

1 泵站工程管理单位应建立、健全安全管理组织,明确安全生产岗位责任制,制定安全管理制度。

2 根据泵站设备状况制定事故预案,运行、管理人员应熟练掌握。

3 根据泵站特点制定防洪预案,泵站工程所在的堤防地段,应按防汛有关规定做好防汛抢险技术和物料准备工作。

4 从事泵站运行、检修、试验人员应熟悉《电力安全工作规程(发电厂和变电所电气部分)》(GB26860),严格执行两票三制(操作票制度、工作票制度、交接班制度、巡回检查制度、设备轮换修试制度)。

5 各类作业人员应定期接受相应的安全生产教育和岗位技能培训,经考核合格后方可上岗,每年不少于1次。特种作业人员应经专业技术培训,并经实际操作及有关安全规程考试合格后,取得合格证后方可上岗作业。

6 消防设施按规范配置,应定期检查,保证消防设施完好。

7 泵站工程管理范围内应设置安全警示标志和必要的防护设施。

8 泵站运行、检修中应根据现场情况采取防触电、防高空坠落、防机械伤害和防起重伤害等安全措施。

在生产经营活动中,为了避免造成人员伤害和财产损失的事故应采取相应的事故预防和控制措施,以保证从业人员的人身安全,保证生产经营活动得以顺利进行。

8.2 安全运行

1 泵站设备、设施投运前应按本规程有关规定,经试验、检测、评级合格,符合运行条件,方可投入运行。

2 泵站运行现场应有主接线图、设备巡视路线图及有关运行、巡视、检修、试验、调试等各类记录。

3 泵站运行期间,单人负责电气设备值班时不应单独从事修理工作。

4 高压设备的巡视应符合下列要求:

(1)高压电气设备巡视检查应由具备一定运行经验并经泵站主管部门批准的人员进行,其他人员不应单独巡视检查(高压电气设备巡视检查可单人进行,高压电气设备操作应两人进行);

(2)雷雨天气需要巡视室外高压设备时,应穿绝缘靴,并不应靠近避雷器和避雷针;

（3）高压设备发生接地故障时，室内人员进入接地点 4 m 以内、室外人员进入接地点 8 m 以内，均应穿绝缘靴，接触设备的外壳和构架时，还应戴绝缘手套；

（4）设备不停电时，人员在现场应符合表 8.2-1 中的安全距离要求。

表 8.2-1　设备不停电时的安全距离　　　　　　　　　　（单位：m）

电压等级（kV）	安全距离
≤0.4	0.7
≤10	0.7
≤35	1.0

5　绝缘电阻测量应符合下列安全规定：

（1）测量高压设备绝缘时，操作人员不应少于 2 人；

（2）确认被测设备已断电，并验明无电压且无人在设备上工作后方可进行；

（3）连接测量仪表与被测设备和测量仪表接地的导线，其端部应带有绝缘套；

（4）在测量后，对被测设备进行对地放电。

6　泵站主要设备的操作应执行操作票制度，采用计算机监控的泵站当监控系统故障需进行现场操作时，也应执行操作票制度，操作票的内容和格式应符合本规程附录5.4-3的规定。

（1）运行过程中，下列操作应执行操作票制度：

①投入或退出总电源（联络通知单）；

②投入、退出主变及站用变压器；

③开停主机；

④高压母线带电情况下试合闸。

（2）电气设备实行监护操作时由两人执行，其中对设备较为熟悉的 1 人做监护。特别重要和复杂的操作，由熟练的值班员操作，值班长监护。如为单人值班时运行人员根据发令人用电话传达的操作指令填用操作票，应复诵无误。实行单人操作的设备、项目及运行人员应经泵站运行管理单位批准，人员应通过专项考核。

（3）操作中发生疑问时，应立即停止操作并向值班负责人报告，弄清问题后，再进行操作，不应擅自更改操作票，不准随意解除闭锁装置。

（4）为防止误操作，高压电气设备都应安装完善的防误操作闭锁装置。该装置不应随意退出运行，停用防误操作闭锁装置应经泵站主管负责人批准（运行时闭锁装置不应解除，只有在检修和试验时方可解除）。

7　电气设备停电后，即使是事故停电，在未拉开有关隔离开关（刀闸）和做好安全措施以前，不应触及设备或进入遮拦，防止突然来电。

8　在发生人身触电事故时，为了解救触电人，可以不经许可，即行断开有关设备的电源，但事后应报告上级。

9 下列各项工作可以不用操作票,但操作应记入操作记录簿内:

(1)事故应急处理;

(2)拉合断路器(开关)的单一操作。

10 电气绝缘工具应在专用房间存放,由专人管理,并按规定进行试验。

11 遇有电气设备着火时,应立即将有关设备的电源切断,然后进行灭火。对带电设备应使用干式灭火器,不应使用泡沫灭火器灭火。对注油设备可使用泡沫灭火器或干沙等灭火。

12 在屋外变电所和高压室内搬动梯子、管子等长条形物件,应平放搬运,并与带电部分保持足够的安全距离。在带电设备周围严禁使用钢卷尺、皮卷尺和线尺(夹有金属丝者)进行测量工作。

13 旋转机械外露的旋转体应设安全护罩。

14 用绝缘棒分合刀闸或经传动机构分合刀闸和开关,操作人员应戴绝缘手套。雨天操作室外高压设备时,绝缘棒应有防雨罩,操作人员应穿绝缘靴。

8.3 安全检修

1 泵站工作人员进入现场检修、安装和试验应执行工作票制度。对于进行设备和线路检修,需要将高压设备停电或做安全措施者,应填写第一种工作票;对于低压带电作业者应填写第二种工作票。工作票的格式应符合本规程附录5.4-4的规定(工作票填写内容应全面,并按规定认真执行)。

2 工作票签发人安全责任:

(1)确认工作必要性和安全性;

(2)确认工作票上所填安全措施正确、完备;

(3)确认所派工作负责人和工作班人员适当、充足。

3 工作负责人(监护人)安全责任:

(1)正确、安全地组织工作;

(2)确认工作票所列安全措施正确、完备,符合现场实际条件,必要时予以补充;

(3)工作前向工作班全体成员告知危险点,督促、监护工作班成员执行现场安全措施和技术措施。

4 工作许可人(值班负责人)安全责任:

(1)确认工作票所列安全措施正确完备,符合现场条件;

(2)确认工作现场布置的安全措施完善,确认检修设备无突然来电的危险;

(3)对工作票所列内容有疑问,应向工作票签发人询问清楚,必要时应要求补充。

5 工作班成员安全责任:

(1)熟悉工作内容、工作流程,掌握安全措施,明确工作中的危险点,并履行确认手续;

(2)遵守安全规章制度、技术规程和劳动纪律,执行安全规程和实施现场安全措施;

(3)正确使用安全工器具和劳动防护用品。

6 在全部停电或部分停电情况下对机械及电气设备进行检修时,应停电、验电、装设接地线,并应在相关刀闸和相关地点悬挂标示牌和装设临时遮拦,标示牌样式见本规程表8.8-1。同时,应符合下列要求:

(1)停电措施,将检修设备停电,应把所有的电源完全断开。与停电设备有关的变压器和电压互感器,应从高、低压两侧断开,防止向停电检修设备反送电。

(2)验电措施,当验明设备确已无电压后,将检修设备接地并三相短路。

(3)装设接地线应由两人进行,接地线应先接接地端,后接导体端。拆接地线的顺序相反。装、拆接地线均应使用绝缘棒或绝缘手套。

7 带电作业应在良好天气下进行。如遇雷、雨、雪、雾不应进行带电作业,风力大于5级或湿度大于80%时,不宜进行带电作业。

8 带电作业应设专人监护。监护人应由有带电作业实践经验的人员担任。监护人不应直接操作。监护的范围不应超过一个作业点。复杂的或高杆上的作业应增设监护人。

9 在带电作业过程中如设备突然停电,作业人应视为仍然带电。工作负责人应尽快与上级变电所联系,上级变电所值班人员在与工作负责人取得联系前不应强送电(带电作业时执行工作票时安全注意事项)。

10 任何人进入维修作业现场(办公室、控制室、值班室除外)应正确佩戴安全帽。登高作业人员应使用安全帽、安全带。高处工作传递物件不应上下抛掷。登高作业安全工具应按本规程表8.7-1进行试验。

11 雷电时,禁止在室外变电所或室内架空引入线上进行检修和试验。

12 在潮湿或电动机、水泵、金属容器等周围均属金属导体的地方工作时,使用手持行灯电压不应超过36 V。行灯隔离变压器和行灯线应有良好的绝缘和接地装置。

13 检修动力电源箱的支路开关均应装漏电保护器,并定期检查和试验。

14 禁止在带有压力(液体压力或气体压力)的设备上或带电的设备上进行焊接,在特殊情况下需在带压和带电的设备上进行焊接时,应采取安全措施,并经单位负责人批准。

15 检修用起重设备应经检验检测机构检验合格,并在特种设备安全监督管理部门登记。起重作业人员在作业中应严格执行起重设备的操作规程和有关的安全规章制度。

8.4 安全事故处理

1 处理事故应遵守下列规定(发生事故时现场保护):

(1)限制事故扩大,消除事故根源,解除对人身和设备的威胁;

(2)在不致事故扩大的原则下,确保未发生事故的设备安全运行;

(3)事故发生后值班人员应及时向调度及泵站管理负责人报告。

2 事故发生后,值班人员应坚守岗位,如发生在交接班时,应由交班人员处理,接班人员在现场协助。

3 发生事故时严禁无关人员进入事故现场。

4 泵站工程事故发生后应按下述规定处理：

（1）工程设施和机电设备发生一般事故，泵站工程管理单位应立即组织负责人、技术主管、安全领导小组成员组成事故调查组，查明原因，及时处理；

（2）工程设施和机电设备发生重大事故，泵站工程管理单位应及时报告上级主管部门，并协同调查处理，抢修工程和设备；

（3）发生人身伤亡事故时，泵站工程管理单位应及时报告上级主管部门，并保护现场，由上级组织有关人员进行事故调查并做处理；

（4）事故调查处理应坚持"四不放过"的原则。

"四不放过"原则为：

①事故原因未查清不放过；

②事故责任人未受到处理不放过；

③事故责任人和周围群众没有受到教育不放过；

④事故指定的切实可行的整改措施未落实不放过。

8.5 安全设施管理

8.5.1 消防设施

消防设施应按照行业规定设置，建档挂牌，定期检查，限期报废。

1 灭火器。灭火器配置合理，定点摆放，压力符合要求，表面无积尘。

2 消防栓箱：

①消防箱。消防箱体无锈蚀、变形，箱内无杂物、积尘，玻璃完好，标识清晰，箱内设施齐全。

②水带及水枪。水带无老化及渗漏，水带及水枪在箱内按要求摆放整齐，不挪作他用。

8.5.2 电气安全用具

电气安全用具的要求和试验周期见表8.5-1。

常用电气绝缘工具试验见附录8.5-1。

表8.5-1　电气安全用具的要求和试验周期

序号	名称	要求	试验周期
1	绝缘手套	定期进行工频耐压试验合格，试验标签贴于手套上，在专用橱柜定点摆放，保持完好	6个月
2	绝缘靴	定期进行工频耐压试验合格，试验标签贴于绝缘靴上，在专用橱柜定点摆放，保持完好	6个月
3	绝缘杆	定期进行工频耐压试验合格，试验标签贴于绝缘杆上，在专用橱柜定点摆放，保持完好	1年

续表8.5-1

序号	名称	要求	试验周期
4	验电器	定期进行工频耐压试验合格,试验标签贴于验电器上,在专用橱柜定点摆放,保持完好	6个月
5	接地线	定期进行直流电阻及工频耐压试验合格,试验标签贴于接地线上,在专用橱柜定点摆放,保持完好	6个月

8.5.3 劳动防护用品

1 安全帽。安全帽应具有产品合格证和安全鉴定合格证书,1年进行1次检查试验,不用时由管理所统一管理,摆放整齐,保持清洁。

2 安全带。安全带应具有产品合格证和安全鉴定合格证书,1年进行1次检查试验。不用时由管理所统一管理,保持完好。

8.6 特种作业

1 特种作业人员在作业中应严格执行操作规程及有关安全规章制度。

2 桥式起重机操作规定:

(1)每年主机大修前,应对行车的机械和电气设备、钢丝绳、吊钩、制动器、限位器等进行检查,有条件时主钩应进行重物试吊;

(2)送电前,检查所有控制器的手柄应都在零位;

(3)起吊重物,必须明确指挥人员,并严格执行指挥信号,信号不清楚时严禁开车,开车前必须鸣铃示警;

(4)被起吊物应吊挂牢固,并进行试吊,指挥人员确认无误方可起吊;

(5)运行中一有停车信号,必须立即停止;

(6)严格禁止吊物从工作人员和重要设备上方通过,严格禁止被吊物上站人;

(7)被吊重物严禁在空中长期停留;

(8)遇有故障时,必须立即停止工作,排除故障后方可再次投入运行;

(9)工作中突然断电时,应将所有的控制器手柄扳回零位;

(10)行车主、副钩不应同时开启,严禁同时起升或下降,严禁超负荷吊运;

(11)除特殊情况外,不得利用打反车进行制动;

(12)操作结束,行车应停在指定位置,主、副钩应升至上限,所有控制器手柄置零位,并切断电源。

3 金属切割焊接操作规定:

(1)电焊工作要有专人负责,离焊接处5 m以内不得有易燃易爆物品,工作地点通道宽度不得小于1 m。高空作业时,火星所达到的地面上下没有易燃易爆物。

（2）施焊地点应距离乙炔瓶和氧气瓶 10 m 以上。

（3）不得在油库内储有汽油、煤油、挥发性油脂等易燃易爆物的容器上进行焊接工作。

（4）不准直接在木板或木板地上进行焊接。

（5）焊接人员操作时，必须用面罩，戴防护手套，必须穿棉质工作服和皮鞋，以防灼伤。

（6）焊接工作停止后，应将火熄灭，待焊件冷却，并确认没有焦味和烟气后，操作人员方能离开工作场所。

8.7 起重设备及工具使用要求

8.7.1 桥式起重机

1 管理资料齐全，经 2 年 1 次检测合格。桥式起重机外观整洁，无积尘，无蜘蛛网。驾驶舱内壁有操作规程，大梁上醒目处设有行车允许起吊重量及"安全第一"警示标牌。

2 行车轨道平直，轨道上无异物。螺栓紧固，滑线平直，接线可靠，指示信号灯完好，急停开关可靠。

3 齿轮箱及滑轮无明显渗漏油，钢丝绳符合规定要求。

4 过载保护及起重量限制器完好，限位开关齐全且动作可靠。

5 设备停用时小车及吊钩应置于规定位置。

8.7.2 电动葫芦

1 电动葫芦应定期检查合格，记录齐全，有足够的润滑油，有防护罩，外观清洁，电缆绝缘良好，控制器灵敏可靠。

2 行走机构完好，制动器无油污，动作可靠，制动距离在最大负荷时不得超过 80 mm。

3 电动葫芦使用前应进行静负荷和动负荷试验，不工作时，禁止把重物悬于空中，以防零件产生永久变形。

4 钢丝绳使用符合要求。

8.7.3 手拉葫芦

1 手拉葫芦操作前必须详细检查各个部件和零件，包括链条的每个链环，情况良好时方可使用，使用中不得超载。

2 手拉葫芦起重链条要求垂直悬挂重物，链条各个链环间不得有错扭。

3 手拉葫芦起重高度不得超过标准值，以防链条拉断销子，造成事故。

4 手拉葫芦应定期检查保养，对不符合使用要求的及时报废更新。

8.7.4 千斤顶

1 千斤顶的起重能力不得小于设备的质量，几台千斤顶联合使用时，每台的起重能力不得小于其计算载荷的 1.2 倍，避免因不同步造成个别千斤顶因超负荷而损坏。

2 使用千斤顶的基础必须稳固可靠。

3 载荷应与千斤顶轴线一致,在作业过程中严防发生千斤顶偏歪的现象。

4 千斤顶的顶头或底座,与设备的金属面或混凝土光滑接触时,应垫硬木块,防止滑动。千斤顶的顶升高度不得超过有效顶程。

5 几台千斤顶抬起 1 件大型设备时,无论起落均应细心谨慎,保持起落平衡。

8.7.5 钢丝绳

1 钢丝绳无断股、打结、断丝,径向磨损应在规定范围内。

2 钢丝绳定期检查保养,摆放整齐,对不符合要求的应及时报废更新。

3 钢丝绳应按照起重重量分类管理,钢丝绳上应有允许起重重量标识。

8.7.6 登高器具

1 梯子应检查完好,无破损、缺档现象,否则应及时报废更新。

2 在光滑坚硬的地面上使用梯子时,梯脚应套上防滑物。

3 梯子应有足够的长度,最上两档不应站人工作,梯子不应接长或垫高使用。

4 工作前应把梯子安放稳定,梯子与地面的夹角宜为60°,顶端应与建筑物靠牢。

5 在梯子上工作时要注意身体平稳,不应 2 人或数人同时站在 1 个梯子上工作。

6 使用梯子宜避开机械转动部分以及起重、交通要道等危险场所。

7 登高安全工具试验标准见表 8.7-1。

表 8.7-1　登高安全工具试验标准

名称		试验静拉力 (kg)	试验周期	外表检查 周期	试验时间 (分)	备注
安全带	大皮带	225	每半年试验 1 次	每月 1 次	5	
	小皮带	150		每月 1 次	5	
安全绳		225	每半年试验 1 次	每月 1 次	5	
升降板		225	每半年试验 1 次	每月 1 次	5	
脚扣		100	每半年试验 1 次	每月 1 次	5	
竹(木)梯			每半年试验 1 次	每月 1 次	5	试验荷重 180 kg

8.7.7 压力容器

1 储气罐应注册建档,保持清洁。

2 安全阀应每年检测,保持动作灵敏。

3 压力表计灵敏可靠,接口无漏气现象。

8.8　安全管理制度

8.8.1　安全工作制度

1　安全组织网络健全,职责明确,制度齐全,实行标准化管理。

2　按照各类安全生产文件及通知要求开展安全生产活动。

3　建立健全安全领导小组和消防领导小组,组长由管理所主要负责人担任,兼职安全员和消防员不少于 1 名。

4　安全领导小组每月活动 1 次,学习有关安全文件,制订安全月度计划,总结安全工作,每月开展 1 次安全综合检查。

5　消防领导小组每季度活动 1 次,学习消防知识,落实消防工作,检查消防器材。

6　对新职工认真进行"三级教育"(市级教育、站级教育、岗位教育),每月组织 1 次全所职工学习安全技术规程和安全业务知识,安全月报及时上报。

7　组织职工积极参加管理处组织的安全生产宣传教育活动,不得无故缺席。

8　按照安全管理要求落实好各类安全措施,确保安全设施完好,及时消除安全隐患。

9　安全生产活动记录齐全,安全生产台账规范填写。

10　规范特种设备和特种作业人员的管理,做到设备定期检测合格,人员持证上岗。

11　认真做好安全生产的"五同时",切实做到时时讲安全,事事抓安全,不断提高安全生产、文明生产的水平。

8.8.2　安全检修制度

1　泵站工作人员进入现场检修、安装和试验时必须执行《电力安全工作规程》的工作票制度,认真填写第一种或第二种工作票(工作票格式见附录 5.4-4);口头命令的工作,值班员应将发令人、工作负责人及工作任务详细记入值班记录中。

2　检修时工作票的签发人应经处审批并备案,其他人员无权签发工作票。工作票签发人、工作负责人、工作许可人应严格履行安全职责。

3　检修工作开始前,工作票内的安全措施应准确无误,工作许可人检查核实,确认安全后,工作负责人才能带领工作班人员进行检修工作。

4　检修工作班人员应服从管理,在工作票签发的范围内工作,不得随意逗留在其他带电场所,以免发生设备和人身事故。

5　检修现场根据需要备有灭火器、安全网等必要的安全器具,进入施工现场必须佩戴安全帽,高空作业、上下交叉作业时须佩戴安全带和安全帽。

6　标示牌样式见表 8.8-1。

8.8.3　易燃易爆物品管理制度

1　引用标准

(1)国务院《易燃易爆及危险化学品安全管理条例》。

(2)公安部《机关、团体、企业、事业单位消防安全管理规定》。

表 8.8-1　标示牌样式

序号	名称	悬挂位置	式样	
			颜色	字样
1	禁止合闸，有人工作！	一经合闸即可送电到施工设备的隔离开关和（刀闸）操作把手上	白底，红色圆形斜杠，黑色禁止标志符号	黑字
2	禁止合闸，线路有人工作！	线路隔离开关（刀闸）把手上	白底，红色圆形斜杠，黑色禁止标志符号	黑字
3	在此工作！	工作地点或检修设备上	衬底为绿色，中有直径 200 mm 和 65 mm 的白圆圈	黑字，写于白圆圈中
4	止步，高压危险！	施工地点邻近带电设备的遮拦上；室外工作地点的围栏上；禁止通行的过道上；高压试验地点；室外构架上；工作地点邻近带电设备的横梁上	白底，黑色正三角形及标志符号，衬底为黄色	黑字
5	从此上下！	工作人员可以上下的铁架、爬梯上	衬底为绿色，中有直径 200 mm 白圆圈	黑字，写于白圆圈中
6	从此进出！	室外工作地点围栏的出入口处	衬底为绿色，中有直径 200 mm 的白圆圈	黑体黑字，写于白圆圈中
7	禁止攀登，高压危险！	高压配电装置构架的爬梯上，变压器、电抗器等设备的爬梯上	白底，红色圆形斜杠，黑色禁止标志符号	黑字

注：1. 在计算机显示屏上一经合闸即可送电到工作地点的隔离开关的操作把手处所设置的"禁止合闸、有人工作！""禁止合闸、线路有人工作！"的标记可参照表中有关标示牌的样式。

　　2. 标示牌的颜色和字样参照《安全标志及其使用导则》（GB2894）。

2　易燃易爆物品的定义

易燃易爆物品系指在受热、摩擦、震动、撞击、接触火源、日光暴晒等外来因素影响下，会引起燃烧、爆炸事故的物品。

3 易燃易爆物品的管理

(1)易燃易爆物品应放置在专门场所,设置"严禁烟火"标志,并设专人保管。管理人员应熟知易燃易爆物品火灾危害性和管理贮存方法,以及发生事故的处理方法。

(2)受阳光照射容易发生燃烧、爆炸的化学易爆品,不得堆放在露天或高温地点。

(3)易燃易爆物品仓库,应配备相应的消防器材,严禁吸烟。

(4)易燃易爆物品仓库,严禁非工作人员进入,工作结束后,进入防火检查,切断电源。

(5)消防通道必须畅通。

(6)易燃易爆物品应按规定指派专人购买、保管和发放。

(7)使用部门必须严格遵守责任制和操作规程,使用过程中必须采取安全防范措施,杜绝治安灾害事故和人身伤亡事故的发生。

4 易燃易爆物品的使用

(1)易燃易爆物品库贮存量不得过多,一般不许超过一个月的使用量。

(2)使用易燃易爆物品时,必须当日使用,当日领取,用多少领多少,严加保管,不准无关人员接触,如使用有剩余,必须立即退回易燃易爆物品库,不准在使用地方存放。

(3)易燃易爆物品的操作人员应熟练掌握易燃易爆物品安全性能和安全操作方法,熟练使用灭火器具。

8.8.4 安全工器具管理制度

1 安全工器具定义:防止触电、灼伤、坠落、摔跌等事故,保障工作人员人身安全的各种专用工具和器具。安全工器具分为绝缘安全工器具和一般防护安全工器具两大类。

2 建立安全工器具登记清册和日常维护保养记录档案,统一分类编号。

3 凡超过使用有效期或无合格证的安全工器具不得使用。

4 凡使用安全工器具前,操作者应认真阅读产品使用说明书,详细了解工器具的性能,掌握正确的使用方法。

5 工器具使用前后,使用者均必须进行日常外观检查。日常外观检查至少应包括以下项目:

(1)各部件是否有裂纹、变形、断股、严重磨损等,有无机械松动现象。

(2)保护接地连接是否正确、牢固可靠,电源线、电源插头是否完好无损。

(3)开关动作是否正常、灵活,电气保护装置是否良好。

(4)工具转动部件是否转动灵活、轻快、无阻滞现象,机械防护装置是否良好。

6 工器具的保管、存放应做到摆放有序、标识清楚、清册明晰、存取方便。

7 安全工器具的维护、保养

(1)所有工器具均应按照有关标准及使用说明书要求进行定期维护、保养,出现故障或者发生异常情况,应立即进行修理。在未修复前,不得使用。

(2)长期搁置不用的工器具,使用前必须进行维护、保养,并经检查、检验合格后,方可使用。

(3)工器具如不能修复或修复后仍不能达到应有的安全技术要求,必须申请报废,并做好记录、标示,单独存放。

8 安全工器具的检验

（1）定期检查、试验按照安全工器具预防性试验规程标准执行。

（2）进行定期试验、检查合格后，必须在工器具适当位置贴"合格证"。

（3）合格证内容应包括设备标号、检验日期、下次检验日期、检验单位、检验人等。

8.8.5 消防器材管理制度

1 消防器材由管理所根据消防主管部门规定统一计划购置配备，管理所应经常教育相关人员掌握消防器材的使用方法，经常教育管理人员爱护消防器材。

2 消防器材按规范合理设置，设卡登记管理。

3 配备在各部位的固定和非固定消防器材，不准随意动用，因工程、工作需要移动消防器材，应征得上级同意，所有消防器材（具）由专人负责监管。

4 定期对各种器材认真进行检查，凡配置的消防器材，发现有过期、损坏等情况的要及时进行更换、维修。火灾自动报警系统应定期检查试验，确保正常使用。

5 不得故意损坏消防器材，否则按相关法律条款处理，并照价赔偿。

6 定期开展消防培训演练，每个职工应正确掌握消防器具使用方法。

7 保持消防通道畅通，便于消防器材随时投入使用。

8.8.6 安全用电管理制度

1 带电作业人员应持证上岗，并设专人监护。监护人应由有带电作业实践经验的人员担任。监护人不应直接操作。

2 在全部停电或部分停电情况下对机械及电气设备进行检修时，应停电、验电、装设接地线，并应在相关刀闸、相关地点以及维修现场周边悬挂标示牌并装设临时遮拦。

3 在使用移动电动工具时，其电源线和插头都必须完好无损，引线应采用坚韧的橡皮线或塑料护套线。其长度不超过 5 m，且没有接头，其金属外壳必须可靠接地。

4 在带电作业过程中如设备突然停电，作业人员应视为仍然带电。工作负责人应尽快与上级变电所联系，上级变电所值班人员在与工作负责人取得联系前不应强送电。

5 在高压设备上工作，必须填写工作票，且有两人以上，完成保障技术人员安全的技术措施和组织措施。

8.8.7 特种设备安全制度

8.8.7.1 压力容器安全制度

1 压力容器要经质量技术监督局注册后方能使用，使用后应定期进行检测，压力容器操作人员应持证上岗。

2 安全阀每年检验 1 次，新安全阀安装前送专业部门检测，合格后方可安装使用。

3 压力表校验一般每年不少于 1 次。

4 压力容器不得超压运行，加强容器的维护保养，发现缺陷及时处理，确保安全，附件齐全、灵敏、可靠。

8.8.7.2 行车安全操作制度

1 行车驾驶人员职责

（1）行车驾驶员必须身体健康，视力在 0.7 以上，无色盲，听力满足具体工作条件要求，经培训考试合格，取得行车驾驶员操作证方可进行驾驶。

（2）驾驶人员应熟悉所操作行车的构造和技术性能，责任心强，有一定的维修、保养知识。

（3）行车驾驶员应准确执行指挥信号，信号不清楚时严禁开车，开车前必须鸣铃示警。

（4）操作时必须集中精力，谨慎驾驶，随时注意地面指挥人员发出的信号。

（5）严禁酒后操作。

（6）被吊物未准确落到指定位置时，严禁离开工作岗位。

（7）未弄清指挥人员发出的信号时禁止操作。

（8）遇有紧急情况，必须立即停止起吊。

（9）工作结束后，控制器的手柄都置于零位，切断电源，方可离开驾驶室。

2　行车安全操作规程

（1）行车要经质量技术监督局注册后方能使用，使用后应定期进行检测。

（2）每年主机大修前，应对行车的机械和电气设备、钢丝绳、吊钩、制动器、限位器等进行检查，有条件时主钩应进行重物试吊。

（3）送电前，应检查所有控制器的手柄都在零位。

（4）起吊重物必须明确指挥人员，起重指挥也必须经培训考试合格，取得操作证方可进行指挥。

（5）被起吊物应吊挂牢固并进行试吊，指挥人员确认无误方可起吊。

（6）运行中对紧急停车信号，现场工作人员不论何人发出，都应立即执行。

（7）严格禁止吊物从工作人员和重要设备上方通过，严禁被吊物上站人。

（8）被吊重物禁止在空中长时间停留。

（9）遇有故障时，必须立即停止工作，排除故障后方可再次投入运行。

（10）工作中突然断电时，应将所有的控制器手柄扳回零位。

（11）行车主、副钩不应同时开动，严禁同时起升或下降，严禁超负荷吊运。

（12）除特殊情况外，不得利用打反车进行制动。

（13）操作结束，行车应停在指定位置，主、副钩应升到上限，所有控制器手柄置零位并切断电源。

（14）严格遵守"十不吊"规定，不违章指挥，不违章操作。

8.8.7.3　电、气焊工作安全制度

1　电焊工作要有专人负责，焊工必须经培训考试合格，取得操作证方可进行焊接作业。

2　离焊接处 5 m 以内不得有易燃易爆物品，工作地点通道宽度不得小于 1 m。高空作业时，火星所达到的地面上下没有易燃易爆物。

3　工作前必须检查焊接设备的各部位是否漏电、漏气，阀门压力表等安全装置是否灵敏可靠。

4　乙炔、氧气等设备必须检查各部位安全装置，使用时不得碰击、振动和在强日光下暴晒。气瓶更换前必须保持留有一定压力。乙炔瓶贮存、使用时必须保持直立，有防倾倒措施。

5　贮存过易燃物品的金属容器焊接时,必须清洗,并用压缩空气吹净,容器所有通气口打开与大气相通,否则严禁焊接。

6　施焊地点应距离乙炔瓶和氧气瓶 10 m 以上,乙炔瓶与氧气瓶的距离不小于 5 m。

7　不得在储有汽油、煤油、挥发性油脂等易燃易爆物的容器上进行焊接工作。

8　不准直接在木板或木板地上进行焊接。

9　焊接人员操作时,必须用面罩,戴防护手套,穿棉质工作服和皮鞋,以防灼伤,保证良好通风,在高空作业时应系好安全带。

10　焊接工作停止后,应将火熄灭,待焊件冷却,并确认没有焦味和烟气后,操作人员方能离开工作场所。四级风以上天气严禁使用焊接设备。

11　工作前检查电焊机和金属台必须有可靠的接地,电焊机外壳必须有单独合乎规格的接地线,接地线不得接在建筑物和各种金属管上。

12　电极夹钳的手柄外绝缘必须良好,否则应立即修理,如确实不能使用,应立即更换。

13　在焊接工作之前应预先清理工作面,备有灭火器材,设置专人看护。

14　焊接中发生回火时,应立即关闭乙炔和氧气阀门,关闭顺序为先关乙炔后再关氧气,并立即查找回火原因。

15　氧气瓶、氧气管道、减压器及一切氧气附件严禁有油脂沾污,防止因氧化产生高温。

8.8.8　安全生产检查及教育培训制度

1　项目部应经常对员工进行政治思想、职业道德、劳动纪律、安全法规、法律意识、敬业精神、事故案例等方面的安全教育。

2　员工技能培训主要由项目部综合科制订计划并统一组织,项目部应积极组织职工参加,保证学习时间及效果,同时根据本所实际开展有针对性的教育培训活动,要求每月不少于一次。

3　组织员工做好"每周一题、每月一试和每年一考"的"三个一"答题活动,积极为员工学习培训创造条件。

4　对新上岗、转岗员工开展好"三级教育"培训工作,并经考试合格方可上岗。

5　对电工、焊接与金属切割操作工、压力容器操作工等从事特种作业的人员应按照国家有关要求组织进行专业性安全技术培训,经考试合格,取得特种作业操作证方可上岗工作,并定期参加复审。

6　严格安全技术学习考核制度。对未按时参加学习及安全培训的人员,要组织补课,并进行考试,不合格者不准上岗。对在各项业务技能考试中取得优异成绩者给予表彰和奖励。

7　合同制工人及临时用工人员按照"谁用工、谁负责"的原则,由项目部组织岗前安全教育培训,并经考试合格后方能上岗。

8　项目部应做好职工安全技术教育培训记录备查,安全培训记录格式参照附录5.4-2。

8.8.9 安全事故处理、调查及报告制度

1 事故发生后应立即采取措施,组织抢救,防止事故发展、扩大,消除事故对人身和其他设备的威胁,确保正在运行的机电设备的安全运行。

2 事故发生后,值班人员应尽快向单位负责人报告。如遇重大设备事故、人身伤亡、设备事故,还应迅速向项目部汇报。事故报告内容包括发生事故的单位、时间、地点、伤亡情况和事故发生原因的初步分析等。

3 发生事故时应当保护事故现场,任何人不得擅自移动和取走现场物件。因抢救人员、国家财产和防止事故扩大而移动现场部分物件,必须做出标志。清理事故现场时,要经事故调查组同意方可进行。对可能涉及追究事故责任人刑事责任的事故,清理现场还应征得人民检察院的同意。

4 处理事故时,运行人员必须坚守工作岗位,集中注意力保持设备的继续运行,发现对人身安全、设备安全有明显和直接的危险情况时,方可停止其他设备运行。

5 值班人员处理事故时,必须沉着、冷静、措施正确、迅速。凡是不参加处理事故的人员,禁止进入事故现场。

6 值班人员应将事故从发生到各阶段的处理情况,包括事故发生时间、操作内容等做详细记录(含音响、闪光、气味、表计指示、开关位置和动作过的保护装置)。

7 发生责任事故后,管理所应按照"事故原因未查明不放过、责任人未处理不放过、整改措施未落实不放过、有关人员未受到教育不放过"的原则,认真调查处理并吸取教训,防止类似事故重复发生。

8 对及时发现重大隐患,积极排除故障和险情,保卫国家和人民生命财产安全,避免事故发生和扩大做出贡献的,应给予表彰和奖励;对不遵守岗位责任制、违反操作规程及有关安全制度所发生的各种人为责任事故,应给予责任人批评教育和处罚。

8.9 安全管理流程

8.9.1 安全检查流程
8.9.1.1 检查目的

安全检查是安全管理的重要内容,是查找和发现不安全因素、揭示和消除事故隐患、加强防护措施、预防工伤事故和职业危害的重要手段。通过安全检查,增强运行和管理人员的安全意识,加强配套工程安全生产管理,落实安全生产措施,及时发现和消除安全隐患,解决安全生产上存在的问题。通过自查、上级部门巡查等方式,加强搞好安全生产,确保工程无安全生产责任事故。

8.9.1.2 检查内容

1 查思想

检查各级管理机构运行管理人员安全意识强不强,对安全管理工作认识到不到位,贯彻执行党和国家制定的安全生产方针、政策、规章的自觉性高不高,是否树立了"安全第一,预防为主"的思想;各级领导干部应把安全工作纳入重要议事日程,切实履行安全生产责任制中的职责,关心职工的安全和健康;广大职工要人人关心安全生产,在工程进度

和安全生产发生矛盾时,服从安全需要。

2　查管理、查制度

检查工程运行过程中,安全工作要做到"五同时"。结合工程的实际情况,建立健全相关安全管理制度等。

3　查隐患

深入工程现场,检查劳动条件、劳动环境中的不安全因素。

4　查事故处理

对发生的工伤事故应遵照"四不放过",即:事故原因未查清不放过,事故责任人未受到处理不放过,事故责任人和群众未受到教育不放过,事故没有制定切实可行的整改措施不放过的原则,进行严肃认真的处理,及时、准确地向上级报告和进行统计。

8.9.1.3　检查方式

1　自查和上级部门检查

各级管理机构应制定相应的自查管理制度,同时接受上级部门的检查。

2　定期检查和非定期检查

各级管理机构应制定相应的定期自查管理制度,同时随时接受本部门领导或上级部门的检查。

8.9.1.4　检查方法

1　访谈

通过与有关人员谈话来了解相关部门、岗位执行规章制度情况。

2　查阅文件和记录

检查设计文件、作业规程、安全措施、责任制度、操作规程、检查记录等,资料应齐全有效。

3　现场观察

到运行现场查找不安全因素、事故隐患、事故征兆等。

4　仪器测量

利用一定的检测检验仪器设备,对在用的设施、设备、器材状况及作业环境条件等进行监测,以发现隐患。

8.9.1.5　适用范围

安全检查适用于配套工程各级管理机构的所有相关部门。

8.9.1.6　管理职责

现地管理机构根据省市级管理机构要求,组织开展定期安全检查、上级部门抽查、汛期汛后安全检查以及重大节庆活动检查等。

8.9.1.7　检查工作及流程

1　检查准备

(1)依据检查工作部署,确定检查对象及任务。

(2)查阅、掌握有关法规、标准、规程要求。

(3)了解检查对象性质、设备状态、可能出现的危险、危害等有关情况。

(4)制订检查计划,确定检查范围、内容、方法和步骤。

（5）下发检查通知。

2 检查过程

（1）听取工作情况汇报。

（2）查阅有关资料。

（3）现场检查。

（4）隐患整改。对检查中发现的问题要立即责令整改,不能立即整改的要限期整改,并明确整改内容、整改期限、整改责任单位和责任人。发现重大事故隐患,无法确保安全的,要及时采取措施,隐患整改情况应及时记录并上报。

（5）登记备案,资料整理收集,统一立卷归档。

3 安全检查工作流程

安全检查工作流程如图 8.9-1 所示。

图 8.9-1 安全检查工作流程

8.9.1.8 检查要求

1 安全生产日程检查每月应开展 1 次,对检查中发现的不安全因素应及时解决。

2 元旦、春节、五一、十一、中秋节等重大节假日及安全生产月期间,要求各现地管理机构组织开展安全生产大检查活动,重点检查工程安全运行、防火防盗、交通、卫生等,确保职工过一个安定祥和的节日。

3 施工期间要加强安全管理,明确施工负责人的安全职责,施工现场设安全员,做好施工作业环境、设备、工具、安保措施及操作者身体状况的逐一检查。

4 工程运行期间应重点加强工程设施检查、"两票三制"执行情况检查及值班管理制度执行情况检查等。

5 安全检查由现地管理机构负责人带领安全员进行,做好安全检查记录,发现安全隐患及时解决,必要时及时上报。

8.9.1.9 相关文件

1 《河南省南水北调配套工程安全生产管理办法(试行)》

2 《河南省南水北调受水区供水配套工程泵站管理规程》

8.10 安全管理记录

相关安全管理记录见附录8.10-1～附录8.10-6。

9　监督考核

9.1　监督检查

9.1.1　监督职责

省级管理机构负责配套工程运行管理的监督管理工作,组织配套工程运行管理工作的监督检查、考核及奖惩;省级管理机构组建飞检大队、巡查大队、稽查组,具体实施监督检查工作。

飞检大队、巡查大队、稽查组要按照工程运行管理有关规程规定及要求,认真履行监管检查职责,对配套工程运行管理单位的管理行为进行严格检查。

监督检查人员要认真负责,严格进行检查,能够及时发现问题,及时印发检查通知(报告),并督促整改。

监督检查人员开展工作时,要认真填写检查记录,留存问题图片,调查询问要有笔录。发现问题后,要及时通知有关责任单位,提出整改要求;发现重大问题要在第一时间上报省级管理机构,并同时通知有关责任单位,要求立即进行整改。

如需要对工程实体质量、设备进行检测,进一步判明工程运行状况时,应及时调集检测设备或委托专业试验检测单位开展工作,并在5天内完成试验检测并出具结果。

为提高监管检查工作质量或满足专业检查需要,可聘请部分专家参与检查工作。

监管检查工作的各种检查表格、通知、报告等要签字盖章完备,及时整理归档,装订成册,妥善保存。

9.1.2　监督检查方式

1　由巡查大队、飞检大队、稽查组承担运行管理日常监督检查工作,以形成三位一体的运行管理监督检查格局。其中,省级管理机构领导带队开展飞检工作;由巡查队伍(巡查大队)开展日常巡查工作;聘请专家组成稽查组,开展日常稽查和专项稽查工作。根据检查队伍类型,监督检查结束后分别形成巡查报告、飞检报告、稽查报告。

2　为加大监督检查力度,省级管理机构领导带队开展飞检工作,以上率下,促进市级管理机构领导带队开展本辖区内运行管理的监督检查工作。

3　由于配套工程战线长,点多面广,监督检查不追求面面俱到,所以监督检查主要采用抽查制,即每次选定泵站等重点项目、2~3条输水线路开展监督检查,并检查运行管理内业资料。对运行管理工作开展落后的市级管理机构及运管单位、近期出现较多运行管理问题的项目作为监督检查重点,并加密监督检查频次。

4　飞检应体现随机性、突然性,采用"突袭式"检查,不发通知,不打招呼,不分时间有权随时进入工程现场检查运行管理情况,有权调阅运行管理内业资料,有关单位及人员应积极配合,不得阻拦或拒绝。

飞检、巡查、稽查采取定期和不定期的检查方式,对工程运行管理单位存在的问题进行检查结果汇总,填写《工程运行管理问题检查汇总表》(其格式见附录9.1-1)。

检查单位应就检查发现的问题与被检查单位交换意见,印发整改通知或稽查报告。

9.1.3 监督检查频次

1 在原有监督检查的基础上,应加大力度、提高频次、增加覆盖面,通过快速发现及督促整改问题,及时消除隐患,不断提高运行管理水平。

2 每次监督检查一个省辖市或省直管县的工程运行管理情况。监督检查单位应加强沟通,合理制订检查计划,均衡安排检查工作,避免过多交叉重复检查。

3 省级管理机构领导原则上每2个月率队飞检1次,省级管理机构各处室、飞检大队或聘请专家配合飞检工作,每年飞检次数约15次。建设管理处会同有关处室制订飞检计划、选定检查项目,报办领导同意后实施。

4 通过招标选择2支巡查队伍(巡查大队)承担日常巡查工作。每支巡查队伍原则上每月巡查2次,2支巡查队伍全年巡查约48次。建设管理处应会同巡查大队制订巡查计划,加强日常管理,不断提高巡查工作成效。

5 监督处聘请专家组成稽查组,开展日常稽查和泵站、金结机电等专项稽查工作,借助专家智慧及经验,及时发现解决运行管理中存在的问题,每年稽查次数不少于6次。

6 考虑巡查、飞检、稽查的全方位监督检查,每年对每个省辖市(省直管县)监督检查不少于5次。

9.1.4 运行管理问题分类

配套工程运行管理问题包括工程运行管理违规行为(含运行管理资料)、工程养护缺陷和工程实体质量等。存在问题主要包括:运行管理规章制度、人员到位及培训、工程巡查、工程养护、工程实体质量、泵站运行、运行调度、自动化系统、安全保卫、应急管理、水质保护等。

工程运行管理违规行为是指运行管理人员在工作中违反工程运行管理规程规范、规章制度的行为。

工程养护缺陷是指因维修养护缺失或运行管理不当造成工程设施、设备损坏,导致工程平稳运行存在隐患的问题。

工程实体质量问题是指在运行管理中发现的渗(漏)水、爆管、沉降变形、设备无法正常工作等。

根据对工程运行的影响程度不同,工程运行管理违规行为、工程养护缺陷、工程实体质量问题分为一般、较重、严重三个等级。

工程运行管理违规行为分类表见附录9.1-2。

工程养护缺陷和实体质量伪问题分类表见附录9.1-3。

9.1.5 监督检查成果

1 对发现的问题,监督检查工作人员要如实记录、留存照片并汇总整理,按照问题性质、编制上报检查报告;省级管理机构印发检查报告,对有关市级管理机构及运行管理单位提出整改要求。

2 监督检查结束时,一般要召开会议,就检查发现的问题与被检查单位交换意见,对有关单位提出问题整改要求及建议,以便尽快进行整改。

3　市级管理机构及运行管理单位应高度重视问题整改工作,制定整改措施,加强督促检查,尽快完成整改,并建立问题整改台账,详细记录问题整改情况,完善整改资料,及时向省级管理机构上报整改报告。

4　巡查大队、飞检大队每月底编制当月检查发现问题汇总表,每半年编写检查工作总结报省级管理机构,以便分析研究问题原因,补充完善相关管理规章制度,进一步规范运行管理工作。

5　监督检查记录、报告等要签字盖章完备,及时整理归档,装订成册,妥善保存。

6　各市级管理机构要加强运行监管,参照省级管理机构各层级监督检查情况,组织各级运行管理单位开展自查自纠,建立问题台账,填写《工程运行管理问题自查自纠汇总表》(见附录9.1-4),制定整改措施,及时进行整改,并完善运行管理制度及操作细则,不断提高运行管理水平。

9.1.6　责任追究

省级管理机构对工程运行管理监督检查发现的问题组织会商,依据问题的性质和影响程度对责任单位和责任人实施责任追究。

责任追究对象分为责任单位和相关责任人,追究形式包括约谈、通报批评、留用察看、责成责任追究等,并可附加经济处罚。

对监督检查发现影响工程安全运行的严重问题和恶性运行管理违规行为,省级管理机构按有关规定严格进行责任追究,对弄虚作假、隐瞒问题、刁难检查人员或问题拒不整改、问题频发多发的加重进行责任追究,直至在全省南水北调系统通报或媒体上公开曝光;对监督检查发现的其他问题,责成有关市级管理机构对有关责任单位和责任人实施责任追究,追究结果报省南水北调办备案。

对工程运行事故,按照国家有关法律法规及河南省相关规定进行处理。

9.2　考核管理

9.2.1　岗位工作标准

9.2.1.1　站长工作标准

1　做好工程运行管理,随时掌握工程运行情况,每周不定期对工程管理情况抽查不少于2次。

2　建立健全管理制度和考核机制,单位管理制度完善,工作分工明确,奖惩措施到位。

3　及时准确地传达上级有关会议精神,检查各岗位工作的完成情况及规章制度执行情况。

4　认真组织开展工程巡查工作,组织做好工程检查观测工作。制定完善防汛预案及反事故预案,加强预案的演练。

5　结合工程实际情况,组织制订切实可行的设备养护和维修计划,按上级批复意见及时组织实施,并按要求进行管理和验收。

6 建立安全生产责任制,抓好职工安全教育培训,定期进行安全生产检查,组织建立安全生产档案,防止发生人为安全事故。

7 注重科技创新,积极开展技术革新、科学研究,重视管理机制和内部管理体制创新,不断提高工程管理水平。

8 组织做好安全保卫、环境管理、精神文明创建等工作。

9 服从安排,保质、保量、按时完成上级交办的临时性工作。

9.2.1.2 技术管理岗位工作标准

1 按工程实际编制日常养护及维修工程项目初步计划、实施方案、开工报告及预算等,报站长审核后上报上级主管部门审批。

2 按相关规定严格对设施设备养护维修工程的质量和实施情况进行检查和监督。

3 协助站长做好工程巡查检查工作,认真开展工程观测工作。

4 及时编报检查报告、维修养护资料、各项报表等。

5 做好工程技术资料的收集、整理和档案保管工作。

6 协助站长制订技术革新、科学研究计划,参与推进管理机制和内部管理体制创新。

7 个人办公用品摆放整齐有序,办公环境整洁。

8 注重业务学习,服从安排,保质、保量、按时完成所领导交办的临时性工作。

9.2.1.3 泵站运行值班长工作标准

1 检查本班人员完成设备的日常维护保养和清洁情况。

2 接受上级下达的操作指令,并组织实施。

3 不定时巡查工作现场,检查本班组规章制度执行情况,检查审阅各种记录填写情况,掌握设备运行情况。

4 组织进行设备检修保养,协助做好电气预防性试验;监督本班组检修保养过程中安全管理规程执行情况;协助组织突发设备事故抢险。

5 协助站长按时做好月度、季度的绩效考核工作。

6 协助站长开展职工业务培训工作。

7 个人办公用品摆放整齐有序,办公环境整洁。

8 服从安排,保质、保量、按时完成站长交办的临时性工作。

9.2.1.4 泵站运行值班员工作标准

1 严格按照操作规程和技术规程执行各项操作任务,按照上级主管部门下达的指令正确完成并及时上报。

2 按照专业管理规定,定期对设备设施进行检查、清洁、维护。

3 对所辖设施设备进行维修,达到管理标准要求;积极参加突发设备事故抢险。

4 按规定及时填写运行、检查、维护相关记录,以便技术人员汇总、整理。

5 注重学习业务知识,积极参加业务培训、"每月一试"和"每年一考"等。

6 值班室的办公用品摆放整齐,维护公共场所环境整洁。

7 服从安排,保质、保量、按时完成站长交办的临时性工作。

9.2.2 岗位考核

工程管理工作任务及相应的责任岗位分解如表9.2-1所示。

表 9.2-1 责任岗位分解表

工作项目		工作内容	工作要求	责任岗位	备注
控制运用		供水运行	严格遵守值班纪律，密切关注工情、水情；严格执行调度指令；按管理规程规范进行操作；认真做好值班和运行记录，及时向上级调度部门反馈执行情况	站长负总责，技术人员、泵站运行值班人员具体承担运行任务	由技术人员负责成果汇总、编写报告，经站长审核后上报市级管理机构
定期检查	设备检查	对水泵、电机等设备相关设施进行全面检查，定期对水下工程进行检查	每年进行 1 次设备评级，可结合定期检查进行。评级结果要报市级管理机构确认	技术人员、泵站运行值班班长	
	建筑物检查	对建筑物各部位及相关设施进行全面检查并评定等级	每年汛前（5 月 1 日前）、汛后（10 月 1 日后）各 1 次，并将检查报告及时上报	技术人员	记录填写以技术人员、运行值班人员为主
	日常巡查	经常对建筑物各部位、主机泵、辅机设备以及管理范围内的河道、堤防、护坡等进行巡视检查	非汛期：运行 2 次/周，未开机运行 1 次/周；汛期：开机运行 3 次/周，未开机 1 次/日，超标运行 1 次/2 小时。检查后应填写检查记录，遇有异常情况，应及时采取措施进行处理。若情况较为严重，应及时向上级主管部门报告	技术人员、值班运行工	由技术人员负责资料汇总、编写报告，经所领导审核后上报市级管理机构
	特别检查	参照定期检查，根据发生的特定灾害和事故发生后针对性的重点检查	当遭受特大洪水、强烈地震和发生重大工程事故时进行特别检查，并制订修复方案和计划。检查报表参照定期检查进行分析，并根据发现的问题进行有针对性的报告，写出特定灾害和事故发生灾害的重点检查记录，写出检查报告并及时上报市级管理机构	技术人员、泵站运行工	

续表 9.2-1

工作项目		工作内容	工作要求	责任岗位	备注
工程养护维修	工程、设备养护	对工程、机电设备检查中发现的缺陷和问题，随时进行维护和保养	工程管理工作单位根据工程设备状况和维护要求，编制养护项目、实施方案及经费预算，向市级管理机构领导审批后，向市级管理机构报工申请，批准后方可开工。每月28日将养护进度与计划上报市级管理机构；实施过程严格遵守养护项目管理相关规定	技术人员、泵站运行人员	维修、养护资料由技术人员负责整理和报批
	工程、设备维修	对工程、机电设备维修项目根据批准维修项目进行维修和改造	对于影响安全度汛的问题，应在主汛期到来前完成。当工程及设备遭受损坏，危及工程安全运用时，立即采取抢修措施；每年10月底前完成下一年度计划的编制并上报市级管理机构；项目进展及经费完成情况，每月28日上报市级管理机构；实施过程严格遵守维修项目管理相关规定	技术人员	
工程观测		垂直位移、混凝土建筑物裂缝、建筑物伸缩缝、水流形态、混凝土碳化深度等。必要时可开展其他专门性观测项目	测次及内容符合任务书，成果真实、准确。要求做到"四观"（随观测、随记录、随计算、随校核）、"四无"（无缺测、无漏项、无不符合精度、无迟时）、"四固定"（人员固定、设备固定、测次固定、时间固定），以提高观测精度和成效率。对观测成果及时进行整编及组织的集中整编	技术人员为主，泵站运行人员配合	工程观测应安排专人负责

续表 9.2-1

工作项目	工作内容	工作要求	责任岗位	备注
安全管理	建立健全安全生产网络及管理制度，落实各岗位责任，加强安全生产传教育，执行操作规程和各项安全制度。处理安全事故	各类作业人员应定期接受安全生产教育和岗位技能培训，经考核合格后方可上岗，每年不少于1次。特种作业人员应经专业技术培训，并经实际操作及有关安全规程考试合格，取得合格证后方可上岗作业	安全员、技术人员，泵站运行人员	对专项检修工作应明确临时安全员
环境管理	工程环境、设备环境，工作场所、办公室等环境管理	每周对设备进行至少1次清洁保养，工程设施根据检查情况做好保洁，工作场所、办公室每天进行保洁	设备清洁保养以泵站运行人员为主，公共场所各岗位人员共同参与	绿化修整可委托专业人员
档案资料管理	工程建设、管理运用全过程所形成的文字、图纸、图表、声像材料以纸质、胶片、磁介、光介等不同形式与记录载体的各种历史记录进行收集、整理、归档	由专人负责管理档案，设立专门的档案室，按档案保存要求采取保护措施。按规定每年组织档案验收和移交。档案的管理应按国家档案管理的规范要求进行档案的整理、排序、装订、编目、编号、归档，确定保管期限。按规定进行档案借阅管理和档案的鉴定销毁工作	技术人员（专职或兼职档案管理人员）	

9.2.3 岗位管理总体要求

1 各工程单位要将泵站日常管理工作任务分阶段,按季、月、周、日进行分解,把各项工作任务落实到具体的岗位和个人。

2 各工程单位要对照岗位工作标准制定岗位考核管理办法,实行全员岗位考核,明确奖惩措施,确保各项工作有序推进。

9.2.4 考核方式及内容

对泵站工程管理单位的考核方式有 3 种:

1 日常管理考核。重点考核日常工程管理开展情况,每月或每季度进行 1 次。

2 年度考核。考核工程管理单位全年任务完成情况,作为年度评比奖惩的依据。

3 工程管理达标考核。由省级管理机构组织,衡量工程管理水平的考核。

泵站工程考核内容主要包括综合管理、设备管理、建筑物管理、运行管理、安全管理等,具体内容见表 9.2-2。

9.2.5 考核流程

1 听取汇报。详细听取市级管理机构情况汇报、存在问题和自评分。

2 查看现场。分别对泵站土建工程、机电设备、仓库物资、水政管理、环境卫生、档案资料等进行实地查看,查找不足或问题。

3 查阅资料。包括年度维修工程资料、日常管理资料、工程运行资料、各类学习记录、仓库台账等。

4 部门质询。召集市级管理机构的主要领导、有关技术人员和运行管理人员,对考核过程中发现的问题、存在的疑问等进行质疑。

5 讨论评议。考核组成员将查看现场、查阅资料及部门质询等过程中发现的有关问题提交专家组进行讨论评议,分析讨论市级管理机构的管理状况,汇总整改建议。

6 考核赋分。根据讨论意见,对照考核标准逐项独自赋分,统计汇总赋分。

7 通报结果。

9.2.6 考核流程

季度考核流程如图 9.2-1 所示。

年度考核流程如图 9.2-2 所示。

9.2.7 日常管理、年度考核办法及标准

1 考核采用季度考核与年终考核相结合的方式。每年第一、二、三季度考核由市级管理机构组织;年终考核由省级管理机构组织,市级管理机构配合。

2 季度考核组由市级管理机构相关部门人员以及特邀专家组成,可邀请被考核单位代表参加;年终考核组由省级管理机构和市级管理机构相关部门人员以及特邀专家组成。

3 管理单位接到考核通知 5 个工作日内,组织自检、形成自检报告并上报。自检报告是考核组考核的重要依据之一。

4 考核评定采用评分法,满分 100 分。考核结果分为优秀、良好、合格、不合格四个等级。得分 90 分以上(含 90 分)的为"优秀"等级;得分 85～90 分(含 85 分)之间的为"良好"等级;得分 80～85 分(含 80 分)之间的为"合格"等级;得分低于 80 分的为"不合格"等级。

工程名称：
管理单位名称：

表 9.2-2 河南省南水北调配套工程泵站工程管理考核评分表

序号	考评内容	标准分	考核赋分	扣分说明	考核人	备注
一	综合管理	27				
1	管理单位按照受托要求和合同要求组建管理单位,机构健全,管理人数及技术结构满足合同规定;管理单位合同负责人、技术负责人与合同约定一致;建立考勤制度,项目负责人出勤时间满足合同规定,项目负责人离开时有站长或技术负责人在工,员工出勤人数满足合同规定	3				
2	结合实际情况建立健全值班制度、交接班制度、调度电话和网络使用制度,调度指令下达及反馈制度,调度运行日/月/年报制度,调度总结及分析制度,应急调度管理制度等各项规章制度	2				
3	建立、健全并不断完善各项管理规章制度,包括人事劳动制度、学习培训制度、岗位责任制度、请示报告制度、检查报告制度、观测工作制度、养护管理制度、安全保卫制度、事故报告处理制度、工作总结制度、工作大事记制度等,关键制度明示,各项制度落实,分工合理,责任落实,日常管理有序	1				
4	根据《南水北调泵站工程管理规程》等,结合工程具体情况,制定技术管理实施细则	2				
5	及时上报建筑物、设备日常故障情况,年度日常养护计划,以及年度专项维修计划	2				
6	做好南水北调工程泵站管理信息化系统建立和应用,及时做好信息录入等相关工作	2				

续表 9.2-2

序号	考评内容	标准分	考核赋分	扣分说明	考核人	备注
7	管理单位配备相关管理规程、规定等技术资料;有员工培训计划并按计划落实实施,组织各类技能竞赛和技能演练,员工年培训、技能训练率达到80%以上	2				
8	按照规范要求,建立各类资料,主要包括定期检查、经常性检查和特别检查记录,水下检查记录、检修记录、缺陷记录、设备台账、培训台账,安全台账等。建立完善的调度台账,并做好归档报告工作	3				
9	档案管理制度健全,有专人管理,档案设施齐全、完好;各类工程建档立卡,图表资料等规范齐全,存放有序,分类清楚,按时归档;有条件的单位应取得档案管理单位等级证书	2				
10	加强财务管理,规范使用,设立专(兼)职财务人员,财务设立专项科目,经费专项使用,及时编报工程财务报表和完成竣工财务决算,接受和配合相关检查监督和审计	2				
11	日常公共支付费,养护费,工程安全管理费用等经费使用清晰明了,台账健全	2				
12	工程管理展板内容全面,形式美观;环境优美,管理范围内绿化程度高;加强室内卫生保洁工作,天花板、墙壁、玻璃窗、地面、桌面保持干净,厕所无异味,禁烟场所严禁吸烟	2				
13	积极开展宣传报道,及时向省级或市级管理机构报送相关材料。认真做好相关来访接待工作	2				

续表 9.2-2

序号	考评内容	标准分	考核赋分	扣分说明	考核人	备注
二、	设备管理	18				
1	泵站平、立、剖面图,高低压电气主接线图,油、气、水系统图,主要技术指标表,主要设备设备规格,检修情况表等齐全,并在适宜位置显示。所有设备按规定进行标识,包括名称、编号、旋转方向、颜色等	3				
2	所有设备应建档挂卡,记录设备维修及现状情况,明示责任人	2				
3	对闸门,启闭机,主机泵,辅机系统,高低压电气,直流系统等各类设备进行管理养护。各种设备应经常性进行检查,检测,清理,养护和试运转;各类油温、油压、油量等满足使用要求,油质应定期检查;及时更换常规易损件,保持无灰尘,无锈蚀,无跑冒滴漏现象,并有完整的检查记录和分析,设备完好率不低于90%	6				
4	加强对自动化系统的检查维护、调试,使自动化系统处于完好状态。做好管理基础资料信息化的整编及数据计算等上传工作	2				
5	做好防雷、接地设备的定期检查,除锈、油漆、焊补、试验等	1				
6	每年汛前、汛中或用水期前后,汛后检查报告、编制汛前,并及时报送市级管理机构备案;在遭受特大自然灾害时,必须及时对设备进行特别检查	2				
7	按照有关规定的周期及时做好配合做好设备的试验、校验、调试工作,整理归档,按照有关机械、特种设备应定期的周期委托有有资质单位做好分析,整理报告及设备的检测和校验单位进行检测和校验	1				

续表 9.2-2

序号	考评内容	标准分	考核赋分	扣分说明	考核人	备注
8	加强仓库物资管理,及时补充备品备件和易耗件,确保工程应急和维修保养使用	1				
三、	建筑物管理	11				
1	每年汛前、汛后或使用水期前后,对泵站各部位及各项设施进行全面检查和记录。在遭受特大自然灾害时,必须及时对工程进行特别检查	2				
2	混凝土结构表面整洁,无脱壳、剥落、露筋、裂缝等现象;伸缩缝填料无流失	2				
3	加强对办公室、宿舍、食堂等建筑物外部和内部的管理,屋面无管潮、渗漏,门窗完好,配套生活设施完好,室内环境整洁卫生	2				
4	在建筑物遭遇暴雨、台风、地震和洪水时,应及时加强对建筑物进行检查和观测,记录工程损失情况,并及时组织进行修复,同时将有关情况及时报送省级管理机构和市级管理机构	2				
5	按照《水利工程观测规程》和《南水北调泵站工程管理规程》的规定,完整、真实、准确,及时地做好建筑物观测等工作,观测精度符合规定。对资料进行整编分析,根据观测提出分析成果报告;观测设施完好率达 85% 以上	3				

续表 9.2-2

序号	考评内容	标准分	考核赋分	扣分说明	考核人	备注
四、	运行管理	20				
1	严格调度指令,规范调度流程,及时反馈指令执行情况,并做好水情、工情,以及运行管理出现问题及处理相关情况上报工作	3				
2	泵站工程应每次在接到运行调度指令后 24 小时内及时投入运行,节制闸工程在接到运行调度指令后 1 小时内及时投入运行,接到调度停止运行指令应在 1 小时内及时完成	2				
3	根据实际情况制定突发事件应急调度预案,对影响调度计划或调度方案执行的事故、险情等,及时报告有关部门并提出处理建议	2				
4	管理单位重视运行工作,选派有丰富运行管理经验的管理人员和技术骨干进驻管理现场,人员数量满足合同要求。操作人员要持证上岗	2				
5	按照规程、规范操作运行,严格执行运行工作票制度和安全操作规程等,并做好运行记录和信息上报,安全运行率 98%	4				
6	运行过程中及时准确排除所发生的故障,现场需进行的抢修、维修,必须严格执行工作票制度,并及时向省级管理机构、市级管理机构汇报处理情况	3				
7	确保工程安全运行前提下及时调整机组运行频率,尽可能使工程高效运行;及时调整主电动机功率因数,尽可能满足电网系统要求	2				
8	加强自动化系统的监视检查,对运行参数显示准确性,操作流程适用性进行分析并提出修改建议,确保运行安全可靠	2				

续表 9.2.2

序号	考评内容	标准分	考核赋分	扣分说明	考核人	备注
五、	安全管理	18				
1	有健全的安全生产组织网络;按有关规定对管理范围内建筑的生产、生活设施进行安全管理;保证设备安全运行,无重大安全责任事故	3				
2	加强安全生产宣教工作,各种设备安全操作规程齐全,主要设备的操作规程上墙公示。管理区、厂房内的主要部位安全警示和警告标志设置齐全、醒目,消防器材配备齐全、完好,防雷、接地设施可靠、完好	2				
3	定期对员工进行安全生产教育和培训,特种工作人员专门培训,持证上岗,并建立安全生产台账	2				
4	汛前及时修订完善防汛预案,防汛组织机构健全,制度完善,抢险队伍机动能力强,人员需经业务培训,并汛期落实,措施落实;配备必要的抢险工具、器材,并及时向市级管理机构上报防汛预案	3				
5	管理区、厂房内的主要部位安全警示和警告标志设置齐全、醒目,消防器材配备齐全、完好,防雷、接地设施可靠、完好	2				
6	按照有关规定,定期对设备进行评级,编写等级评定记录,并将评级结果上报分公司认定	2				
7	认真组织汛前、汛后检查,及时做好专项工程的实施工作,并编制上报年度岁修计划	2				

续表 9.2-2

序号	考评内容	标准分	考核赋分	扣分说明	考核人	备注
8	加强工程管理范围和保护范围的管理，禁止管理区有乱垦乱种、违章搭建，修建码头及其他构筑物现象，禁止管理水面有违章泊船、捕鱼现象，禁止管理区有外来闲杂人员钓鱼、游泳等现象	2				
六、	其他					
1	省级管理机构鼓励管理单位积极开展工程管理达标创建工作，对获得国家一级或省级一级水利工程管理单位证书的，额外分别增加5分或3分					
2	省级管理机构鼓励管理单位积极开展文明单位建设，对获得国家级或省级文明单位荣誉称号的，额外分别增加5分或3分					
七、	考核得分					

注：考核赋分原则，对考评内容要求完全满足、较满足、基本满足、不满足分别赋予标准分的100%、85%、60%、0。

考核组长：　　　　　　　　　　　考核时间：

图 9.2-1　季度考核流程

5　年度考评总得分由季度考核和年终考核得分按权重系数加权得出。其中,每季度考核得分权重系数为20%,年终考核得分权重系数为40%。

6　各管理单位的年度考核等级由省级管理机构确认后,给予相应考核奖励。

7　对季度考核、年度考核为"不合格"等级的管理单位,省级管理机构或市级管理机构将视情节予以通报批评和诫勉谈话,并按合同条款或相关规定进行相应处罚。

8　有下列情形之一,年度考核只能评定为合格等级,造成的损失,管理单位必须按合同条款或相关规定予以赔偿。

(1)因管理不善,在管理范围内发生人员触电、跌落、工伤、溺水等非等级安全事故;

(2)因管理不善造成工程形象面貌受损;

(3)维修养护经费管理不当,已影响工程设施设备养护和维修;

(4)在工程管理范围发现污水排放、倾倒垃圾杂物等造成水质、水环境一定影响;

(5)因保养或操作不当造成工程设施、设备损毁、损坏,损失金额达5万~20万元;

(6)其他考核组认定为"合格"等级情形。

9　有下列情形之一,年度考核评定为"不合格"等级,造成的损失,管理单位必须按合同条款或相关规定予以赔偿。

(1)因管理不善,在管理范围内发生人员触电、跌落、工伤、溺水等等级安全事故;

图 9.2-2　年度考核流程

（2）在管理范围内新增违章建筑或因管理不当造成工程形象面貌受损较大；

（3）在接到开机调度指令后不能在规定时间内开机运行；

（4）管理单位现场负责人在管理合同期内因违纪违规或经济问题受党政记过及以上处分；在管理范围内发现有"黄、赌、毒"行为，被有关部门追究；

（5）管理单位现场负责人考核年度内三次无正当理由不在工程管理现场；

（6）工程维修养护经费管理不善，有违规使用现象；

（7）在工程管理范围发现有毒有害污水排放或工业废渣、垃圾和其他废弃物、污染物倾倒造成水质、水环境污染；

（8）因保养或操作不当造成工程设施、设备损毁、损坏，损失金额达 20 万元以上；

（9）其他考核组认定为"不合格"等级情形。

10　考核期为每年 1 月 1 日至 12 月 31 日，对当年管理期少于 3 个月的管理单位不进行考核。

9.2.8　工程管理达标考核管理

1　考核泵站技术管理工作应以下列技术经济指标为依据。各项指标的计算应符合本规程附录 9.2-1 的规定。

（1）建筑物完好率；

（2）设备完好率；

（3）泵站效率；

（4）能源单耗；

（5）供排水量；

（6）安全运行率。

2　建筑物完好率应达到85%以上，其中主要建筑物的状况不应低于本规程附录9.2-2规定的二类建筑物标准。

3　设备完好率不应低于90%，其中主要机电设备的状况不应低于本规程附录9.2-3规定的二类设备标准。

4　泵站效率应根据泵装置形式及泵站设计扬程或平均扬程等情况确定。在保证安全的前提下，泵站运行时应通过工况调节方法使水泵处于高效区运行。

5　安全运行率不应低于98%。

9.2.9　泵站管理考核

9.2.9.1　总则

1　为了有效推进泵站工程精细化管理，强化工程管理的过程控制，规范管理行为准则，执行管理规章制度，创新岗位管理与绩效考核机制，逐步建立先进科学、规范精细的工程管理模式，促进省级管理机构工程管理工作不断迈上新台阶，为实现配套工程管理现代化建设目标奠定基础，特制定本考核办法。

2　工程管理考核实行百分制，满分为100分。

9.2.9.2　考核标准

1　管理制度（5分）

（1）建立健全各项规章制度及预案并根据运行经验及设备更新及时修改和完善。不健全的有1项扣2分；修改完善不及时的有1次扣2分。

（2）严格执行各项工程管理制度，执行不力的，有1次扣1分；不执行的1次扣4分。

2　运行管理（18分）

（1）运行现场有"运行规程""安全规程""防洪预案""反事故预案""一次电气接线图"和工程运用主要技术指标、工程运用必要检测工具、安全工具、备品件及技术资料。现场资料每缺1项扣2分。

（2）每年应认真组织"运行规程""安全规程""防洪预案""反事故预案"等的学习和演练并有记录。未进行学习与演练的扣4分，培训人数不足的按比例扣1～4分，记录不全的扣1分。

（3）严格执行调度指令，及时进行开停机操作并做好记录。操作后应及时向市级管理机构汇报执行情况。调度指令执行不及时的1次扣2分；不执行的1次扣4分；记录不完整的1次扣1分，不及时汇报执行情况的1次扣2分。

（4）严格执行操作规程，认真执行工作票、操作票制度，填写认真、完整，各项运行操作记录齐全。执行不规范的1次扣1分；违反操作规程的1次扣4分。

（5）运行值班人员相对固定，人员业务能力和数量满足安全运行管理要求。数量不足,缺1人扣2分;业务素质不满足,有1人扣2分;长期不满足扣4分。

(6)严格执行值班制度,杜绝酒后上班、上班喝酒、睡觉、打牌和离岗现象。发现1人次扣2分。

(7)严格执行交接班、巡查制度,并做好记录。巡查认真细致,发现问题及时处理,无法处理的及时上报。制度执行不严或记录不全的1次扣2分;发现问题未及时处理的1次扣2分;无法处理未及时上报的1次扣3分。

(8)调度指令、主机组、电气设备、辅机运行情况记录齐全,填写认真。记录不全1次扣1分。

(9)泵房内禁止流动吸烟,控制室、电气设备室内禁止吸烟。发现1人次扣2分,多次违反扣4~8分。

(10)运行值班人员精神饱满,穿戴整齐,挂牌上岗。发现1人次扣2分,长期不纠正,扣4~8分。

3 设备管理(12分)

(1)所有机电设备按规定编号(主要设备有双重编号)、标号,设备、开关、阀门等有方向标志的都必须标明。有1处未标的扣2分;标示不规范,有1处扣1分。

(2)所有机电设备应建档挂卡,记录设备维修情况及现状。设备表面无油污、积尘及破损现象,设备养护完好。档卡缺少1个扣1分;养护不善1项扣2分。

(3)按规定对电气设备(包括避雷设施)、仪表、安全用具等进行各项试验、校验,试(校)验记录齐全,手续齐备,资料及时整理、分析、存档。有问题及时处理。1项试验未完成扣2分,试(校)验记录不全的,缺1项扣2分;发现问题未及时处理的扣4分。

(4)执行设备缺陷管理制度,及时掌握设备缺陷情况,并认真填写设备缺陷登记表。设备缺陷应及时消除,不能及时消除的重要缺陷,应有应对措施。执行设备评级制度,按照规定对设备进行评级并报审。缺1项扣2分;不及时上报的1次扣4分。

(5)特种设备按照质量技术监督部门规定进行定期检测,且检测合格并有检测报告。缺1项扣1分。

4 建筑物管理(4分)

(1)建筑物混凝土结构表面应整洁,无脱壳、剥落、露筋、裂缝等现象,伸缩缝填料无流失。对缺损部位要采取适当的措施及时进行保护和修补。对混凝土主体部分的裂缝,凡历年不发展的,应及时进行封闭,对结构受力缝及时做好标志,认真观测并做好观测记录、存档。有1项不合要求扣1分。

(2)建筑物水下部分应按要求定期检查,做到情况清楚并上报记录。未及时开展检查扣2分,成果上报不及时扣1分。

(3)建筑物周围、进水池引水箱涵上部等禁止堆放重物,禁止违章建筑,禁止种植大树木,并做到排水畅通。有1项不合要求扣1分。

(4)钢闸门、拦污栅防腐涂层完整,无起皮、鼓泡、剥落现象,门体附件及隐蔽部位防腐状况良好。变形部位应及时检查或校正、修复并做好记录。有1项不合要求扣1分。

5 标识管理(5分)

(1)主机组、电气设备、辅机设备等涂色、编号符合省级管理机构的统一规定,消防器材定点摆放、标识明示,挂管理卡。有 1 项不合要求扣 1 分。

(2)主机组转动方向、管道示流方向在规定位置明示。有 1 项不合要求扣 1 分。

(3)工具柜、文件柜门牌等标识统一,齐全,有 1 项不合要求扣 1 分。

(4)设备管理卡、上墙制度图表按照要求制作、悬挂,统一标准,无缺失、破损,有 1 项不合要求扣 1 分。

(5)泵站进水池应有安全警示标牌并醒目完整,有 1 项不合要求扣 1 分。

6 工程检查(8 分)

(1)按照省级管理机构有关规定进行汛前、汛后、经常性检查,检查记录齐全、认真,检查结果及时上报,对查出的问题技术整改。检查不认真的扣 2 ~ 3 分;未及时上报的 1 次扣 2 分;整改不认真的 1 项扣 4 分。

(2)汛前检查做到"四落实":防汛责任制落实,设备完好率落实,防汛物资落实,防汛应急措施落实。有 1 项不合要求扣 2 分。

7 工程维修养护

(1)工程维修养护项目实施前,应按规定要求认真编制工程维修项目实施方案和预算,并及时上报。开工前应及时向市级管理机构递交开工报告。不认真 1 次扣 2 分;上报不及时 1 次扣 2 ~ 4 分;开工前未交开工报告的扣 2 ~ 4 分;未按计划实施且未做变更申请的扣 4 分。

(2)维修工程按省级管理机构的相关规定执行,经费严格按规定使用,无挤占挪用情况,能按时保质保量完成各项维修工程,工程竣工实行验收卡制度。经费应及时结算,一般不得结转。有 1 项不合要求扣 2 分;若因自身原因,造成工程不能完工而结转的扣 6 分;质量合格 1 项扣 4 分;验收手续不健全的每项扣 2 分。

(3)按规定向省级管理机构报送工程月报、季报和年终工程维修总结。上报不及时、不认真的 1 次扣 2 分。

8 工程观测

(1)落实工程观测责任制。未落实责任的,扣 2 分;缺测漏测 1 次扣 2 分;缺项扣 6 分。

(2)及时进行资料整理,观测成果正确,资料完整,及时分析,及时上报,对发现的问题及时采取有效措施。观测成果整理不及时扣 2 分;上报不及时扣 4 分;发现问题不及时纠正或不采取措施的扣 4 分;有问题未及时发现的扣 4 分。

(3)按要求进行资料整编。按时、按要求参加资料审查,整编成果完整、正确、整洁。整编成果不完整、不准确扣 2 ~ 4 分。

9 工程技术档案(5 分)

(1)工程技术档案管理应由专人负责,技术资料应按规定及时收集整理,技术数据应及时统计。无专人负责的扣 2 分;收集不及时的每项扣 2 分;收集整理不符合规定要求的,发现 1 处扣 2 分,收集不全扣 2 分。

(2)技术档案应按规定进行整理归档。整理不及时扣 2 分;未按规定执行的扣 4 分。

(3)工程大事记应及时记录,年终进行整理。无工程大事记扣 4 分,大事记不全 1 项扣 2 分。

10 安全生产(12分)

(1)安全生产组织健全,定期开展活动,及时宣传和学习安全生产有关文件并有详细记录。发挥安全员的监督作用。组织不健全的扣2分;全年安全活动不少于12次,少1次扣1分;月会、月查、安全月报、总结不及时有1项不合要求扣1分;未落实上级管理机构相关活动的1次扣2分。

(2)严格执行安全操作规程及各项安全规章制度。执行不严的有1项扣2分;违反规程和制度的有1项扣4分;发生事故后不按时上报的每次扣2分。

(3)安全标记齐全,电气设备周围应设有警戒线,易燃、易爆、有毒物品的运输、储存、使用,按有关规定执行。标记缺少1个扣1分;不按规定运存危险品的扣3~4分。

(4)按有关规定进行专项安全检查,落实防火、防爆、防暑、防冰凌等安全措施。不检查的1次扣1~2分;措施不落实的1项扣2分。

(5)按规定对消防用品、安全用具进行定期检查并保证其齐全、完好、有效。未检查的1次扣1~2分;不全或失效的扣2~3分;消防器材丢失损坏的1次扣2分。

(6)安全警示标识和必要的防护设施齐全、完好。做好绝缘棒、绝缘鞋、绝缘手套、验电笔等绝缘用具和接地线的检查保管工作,按规定定期试验,做好安全帽、葫芦等起重用具和检修用电动工具的试验、检查、保管工作。有1项不合要求扣1分。

发生重大伤亡安全事故及重大责任设备事故均不得分(指"安全生产"大项)。发生一般责任事故,造成直接经济损失在1万元以下,达到5 000元以上的扣10分;造成损失在5 000元以下的,视情节轻重扣2~6分;发生事故隐瞒不报,视情节轻重扣3~5分。

11 环境管理(7分)

(1)泵房、仓库、控制室、值班室、电气设备室、会议室等工作场所应做到整洁、卫生,无杂物、无卫生死角,室外卫生定期清扫,保持无垃圾、杂物,车辆停放整齐。有1处不合格扣1分。

(2)做好绿化区域的管理维护工作,不损坏花草、树木,不违章种植,及时制止违章种植行为。发现乱种植或破坏绿化,有1人次扣1分。

(3)无违章建筑,有1项不合格扣1分。

12 岗位考核管理(8分)

(1)日常管理工作任务分阶段按季、月、周、日进行分解,把各项工作任务落实到具体的岗位和个人。工作任务未分解扣2分,落实不到位扣2分。

(2)对照岗位工作标准制定岗位考核管理办法,实行全员岗位考核,明确奖惩措施。未制定考核办法扣2分,办法执行不力扣2分。

10 技术档案管理

10.1 一般规定

水利工程技术档案是指经过鉴定、整理、归档后的工程技术文件,产生于整个水利工程建设及建成后的管理运行的全过程,包括工程建设、管理运用全过程所形成的应归档的文字、图纸、图表、声像材料等以纸质、胶片、磁介、光介等不同形式与载体的各种历史记录,是工程管理的重要依据之一。

水利工程技术档案的收集、整理、归档应与工程建设、管理同步进行。各工程单位应明确专人负责档案的收集、整理、归档工作,以确保档案的完整、准确、系统、真实、安全。

工程技术档案的管理应符合国家档案管理的规范,应按要求进行档案的整理、排序、装订、编目、编号、归档,确定保管期限。按规定进行档案借阅管理和档案的鉴定销毁工作。

工程技术档案应设立专门的档案室,有专人负责管理档案,档案室应按档案管理要求设置档案管理库房、阅览室,应按档案保存要求采取防霉、防虫、防小动物、防火、避光措施,并按规定每年组织档案验收和移交工作。

10.2 技术档案管理制度

10.2.1 技术档案归档制度

1 凡加固改造、重大岁修项目、维修工程的资料,工程结束后 1 个月内整理成册,交省级管理机构档案室 2 份归档,自存 1 份。有必要保存的原始数据记录整理后装订成册,原件交档案室归档,复印件存于本单位。

2 凡大修项目在工程完工后将施工时间、批准经费、完成经费、大宗材料、完成工程量等填写在"大修报告书"中,交省级管理机构档案室 1 份,自存 1 份。

3 每年工程观测整编资料(含机组运行情况)交省级管理机构档案室 1 份,自存 1 份。各观测项目原始记录交档案室保存。

4 设备技术资料为设备的随机资料,检修资料、试验资料、设备检修记录、蓄电池充放电记录等应在工作结束后由技术人员认真整理,编写总结,及时归档。运行值班记录、交接班记录等必须在下月月初整理,装订成册。年底在本年度所有的试验记录、运行记录、检修记录等装订成册,保证资料的完整性、正确性、规范性。

10.2.2 技术档案管理制度

1 技术资料应分类,装订成册,按规定编号,存放在专用的资料柜内。资料柜应置于通风干燥处,并做好防潮、防腐蚀、防霉、防虫和防污染,同时应有防火、防盗等设施。

　　2　工程基本资料永久保存,规程规范可保存现行的,其他资料应长期保存。

　　3　已过保管期限的档案,必须经过主管部门领导、有关技术人员和本单位领导、档案管理员共同审查鉴定,确认可销毁的,造册登记,指定专人销毁。

　　4　技术档案应专人管理,人员变动时应按目录移交资料,并在清单上签字,同时得到单位领导认可,不得随意带走或散失。

10.2.3　技术档案查阅制度

　　1　技术档案资料一般不对外,外单位一律到档案室查阅。

　　2　本单位有关人员查阅技术档案时,须在本单位办公室内查阅。

　　3　查、借阅档案者,必须爱护档案,保证档案完好无损,严禁撕毁、拆卷、画线、画圈、涂改、剪页、水湿、烟烧等。

　　4　遵守保密规则,所查、借阅的档案,未经有关领导同意,不准复制和对外公布。

　　5　档案一般不外借,确需借出利用的,应经主管领导同意,办理借阅手续后方可借出,但必须按期如数归还。

　　6　凡查、借阅档案资料,均应登记清楚,并记录存档。

10.3　档案收集

　　工程技术文件分为工程建设(包括工程兴建、扩建、加固、改造等)技术文件和工程管理技术文件(包括运行管理、观测检查、维修养护等)。

10.3.1　技术档案收集要求

　　1　工程建设技术文件,是指工程建设项目在立项审批、招投标、勘察、设计、施工、监理及竣工验收全过程中形成的文字、图表、声像等以纸质、胶片、磁介、光介等载体形式存在的全部文件,从立项开始随工程进程同步进行收集整理。建设单位应在竣工验收后3个月内,向工程管理单位移交整个工程建设过程中形成的工程建设技术文件。

　　2　工程管理技术文件,是指工程建成后的工程运行、工程维修、工程管理全过程中形成的全部文件,应包括:工程管理必需的规程、规范;工程基本数据、工程运行统计、工程大事记等基本情况资料;设备随机资料、设备登记卡、设备普查卡、设备评级卡等设备基本资料;设备大修卡、设备维修养护卡、设备测试卡、设备试验卡等设备维护资料;工程运用资料、工程维修资料、工程检查资料、工程观测资料以及工程管理相关资料;消防资料、水政资料、科技教育资料等。

10.3.2　工程管理技术档案收集内容

　　工程管理技术文件按要求与工程检查、运行、维修养护等同步收集。收集内容主要有:

　　1　工程基本情况登记资料。根据设计文件、工程实际情况、运行管理情况编制,包括泵站工程平面、立面、剖面示意图、泵站基本情况登记表、水位流量关系曲线、伸缩缝测点位置结构图等。

　　2　设备基本资料。其中设备登记卡、设备评级资料、消防资料按要求填写。

　　3　设备维修资料。

（1）设备修试卡内容应包括检修原因、检修部位、检修内容、更换零部件情况、检修结论、试验项目、试验数据、试运行情况、存在问题等。

（2）大修资料应包括实施计划、开工报告、解体记录及原始数据检测记录、大修记录、安装记录及安装数据、大修使用的人工、材料、机械记录、大修验收卡、大修总结。

（3）大修总结主要记载大修中发现和消除的重大缺陷及采取的主要措施，检修中采用的新技术、新材料情况，对设备的重要改进措施与效果，检修后尚存在的主要问题及准备采取的措施，检修后对设备的评估，对试验结果的分析以及结论。

4 工程运用资料。包括运行记录、操作记录、工作票、巡视检查记录、工程运行时间统计等。填写用黑色水笔，内容要求真实、清晰，不得涂改原始数据，不得漏填，签名栏内应有相应人员的本人签字。

5 工程维修资料。包括工程维修养护等项目的资料。

6 检查观测资料。检查观测分检查、观测两部分，检查包括工程定期检查、特别检查、安全检测等；观测包括垂直位移观测、伸缩缝观测、裂缝观测等。检查应有原始记录（内容包括检查项目、检查数据等），检查报告要求完整、详细，能明确反映工程状况。观测原始记录要求真实、完整，无不符合要求的涂改，观测报表及整编资料应正确，并对观测结果进行分析。

其他资料按相关要求进行编制。

10.4 档案管理归档

工程技术文件整理应按项目整理，要求材料完整、准确、系统，字迹清楚、图面整洁、签字手续完备，图片、照片等应附相关情况说明。

10.4.1 工程技术文件组卷要求

1 组卷要遵循项目文件的形成规律和成套性特点，保持卷内文件的有机联系，分类科学，组卷合理，法律性文件手续齐备，复核档案管理要求。

2 工程建设项目按省级管理机构的要求组卷，施工文件按单项工程或装置、阶段、结构、专业组卷，设备文件按专业、台件等组卷，管理性文件按问题、时间或依据性、基础性、项目竣工验收文件组卷，设计变更文件、工程联系单、监理文件按文种组卷，原材料试验按单项工程组卷。

3 工程管理按类别、年份、项目分别组卷，卷内文件按时间、重要性、工程部位、实施、设备排列。一般文字在前，图样在后；译文在前，原文在后；正件在前，附件在后；印件在前，定稿在后。

4 案卷及卷内文件不重份，同一卷内有不同保管期限的文件，该卷保管期限按最长的确定。

5 工程技术文件的分类及档号。工程技术文件分类以工程为基本单位。1 级类目工程代号，2 级类目分为 01 基本建设，02 工程管理，03 防洪，04 消防，05 水政，06 科技教育，07 其他等。3 级类目按各 2 级类目下包含的项目内容编制。

各工程单位可根据工程档案情况增设 4 级类目，但档号层次不宜过多。工程单位可根据工程档案情况进行增加 2 级类目、3 级类目的内容。

10.4.2 案卷编目

1 案卷页号。有书写内容的页面应编写页号,单面书写的文件页号编写在右上角,双面书写的文件,正面编写在右上角,背面编写在左上角。图纸的页号编写在右上角或标题栏外左上方。成套图纸或印刷成册的文件不必重新编写页号,各卷之间不连续编页号。卷内目录、卷内备考表不编写目录。

2 卷内目录。主要有序号、文件编号、责任者、文件材料题名、日期、页号和备注等组成。

3 卷内备考表。主要是对案卷的备注说明,用于注明卷内文件和立卷状况,其中包括卷内文件的件数、页数,不同载体文件的数量,组卷情况;如立卷人、检查人、立卷时间等,以及反映同一内容而形式不同且另行保管的文件档号的互见号。卷内备考表排列在卷内文件之后。

4 案卷封面。主要内容有案卷题名、立卷单位、起止日期、保管期限、密级、档案号等;案卷脊背填写保管期限、档案号和案卷题名或关键词;保管期限可采用统一要求的色标,红色代表永久,黄色代表长期,绿色代表短期。

需移送上级单位的档案,案卷封面及脊背的档案号暂用铅笔填写,移交后由接收单位统一正式填写。

10.4.3 案卷装订要求

1 文字材料可采用整卷装订与单份文件装订两种形式,图纸可不装订,但同一项目所采用的装订形式应一致。文字材料卷幅面采用 A4 纸,图纸应叠成 A4 纸大小,折叠时标题栏露在右下角。原件不符合文件存档质量要求的可进行复印,装订时复印件在前,原件在后。

2 案卷内不应有金属物。应采用棉线装订,不得使用铁质订书针装订。装订前应去除原文件中铁质订书钉。

3 单份文件装订、图纸不装订时,应在卷内文件首页、每张图纸上方加盖、填写档号章。档号章内容有档号、序号。

4 卷皮、卷内表格规格及制成材料应符合规范规定。

10.4.4 档案目录及检索

档案整理装订后,应按要求编制案卷目录、全引目录。案卷目录内容有案卷号、案卷题名、起止日期、卷内文件张数、保管期限等。全引目录内容有案卷号、目录号、保管期限、案卷题名及卷内目录的内容。

1 案卷号。分档案室编和档案馆编,工程单位编写的案卷号填写在"档案室编"栏内。

2 案卷题名。填写案卷封面编写的题名。

3 起止日期。填写案卷内文件的起止日期,以起始日期最早的卷内文件为案卷起始日期,以终止日期最晚的卷内文件为案卷终止日期。起止日期应用 8 位编码方式编写。

4 卷内文件张数。卷内文件有书写内容的页面即编写页号的均应统计张数;卷内文件张数不含卷内目录和卷内备考表。

5　保管期限。以卷内文件保管期限最长的保管期限作为案卷保管期限。

10.4.5　归档要求

1　市级管理机构每年年底至第二年 1 月需将当年的工程技术资料档案进行整理、装订、归档。

2　工程运行资料每年年底由市级管理机构对 1 年的运行情况进行统计填表,由市级管理机构的档案室分别存档。

3　工程大事记按要求每年年底进行汇总整编,由省级管理机构、市级管理机构分别存档。

4　工程观测资料按要求每年年底在市级管理机构进行整编,整编后及时将观测报表归档。

5　工程检查资料按要求在检查后及时整理装订。

6　工程维护保养资料在项目工程竣工验收后进行整理,装订存档。

7　工程基本建设档案由工程建设管理单位相应的负责人进行审查,审查内容主要包括档案应完整,无缺项、漏项,内容正确,签字、盖章手续完备,档案编目应齐全等。

8　每年年底考评时应检查工程单位工程资料归档情况。

10.5　档案验收移交

10.5.1　档案验收

水利基建项目档案验收在工程竣工验收之前按相应要求执行。

1　工程基本资料、设备基本资料在工程兴建、加固、改造等通过工程竣工时验收,由管理单位接收管理后进行整理,并填写相应表格。整理完成后由工程管理单位负责人进行审查,待达到资料验收要求后,再进行验收。只有工程、设备或填写的表格没有新的变化,就不需再进行年验收。

2　设备维修资料、试验资料、工程检查资料验收,由工程管理单位负责人(技术负责人)进行审查,保证资料达到验收要求,年底进行验收。

3　工程维修养护资料在每个项目工程竣工时,由市级管理机构进行整理装订,在竣工验收前将资料交省级管理机构检查验收。对工程资料达不到验收要求的需限期整改,直至整改合格,方可进行工程竣工验收。凡工程资料不合格者,工程一律不得验收。

4　工程运用资料每月由工程管理单位负责人(技术负责人)进行审查,年底进行验收。

5　工程观测资料每年年底进行资料整编,整编后及时归档,并进行验收。

6　防洪、消防、水政、科技教育及其他资料应及时归档,每年年底进行验收。

7　所有工程技术档案年终检查验收后应及时按要求将相关资料上交档案室。

10.5.2　档案移交

1　建设项目档案有建设单位负责进行或组织对全部归档项目按要求汇总整理,在经过档案验收和工程验收后由建设单位按规定分别向市级管理机构和省级管理机构移交。

2　工程管理技术档案在年终工程资料整编后向档案室移交,由档案室根据其编目要求进行整理、装订、存档。

市级管理机构需向省级管理机构档案室移交的工程资料主要有：

(1)本工程的操作规程、规章制度等，基本建设项目文件，工程基本资料，设备登记卡，设备评级资料，设备大修资料，设备试验报告，运行记录统计，工程维修资料，检查观测资料等。

(2)档案交接时交接单位应填写好档案交接文据，填写方法为：

①单位名称应填写全称或规范化通用简称，禁用曾用名称；

②交接性质栏应填写为"移交"；

③档案所属年度栏应由档案移出单位据实填入所交各类档案形成的最早和最晚时间；

④档案类别栏按档案的不同门类、不同载体及档案与资料区分类别，一类一款顺序填入；

⑤档案数量一般应以卷为计量单位，声像档案可用张、盘为计量单位；

⑥检索及参考工具种类栏应填入按规定随档案一同移交的有关材料，并随档案移交案卷卷内目录和卷内目录的电子文档、资料目录、档案资料清单；

⑦移出说明由移出单位填写，填写内容包括档案有无损坏、虫蛀鼠咬、纸张变质、字迹模糊等情况，档案被利用时应规定需限制使用和禁止使用的范围、内容，以及其他需要说明的事项；

⑧接收意见栏应由收进单位填写，应填入交接过程及验收意见，主要包括交接过程中有无需要记录的事项，移出方填写的各栏是否属实，对所接档案做出的评价；

⑨移出单位、接收单位领导人应用单位负责人签名，经办人应由对档案交接负有直接责任的人员签名，移出和收进日期应当相同；

⑩表格填写完毕后，应加盖单位印章。

10.6 档案保管

10.6.1 档案室要求

1 档案室要求档案库房、阅览室、办公室三室分开，室内保持整洁、卫生，空气清新，无关物品不得存放。室内窗帘保持洁净，安装可靠，空调设施完好。阅览室内桌椅摆放整齐。档案室应配备专用电脑，实行电子化、信息化管理。档案室应建立健全档案管理制度，档案管理制度、档案分类方案应上墙。

2 档案库房应配备温湿度计，安装空调设备(设备完好)，以控制室内的温度(14～24 ℃为宜，日温度变化不超过±2 ℃)、湿度(相对湿度控制在45%～60%)。室内温、湿度应定时测记，一般每天2次，并根据温、湿度变化进行控制调节。

3 档案柜架排列规范，摆放整齐，标识明晰。档案柜架应与墙壁保持一定距离(一般柜背与墙不小于10 cm，柜侧间距不小于60 cm)，成行地垂直于有窗的墙面摆设，便于通风降湿。

4 新建房屋竣工后，应经6～12个月干燥方可作为档案室使用，将档案入库。

5 档案库房不宜采用自然光源,有外窗时应有窗帘等遮阳措施。档案库房人工照明光源应选用白炽灯或白炽灯型节能灯,并罩以乳白色灯罩,照明灯具及亮度符合档案室要求。室内窗帘保持洁净,安装可靠。

6 档案库房应配备适合档案用的消防器材,定期检查电器线路,严禁明火装置和使用电炉及存放易燃易爆物品。

7 档案室四周无危及档案室安全的隐患。

10.6.2 档案保管要求

1 档案保管要求防霉,防蛀,定期进行虫霉检查,发现虫霉及时处理。档案柜中应放置档案用除虫驱虫药剂(樟脑),并定期检查药剂(樟脑)消耗情况,发现药剂消耗殆尽应及时更换药剂,以保持驱虫效果。

档案室应选择干燥天气打开档案柜进行通风,定期进行档案除尘,以防止霉菌滋生。

2 档案室应建立健全档案借阅制度,设置专门的借阅登记簿。一般工程单位的档案不对外借阅,本单位工作人员借阅时应履行借阅手续,借阅时间一般不应超过10天,若需逾期借阅的,应办理续借手续。档案管理者有责任督促借阅者及时归还借阅的档案资料。

3 档案室及库房不应放置其他与档案无关的杂物,档案室及库房钥匙应由档案管理员保管,其他人员未经许可不得进入档案库房。需借阅档案资料时,应由档案管理者(或在档案管理员陪同下)查找档案资料,借阅者不得自行查找档案资料。

4 各工程管理单位每年年终应进行工程档案管理情况的检查,当年的资料应全部归还、编目。外借的资料应全部收回,对需要续借的应在省级管理机构年终检查后,办理续借手续。对查出的问题应根据档案管理要求进行整改。

5 超过保管期的档案应当鉴定是否需要继续保存。若需保存应当重新确定保管期限,若不需保存可列为待销毁档案。

6 保管期限低于5年的工程档案资料,工程管理单位可自行销毁,销毁前应填写档案销毁清单,上报上级批准后方可销毁。其他过期待销毁的工程技术档案应移交上级工程技术档案室进行档案鉴定,确认需销毁的档案应填写档案销毁清册,交由领导和档案内容相关专业的专家组成的档案销毁专家鉴定组进行鉴定后集中销毁。

7 对已更换不用的旧设备的资料,以及工程更新改造后工程单位已不使用的工程技术资料,应移交省级管理机构档案室保存。对于旧设备资料的重复件,省级管理机构档案室可将其列入待销毁档案,经鉴定后集中销毁。

11 附 录

附录 1.0-1 泵站主机组规模分等

泵站机组规模宜根据水泵口径或进口直径与装机功率分等,其分等指标按表 A 确定。

表 A 泵站中小型机组规模分等指标

机组规模		大型	中型	小型
轴流泵或导叶式混流泵机组	水泵口径(mm)	≥1 600	<1 600 ≥900	<900
	配套功率(kW)	≥800	<800 ≥300	<300
离心泵或蜗壳式混流泵机组	水泵进口直径(mm)	≥800	<800 ≥500	<500
	配套功率(kW)	≥800	<800 ≥300	<300
潜水离心泵	叶轮直径(mm)	≥800	<800 ≥500	<500
	配套功率(kW)	≥800	<800 ≥300	<300

注:当机组按分等指标分属两个不同等别时,应以其中的高等别为准。

附录 4.1-1　重大事项记录

重大事项报告单

报告单位	（盖章）	报告人	
报告时间	年　月　日　时		

重大事项报告：

一、事项简要描述（含发现经过）

二、可能造成的影响

三、已采取的措施

四、下一步工作计划

联系人：　　　　　　　　电话：　　　　　　　　填表日期：　　年 月 日

附录4.3-1 工程调度记录

工程调度记录

时间	发令人	接受人	执行指令内容	执行情况	备注

附录 4.3-2　调度术语

第一节　设备名称调度术语

第一条　电气设备名称

1　异步电动机

电动机定子与转子。

2　变频异步电动机

作为电动机运行的同步电机。

3　主变

主变压器,即泵站(变电站)中输送电力的主要变压器。

4　站用变

泵站(变电站)的工作变压器。

5　CT

电流互感器。

6　PT

电压互感器。

7　断路器

接通与断开高压电路并具有切断短路电流能力的开关电器。

8　开关

真空等各种类型断路器的统称。

9　母线

母线。

10　线路

线路。

11　架空地线(避雷线)

架设在架空输电线上方并直接接地或经小间隙接地的金属裸导线。

12　电缆

电力电缆,即输配电力用的电缆。

13　保护

电力系统的继电保护装置。

14　避雷器

具有火花间隙、非线性电阻和一定的灭弧能力的用以防止雷电过电压的一种保护设备。

15　接地电阻

接地体与地下零电位面之间的接地引线电阻、接地体电阻、接地体与土壤之间的过渡电阻和土壤的溢流电阻之和。

16 电抗器

连接在系统中用以补偿电容电流的电器。

17 电容器

并联补偿电容器。

18 蓄电池

将电能转换成化学能而储存起来的直流电源设备。

19 水泵机组

水泵及其电动机和传动设备的总称。

20 SFC

变频驱动装置。

第二条 继电保护装置

1 电动机保护

(1)速断保护

速断保护装置。

(2)低电压保护

低电压保护装置。

(3)过负荷保护

过负荷保护装置。

(4)接地保护

接地保护装置。

(5)温度保护

温度保护装置。

2 电力变压器保护

(1)速断

速断保护装置。

(2)过负荷

过负荷保护装置。

(3)过流保护

过流保护装置。

(4)温度

温升保护装置。

3 线路保护

(1)速断保护

速断保护装置。

(2)过流

过流保护装置。

（3）过负荷

过负荷保护装置。

（4）低压保护

低压保护装置。

（5）过压

过压保护装置。

第三条　输水设施术语

1　输水建筑物

从水源向供水地点输送水量的水工建筑物。

2　调流调压阀室

设置在输水管路末端的建筑物,室内设调流调压阀,用以调节流量和压力。

3　调压井

为减小开停机及负荷变化时上下游水道水锤压力而设置的水工建筑物。

4　进水池

为保证水泵在正常运行过程中有足够的淹没水深,避免发生水泵气蚀在水泵进水管处设置的水工建筑物。

5　出水池

设在出水管道或出水流道出口、汇集水泵出流的池形建筑物。

6　工作闸门

在水工建筑物正常运行时运用的闸门。

7　事故闸门

能在动水中截断水流以便处理或遏止水道下游所发生事故的闸门。

8　检修闸门

供检修水工建筑物或工作闸门及其门槽时临时挡水用的闸门。

9　平面闸门

一般能沿直线升降启闭、具有平面挡水面板的闸门。

10　闷头（堵头）

钢管安装后用于封堵管端的部件。

11　电动阀

以电源为工作能源的阀门,可精确调节阀门开度。

12　液压阀

以液压为工作能源的阀门,事故时靠重物势能工作实现紧急关闭。

13　调流调压阀

利用阀内设置的机械装置实现对出流压力和流量精确控制的阀门。

14　空气（排气）阀

利用阀内设置的机械装置自动排出有压管道内集聚气体的阀门。

15　水锤(水击)

有压输水管道在输水过程中,由于管道阀门紧急关闭导致水流震荡短时间内在管道局部累积形成的过高压力,严重时导致管道及阀门等控制设备损坏。

16　空化(空穴)

在高速水流中某处的绝对压强低于该处的汽化压强时,出现含空穴(涉及空穴的发生、发展与溃灭)的水流现象。

17　空蚀

由于空化所引起的固体边界的剥蚀破坏。

18　死水位

在正常运用的情况下,允许水库消落的最低水位。

19　汛期限制水位

在汛期为满足防汛等综合利用要求所允许蓄水的上限水位。

第四条　自动化术语

1　远动

遥控、遥信、遥测、遥调四项内容或其中几项内容的总称。

2　遥控

对远程目标(控制对象)通过远动装置进行操作的方法。

3　遥信

对远程目标的工况和信息传递给调度端的措施。

4　遥测

将远程测量对象的某些电气量或非电气量按要求传递到调度端的手段。

5　遥调

对远程对象进行调节和整定的措施。

6　实时控制

用电子计算机对电力系统中的电气量的变化、事件、故障等当时出现的各种运行工况进行计算、判断并进行处理的过程。

7　屏幕显示

计算机控制中在荧光屏上显示所需要的主界限系统图、运行状态和参数等信息的一种监视方法。

8　CSCS

计算机监控系统,即监视和控制整个输水线路的所有设备以实现在正常运行和紧急情况下使整个输水系统能够安全、稳定和经济运行的自动化系统。

9　SCADA

数据采集与监视控制系统,即通过人机联系系统的屏幕显示和调度模拟屏对电网运行进行在线监视,越限报警,记录,打印制表,事故追记,本系统自检,远动通道状态检测,重要断路器控制,无功功率补偿设备自动调节或投切,以实现对电压、频率监控的信息收集、处理的自动控制系统。

10 数据采集与处理

采集各监控站上送来的模拟量、开关量以及用于工程实时控制、分析和报表统计等经计算后的处理信息并存入数据库。

11 ITVS

工业电视监视系统。

12 HMI

人机界面。

13 LCU

现地控制单元。

14 SOE

事件顺序记录。

15 UPS

不间断电源。

16 GPS

同步时钟系统。

17 DI

开关量输入。

18 AI

模拟量输入。

19 DO

开关量输出。

20 AO

模拟量输出。

21 优先级

事件执行的先后顺序。

22 控制权限

全线自动控制可以分为三个层次,各级之间的转换可以通过切换开关和/或软件切换来实现。控制权限的优先次序,三个控制级如下:

(1)在 LCU 上实现的现地控制;

(2)在站级计算机上实现的远方控制;

(3)通过调度中心计算机监控现地和远方控制。

第二节　调度运行术语

第一条　调度管理

1 南水北调供水配套调度

河南省南水北调中线工程供水配套调度中心。

2 调度管辖

电力系统设备运行和操作指挥权限的划分。

3 经济调度

以输、配电系统的损耗和消耗(水耗)为最小的供电管理方式。

4 调度命令

值班调度员对其管辖的设备发布有关运行和操作命令。

5 调度同意

上级值班调度员对值班人员（下级调度机构的值班调度员、泵站值班长，下同）提出的申请、要求等予以同意。

6 许可操作

在改变变电设备的状态和方式前，根据有关规定，由有关人员提出操作项目，值班调度员同意操作。

7 直接调度

值班调度员直接向值班人员发布调度命令的调度方式。

8 间接调度

值班调度员通过下级调度机构值班调度员向其他值班人员转达调度命令的调度方式。

第二条 调度命令

1 发布命令

值班调度员正式给值班人员发布的调度命令。

2 接受命令

值班人员正式接受值班调度员发布给他的调度命令。

3 复诵命令

值班人员在接受值班调度员发布给自己的调度命令时，依照命令的步骤和内容，给值班调度员诵读一遍。

4 回复命令

值班人员在执行完值班调度员发布给他的调度命令后，向值班调度员报告已经执行完调度命令的步骤、内容和时间。

5 拒绝命令

值班人员发现值班调度员给他发布的调度命令是错误的，如执行将危害人身、设备和系统的安全，拒绝接受该调度的命令。

6 操作命令

值班调度员对所管辖设备进行操作，给值班人员发布的有关操作的命令。

7 逐项操作命令

值班调度员给值班人员发布的操作命令是具体的逐项的操作步骤和内容，要求值班人员按照命令的操作步骤和内容逐项进行操作。

8 综合操作命令

值班调度员给值班人员发布的操作命令，是综合的操作任务。其具体的逐项操作步骤和内容,以及安全措施,均由值班人员自行拟订。

第三条 开关

1 合上开关

使开关由分闸位置转为合闸位置。

2 拉开开关

使开关由合闸位置转为分闸位置。

3 开关跳闸

开关非运行人员操作使三相同时由合闸转为分闸位置。

4 ×时×分×开关跳闸

×时×分×开关非运行人员操作而三相跳闸。

5 ×时×分×开关跳闸、三相重合成功

×时×分×开关跳闸后,立即自动合上三相,未再跳闸。

6 ×时×分×开关跳闸、三相重合不成功

×时×分×开关跳闸后,立即自动合上三相,开关再自动跳开。

7 ×时×分×开关跳闸、重合闸拒动

×时×分×开关跳闸后,重合闸置虽已投入,但未动作。

8 ×时×分×线路强送成功

×时×分×开关跳闸后,在线路故障是否消除尚不清楚时,合上开关,对线路进行全电压送电,开关未再跳闸。

9 ×时×分×线路强送不成功

×时×分×开关跳闸后,在线路故障是否消除尚不清楚时,合上开关,对线路进行全电压送电,开关再跳闸。

第四条 继电保护

1 将保护改为跳闸

将保护由停用或信号位置改为跳闸位置。

2 将保护改为信号

将保护由停用或跳闸位置改为信号位置。

3 将保护停用

将保护由跳闸或信号位置改为停用位置。

4 保护改跳

由于方式的需要,将线路的保护改为不跳本线路开关而跳其他开关。

5 联跳

某开关跳闸时,其他有关开关也同时自动跳闸。

6 启用×设备×保护×段

启用×设备×保护×段跳闸压板。

7 停用×设备×保护 ×段

停用×设备×保护×段跳闸压板。

8 ×设备×保护更改定值

×设备×保护整定值(阻抗、电压电流、时间等)从××值改为××值。

9 保护侧向量

一次设备带负荷后,检查保护二次值的极性是否正确。

10 全部停用

跳闸压板全部打开。

第五条 并列、解列

1 核相

用仪表工具核对两电源或环路相位是否相同。

2 核对相序

用仪表或其他手段,核对电源的相序是否正确。

3 相序相同

开关两侧相序 A、B、C 三相均排列相同。

第六条 合环、解环

1 核相

用仪表工具核对两电源或环路相位是否相同。

2 核对相序

用仪表或其他手段,核对电源的相序是否正确。

3 相序相同

开关两侧相序 A、B、C 三相均排列相同。

第七条 线路

1 线路强送电

线路事故跳闸后未经处理即行送电。

2 线路强送电成功

线路事故跳闸后未经处理即行送电,开关未再跳闸。

3 线路强送电不成功

线路事故跳闸后未经处理即行送电,开关再次跳闸。

4 线路试送电

线路故障消除后的送电。

5 线路试送电成功

线路故障消除后送电,开关未跳闸。

6 线路试送电不成功

线路故障消除后送电,开关再跳闸。

7 带电巡线

对有电或停电未做安全措施的线路 巡线。

8 停电巡线

在线路停电并挂好地线情况下巡线。

9 事故巡线

线路发生事故后,为查明故障原因的巡线。

10 特巡

对带电线路在暴风雨、覆冰、雾、河流开冰、水灾、大负荷、地震等情况下的巡线。

第八条 设备状态

1 充电

设备带标称电压不带负荷。

2 送电

对设备充电并带负荷。

3 停电

拉开开关使设备不带电。

4 停电检修

设备停电,并做好安全措施,处于检修状态。

5 设备备用

设备处于完好状态,随时可以投入运行。

6 热备用状态

特指线路、母线等电气设备的开关分闸,刀闸在接通位置。

7 冷备用状态

特指线路,母线等电气设备的开关分闸,刀闸仍在断开位置。

8 紧急备用

设备停止运行,开关断开,有安全措施,但设备具备运行条件(包括有较大缺陷可短期投入运行的设备)。

9 停止备用

设备不具备立即投入运行的条件。

10 ×次冲击合闸

合拉开关×次,以额定电压给设备连续×次充电。

11 零起升压

电压由零逐步升至额定电压的 1.05 倍。

第九条 机组

1 首次充水

用初扬水泵或变速主泵将出水管充水到设计扬程 2/3 以上的充水方式。

2 变频启动

用变频器启动机组到设定转速。

3 直接启动

异步电动机全压异步启动方式。

4 变频运行

用变频器启动机组并拖动机组运行的方式。

5 调速

变频运行机组在设定范围内调节机组转速升高或降低。

6 紧急停机

人为操作"紧急停机按钮"而导致停机的非正常停机。

7 事故停机

事故状态下非正常停机。

第十条 用电

1 用户限电

通知用户自行限制用电。

2 拉闸限电

拉开线路开关使用户停电。

3 保安电力

保证人身和设备安全的电力。

第十一条 调整

1 ×机组转速从××上调到××

×机组转速从××上调到××。

2 ×机组转速从××下调到××

×机组转速从××下调到××。

3 ×站(库)×闸门开度从××上调到××

×站(库)×闸门开度从××上调到××。

4 ×站(库)×闸门开度从××下调到××

×站(库)×闸门开度从××下调到××。

第十二条 检修

1 定期检修

按规程或厂家规定的检修周期进行的检修。

2 计划检修

经上级批准,由调度统一安排的检修。

3 临时检修

计划外临时批准的检修。

4 事故检修

因设备故障进行的检修。

第十三条 接地、引线、短接

1 挂接地线

用临时接地线将设备与大地接通。

2 拆接地线

拆除将设备与大地接通的临时接地线。

3 合上接地刀闸

用接地刀闸将设备与大地接通。

4 拉开接地刀闸

用接地刀闸将设备与大地断开。

5 带电接线

在设备带电状态下接通短接线。

6 带电拆线

在设备带电状态下拆断短接线。

7 接引线

将设备引线或架空线的跨接线接通。

8 拆引线

将设备引线或架空线的跨接线拆断。

9 短接

用导线临时跨接在设备两侧构成旁路。

第十四条 其他

1 现在××线路(或设备)工作全部结束,现场工作安全措施已拆除,人员退出现场,可以送电

现场检修人员或下级调度员向上级调度员汇报调度许可的设备上工作结束后的汇报术语。

2 幺、两、三、四、五、六、拐、八、勾、洞

报数时,1、2、3、4、5、6、7、8、9、0 的读音。

3 ××调度(××××泵站)×××(姓名)

值班人员电话联系时的冠语。

第三节 操作指令术语

第一条 逐项操作指令

1 拉、合开关的操作

(1)拉开××(设备或线路名称)××××开关;

(2)合上××(设备或线路名称)×××开关。

2　拆挂地线

(1)拆除×××(挂地线地点)地线(×)组;

(2)在×××(挂地线地点)挂地线(×)组。

3　核相

(1)用××千伏的×××P、T和××千伏的×××P、T进行核相;

(2)在××(设备或线路名称)的×××刀闸两侧用核相杆进行核相。

4　投入、退出某种保护跳闸压板

(1)投入××(设备名称)的××保护跳闸压板;

(2)退出××(设备名称)的××保护跳闸压板;

(3)投入××线×××开关的××保护跳闸压板;

(4)退出××线×××开关的××保护跳闸压板。

5　投入、退出某种装置跳某个开关的压板

(1)投入××装置跳××(设备或线路名称)的×××开关压板;

(2)退出××装置跳××(设备或线路名称)的×××开关压板。

6　保护改跳

(1)××(设备或线路名称)的×××开关××保护,改跳××(设备或线路名称)的×××开关;

(2)××(设备或线路名称)的×××开关××保护,改跳本身开关。

7　保护改信号

××(设备或线路名称)的×××开关××保护改为投信号。

8　给线路试送电

(1)用××的×××开关对××线试送电一次;

(2)用××的×××开关对××线强送电一次。

9　给新线路或新变压器冲击

用××的×××开关对××(线路或变压器名称)冲×次。

第二条　综合操作指令术语

1　有关变压器的综合操作命令

(1)命令将×号变压器由运行转为检修:

拉开该变压器的各侧开关和该变压器上可能来电的各侧挂地线(或合上接地刀闸)。

(2)命令将×号变压器由检修转运行:

拆除该变压器上各侧地线(或拉开接地刀闸)、合上除有检修要求不能合或方式明确不合之外的刀闸和开关。

(3)命令将×号变压器由运行转热备用:

拉开变压器各侧开关。

(4)命令将×号变压器由热备用转为运行:

合上除有检修要求不能合或方式明确不合的开关以外的开关。

(5)命令将×号变压器由热备用转为检修:

拉开该变压器各侧刀闸,在该变压器上可能来电的各侧挂地线(或合上接地刀闸)。

(6)命令将×号变压器由检修转为热备用:

拆除该变压器上各侧地线(或拉开接地刀闸),合上除有检修要求不能合或方式明确不合的刀闸以外的刀闸。

注:不包括变压器中性点刀闸的操作。中性点刀闸的操作或下逐项操作命令或根据现场规定进行操作。

(7)命令将×号变压器由运行转为冷备用:

拉开变压器各侧开关及刀闸。

(8)命令将×号变压器由冷备用转为运行:

合上除有检修要求不能合或方式明确不合的开关和刀闸以外的开关和刀闸。

(9)命令将×号变压器由冷备用转为检修:

在该变压器上可能来电的各侧挂地线(或合上接地刀闸)。

(10)命令将×号变压器由检修转为冷备用:

拆除该变压器上各侧地线(或拉开接地刀闸)。

2 有关母线的综合操作命令

(1)命令将××千伏×号母线由运行转为检修:

①对于单母线接线:将该母线上所有的开关、刀闸拉开。在该母线上挂地线(或合上接地刀闸)。

②对于单母线开关分段接地:拉开母线上所有开关和刀闸。在母线上挂地线(或合上接地刀闸)。

(2)命令将××千伏×号母线由检修转为运行:

①对于单母线接线:拆除该母线上的地线(或拉开接地刀闸),合上该母线上除有检修要求不能合或方式明确不合以外的刀闸(包括 PT 刀闸)和开关。

②对于单母线开关分段接线:同单母线或一个开关接线。

(3)命令将××千伏×号母线由热备用转为运行:

①对于单母线接线:合上该母线上除有检修要求不合或方式明确不合以外的开关。

②对于单母线开关分段接线:同单母线或一个半开关接线。

(4)命令将××千伏×号母线由运行转为热备用:

①对于单母线接线:拉开该母线上的变压器及线路开关。

②对于单母线开关分段接线:拉开该母线上变压器、线路及母线分段开关。

(5)命令将××千伏×号母线由检修转为热备用:

①对于单母线接线:拆除该母线地线(或拉开接地刀闸),合上该母线上除因设备检修要求不能合的刀闸以外的变压器、线路开关的母线刀闸及 PT 刀闸。

②对于单母线开关分段接线:拆除该母线上地线(或拉开接地刀闸),合上该母线上除因设备检修等要求不能合的刀闸以外的变压器、线路开关的母线刀闸及 PT 刀闸。

(6)命令将××千伏×号母线由热备用转为检修:

拉开该母线上全部刀闸(包括 PT 刀闸、母联或母线分段开关刀闸)在该母线上挂地线(或合上接地刀闸)。

(7)命令将××千伏×号母线由冷备用转运行:

①对于单母线结接线:合上该母线上除有检修要求不合或方式明确不合以外的开关及刀闸。

②对于单母线开关分段接线:同单母线或一个半开关和刀闸接线。

(8)命令将××千伏×号母线由运行转为冷备用:

①对于单母线及一个半开关接线:拉开该母线上的变压器及线路开关和刀闸。

②对于单母线开关分段接线:拉开该母线上变压器、线路及母线分段开关及刀闸。

(9)命令将××千伏×号母线由检修转为冷备用:

①对于单母线及一个半开关接线:拆除该母线地线(或拉开接地刀闸)。

②对于单母线开关分段接线:拆除该母线上地线(或拉开接地刀闸)。

(10)命令将××千伏×号母线由冷备用转为检修:

在该母线上挂地线(或合上接地刀闸)。

(11)命令将××千伏×号母线方式倒为正常方式:

即倒为调度部门以明确规定正常母线分配方式(包括母联及联络变开关的状态)。

3 有关开关的综合操作命令

(1)命令将××(设备或线路名称)的×××开关由运行转为检修:

拉开开关及其两侧刀闸,在开关两侧挂地线(或合上接地刀闸)。

(2)命令将××(设备或线路名称)的×××开关由检修转为运行:

拆除该开关两侧地线(或拉开接地刀闸),合上该开关两侧刀闸(母线刀闸按方式规定合),合上开关。

(3)命令将××(设备或线路名称)的×××开关由热备用转为检修:

拉开该开关两侧刀闸,在开关两侧挂地线(或合上接地刀闸)。

(4)命令将××(设备或线路名称)的×××开关由检修转为热备用:

拆除该开关两侧地线(或拉开接地刀闸),合上该开关两侧刀闸(母线刀闸按方式规定合)。

(5)命令将××(设备或线路名称)的×××开关由冷备用转为检修:

在开关两侧挂地线(或合上接地刀闸)。

(6)命令将××(设备或线路名称)的×××开关由检修转为冷备用:

拆除该开关两侧接地线。

4 有关电压互感器的综合操作命令

(1)命令将××千伏×号母线电压互感器由运行转为检修:切换倒出电压互感器负荷,拉开该电压互感器刀闸,在电压互感器上挂地线(或合上接地刀闸)。

(2)命令将××千伏×号母线电压互感器由检修转为运行:拆除该电压互感器上地线(或拉开接地刀闸),合上该电压互感器刀闸,倒入电压互感器负荷。

附录4.4-1 各泵站运行参数表

河南省南水北调供水配套工程各泵站运行参数表

序号	区段	泵站名称	受水目标	分水口闸门板底高程(m)	进水池最高水位(m)	进水池设计水位(m)	进水池最低水位(m)	进水池最低停机水位(m)	池底高程(m)	机组安装高程(m)	泵站提水流量(m³/s)	装机台数(台)	备用泵台数(台)	单机容量(kW)	水泵型号	备注
1		3号邓州彭家泵站	赵集镇水厂	141.5	145.507	144.807	144.542	143.500	141.50	143.90	0.25	3	1	37	GS250-13B/4	
2		3-1号谭寨泵站	镇平五里岗水厂	139.889	144.051	143.341	142.869	141.300	139.50	141.60	0.4	3	1	220	GS300-6/4-B	
3			镇平规划水厂		144.051	143.341	142.869	141.300	139.50	141.60	0.6	3	1	315	GS350-9M/4	
4	南阳	5号南阳田洼泵站	兰营水厂	136.39	142.235	141.515	139.724	138.300	135.50	139.00	1	2	0	55	500HW-6	
5			龙升水厂		142.235	141.515	139.724	138.300	135.50	139.00	0.7	3	1	220	GS400-13MC/4	
6		9号方城十里庙泵站1#站	新絮水厂	134.391	138.23	137.47	137.074	135.800	133.95	136.30	1	4	1	280	GS400-13M/4	
7		9号方城十里庙泵站2#站	东园区水厂		138.23	137.47	137.074	135.800	133.95	136.30	0.5	3	1	132	GS350-13M/4-B	
8	平顶山	11-1号张村泵站	鲁山县水厂	125.79	130.939	130.295	129.09	128.200	125.77	128.40	0.5	4	1	110	KQSN300-M9/356	2台变频电机
9		13号高庄泵站1#站	宝丰水厂	124.207	130.244	129.601	128.807	127.600	126.10	128.20	0.6	3	1	55	KQSN350-M27/255	2台变频电机
10		13号高庄泵站2#站	石龙区水厂		130.244	129.601	128.807	127.600	126.10	128.20	0.5	4	1	400	KQSN300-N4/665(T)	2台变频电机

续表

区段	序号	泵站名称	受水目标	分水口闸门板底高程 (m)	进水池					机组安装高程 (m)	泵站提水流量 (m³/s)	装机台数 (台)	备用泵台数 (台)	单机容量 (kW)	水泵型号	备注
					最高水位 (m)	设计水位 (m)	最低水位 (m)	最低停机水位 (m)	池底高程 (m)							
许昌	11	16号任屯坡泵站	神垕镇水厂	121.646	126.804	126.161	125.546	124.400	121.646	124.80	0.5	3	1	630	HS250-200-650A	
	12	19号新郑李垌泵站	老观寨水库	117.76	123.582	122.955	122.360	120.600	118.645	121.30	1.34	2	0	355	KQSN600-N13/574	
	13		望京楼水库		123.582	122.955	122.360	120.600	118.645	121.70	0.5	2	0	75	KQSN350-M27/290	
	14	20号中牟小河刘泵站1#站	航空城一水厂	115.986	122.19	121.55	120.29	118.400	115.986	119.24	2.7	5	1	500	KQSN600-M13/618	2台变频电机
	15	20号中牟小河刘泵站2#站	航空城二水厂		122.19	121.55	120.29	118.400	115.986	119.63	1.35	4	1	75	KQSN500-N28/374	2台变频电机
	16	21号刘湾泵站	刘湾水厂	114.932	121.025	120.345	119.832	117.900	114.800	118.90	5	5	1	315	SLOW700-580B	2台变频电机
郑州	17	22号郑州密垌泵站	尖岗水库	114.82	120.324	119.629	119.52	117.100	114.52	118.52	6	4	0	1 250	KQSN800-A13/870	
	18	23号郑州中原西路泵站	常庄水库	113.704	120.298	119.604	119.273	117.400	113.500	118.40	2	3	0	110	500HW-6	
	19		柿园水厂		120.298	119.604	119.273	117.400	113.500	118.40	4.3	5	1	250	KQSN700-M27/510	2台变频电机
	20	24号荥阳市前蒋寨泵站	荥阳规划四水厂	113.06	119.666	118.96	118.62	117.000	112.86	117.80	2.2	5	1	315	KQSN500-M13/530	2台变频电机
	21	24-1号上街区蒋头泵站	水厂	112.05	118.66	117.95	117.03	115.500	111.88	116.20	1	3	1	800	KQSN500-M6/860(T)	2台变频电机

续表

序号	区段	泵站名称	受水目标	分水口闸门板底高程(m)	进水池					机组安装高程(m)	泵站提水流量(m³/s)	装机台数(台)	备用泵台数(台)	单机容量(kW)	水泵型号	备注
					最高水位(m)	设计水位(m)	最低水位(m)	最低停机水位(m)	池底高程(m)							
22	焦作	26号博爱泵站	博爱县水厂	101.700	106.934	106.283	101.80	100.30	99.00	101.10	0.7	4	1	200	DFSS300-8/4	4台变频电机
23	新乡	31号路固加压泵站	辉县第二、第三水厂	95.50	99.934	99.399	98.873	98.70	94.49	98.195	2.0	4	1	160	SLOW500-500(Ⅰ)	2台变频电机
24		34号袁庄铁西水厂加压泵站	淇县铁西水厂	92.00	97.02	96.59	95.42	95.30	91.72	94.80	1.4	4	1	90	KQSN500-N28/390	2台变频电机
25	鹤壁	36号刘庄加压泵站	鹤壁第三水厂	90.30	95.85	95.45	94.20	94.10	90.00	93.60	1.5	4	1	132	KQSN500-M19/407	2台变频电机
26		金山水厂加压泵站	金山水厂	90.30	95.85	95.45	94.20	93.80	90.00	93.33	0.54	3	1	220	KQSN350-N9/452	2台变频电机

说明：1. 无备注的水泵所配电机均为工频异步电动机。

2. 工频异步电动机采用软启，变频异步电动机采用变频启动。

附录 4.4-2 年度水量调度方案

××市（县）南水北调受水区供水配套工程
××××～××××年度水量调度方案

一、基本情况

（一）供水线路工程基本情况

供水线路工程概况，是否具备供水条件。

（二）供水目标基本情况

简要说明受水水厂、调蓄水库及生态用水河湖基本情况，是否具备接用水条件等。

二、编制依据

编制依据主要为批复的水量调度计划、试通水调度运行方案、用水单位报送的用水计划等。

三、年度供水调度计划

根据用水需求，简要说明次下一年度供水调度计划，包括供水线路编号、口门名称、开启时间、分水流量、月用水量等信息，格式见后附表。

四、运行管理保障措施

（一）组织保障

成立机构、人员到位等情况。

（二）制度保障

建立的规章制度，编写的操作规程等措施。

（三）联络协调机制

与受水水厂、调蓄水库或生态用水河湖管理单位建立联络协调机制情况，可将附表 1～附表 3 作为方案附件。

（四）应急保障措施

应急预案制定、建立应急保障机制情况。

附表 1

20×x～20×x 年度河南省南水北调配套工程各受水城市水厂需水量上报统计表

所在市	口门编号	口门名称	受水目标	项目名称	用水量（万 m³/年）														备注
					合计	11月	12月	1月	2月	3月	4月	5月	6月	7月	8月	9月	10月		
合计																			

附表 2

2017～2018 年度河南省南水北调配套工程各受水城市生态用水量上报统计表

所在市	口门编号	口门名称	受水目标	项目名称	引水位置（或退水闸名称）	河湖名称	用水量（万 m³/年）													备注
							合计	11月	12月	1月	2月	3月	4月	5月	6月	7月	8月	9月	10月		
合计																				

填表说明：在备注中说明生态用水用水目标、范围以及相应的引水工程设施。

附表 3　2017～2018 年度河南省南水北调配套工程各受水城市调蓄工程上报统计表

所在市	口门编号	口门名称	受水目标	项目名称	水量（万 m³/年）													备注
					合计	11 月	12 月	1 月	2 月	3 月	4 月	5 月	6 月	7 月	8 月	9 月	10 月	
				合计														

附录 4.4-3 月水量调度方案

××市(县)南水北调受水区供水配套工程
××××年×月水量调度方案

一、基本情况

(一)供水线路工程基本情况

供水线路工程概况,是否具备供水条件。

(二)供水目标基本情况

简要说明受水水厂、调蓄水库及生态用水河湖基本情况,是否具备接用水条件等。

二、编制依据

编制依据主要为批复的水量调度计划、试通水调度运行方案、用水单位报送的用水计划等。

三、月供水调度计划

根据用水需求,简要说明次月供水调度计划,包括供水线路编号、口门名称、开启时间、分水流量、月用水量等信息,若有月中计划有调整,也应一并详细说明,如调整分水流量、调整时间段等信息。可参考附表格式。

四、运行管理保障措施

(一)组织保障

成立机构、人员到位等情况。

(二)制度保障

建立的规章制度,编写的操作规程等措施。

(三)联络协调机制

与受水水厂、调蓄水库或生态用水河湖管理单位建立联络协调机制情况,可将附表 1~附表 2 作为方案附件。

(四)应急保障措施

应急预案制定、建立应急保障机制情况。

附表 1

市（县）年月供水调度计划表

口门编号	口门名称	所在市县	水厂（水库）名称	供水时段		计划分水流量（m³/s）	月计划用水量（万m³）	计划调整时段		计划调整流量（m³/s）	备注
				×月×日×时	×月×日×时			×月×日×时	×月×日×时		

附表 2

××××年×月用水计划表

填报单位：　　　　　　　　填报时间：　　　　　　　　（盖章）

名称	设计日供水能力（万t）	平均日用水量（万m³）	计划用水时段		月计划用水量（万m³）	高峰期用水时段		高峰期用水流量（m³/s）	平均用水流量（m³/s）	备注
××水厂			×月×日×时	×月×日×时		×月×日×时	×月×日×时			供水区域，受益人口
××水库										充库调蓄
××水库（河湖）										生态用水

说明：向水库充库后供水厂用水的，用水计划由水厂填报；向水库充库调蓄用水计划由水库管理单位或其上级部门填报；生态用水由地方政府授权的部门或单位填报。

附录 4.4-4 调度专用函(省级－市级管理机构)

河南省南水北调受水区供水配套工程调度专用函

豫调办水调〔××××〕×号

呈报时间	年 月 日 时 分	经办人		电话	
主送单位		接报人			
抄送单位		接报人			
呈 报 内 容	<div align="right">调度值班员：</div> <div align="right">日 期： 年 月 日</div>				
处室意见		会签			
领导批示					

附录 4.4-5 调度专用函（市级－省级管理机构）

调度专用函

×调办水调〔××××〕×号

呈报时间	年 月 日 时 分	经办人		电话	
主送单位		接报人			
呈报内容					
调度组长意见					
领导批示					

调度值班员：

日 期： 年 月 日

附录 4.5-1 供水调度各级管理机构联系方式统计表

配套工程供水调度各级管理机构联系方式统计表

		河南省南水北调受水区供水配套工程				
一级管理机构		省级管理机构				
	职责					
	地址				邮编	
	区号		值班电话		传真	
	部门			职责		
	姓名	职务	办公电话	移动电话	责任分工	
二级管理机构		市级管理机构				
	职责					
	地址				邮编	
	区号		值班电话		传真	
	部门			职责		
	姓名	职务	办公电话	移动电话	责任分工	
三级管理机构		现地管理机构				
	职责					
	地址				邮编	
	区号		值班电话		传真	
	部门			职责		
	姓名	职务	办公电话	移动电话	责任分工	
⋮		×××水厂（调蓄水库）/公司科室/集团科室				
	职责					
	地址				邮编	
	区号		值班电话		传真	
	部门			职责		
	姓名	职务	办公电话	移动电话	责任分工	
⋮	⋮					

附录 5.4-1 外来人员登记表

××号口门××泵站外来人员登记表

日期	姓名	单位	电话	进站原因	离站时间	备注

附录 5.4-2 培训记录

×××培训记录

时间		地点	
主讲人			
培训内容：			
参加人员签名：			

备注:岗前培训、安全培训、生产培训等培训记录均参照此表执行。

附录 5.4-3 操作票格式

_____ 泵站

_____ 操作票

编号_____

操作任务：

顺序	操作项目	操作记号(√)

发令人：	发令时间： 年 月 日 时 分		
受令人：	操作人：	监护人：	
操作开始时间 年 月 日 时 分			
操作完成时间 年 月 日 时 分			
备注			

附录5.4-4　工作票格式

第一种工作票

单位：＿＿＿＿＿＿＿＿＿＿＿＿＿＿　编号：＿＿＿＿＿＿＿＿

一、工作负责人（监护人）：＿＿＿＿＿＿＿＿；　班组：＿＿＿＿＿＿；

　　工作班人员：＿＿＿＿＿＿＿＿＿＿＿＿＿＿＿＿＿＿＿＿＿＿＿＿＿＿

　　现场安全员：＿＿＿＿＿＿＿＿＿＿＿＿＿＿＿＿＿＿　共＿＿＿＿人

二、工作内容：＿＿＿＿＿＿＿＿＿＿＿＿＿＿＿＿＿＿＿＿＿＿＿＿＿＿＿

　　工作地点：＿＿＿＿＿＿＿＿＿＿＿＿＿＿＿＿＿＿＿＿＿＿＿＿＿＿＿

三、计划工作时间：自＿＿＿＿年＿＿月＿＿日＿＿时＿＿分

　　　　　　　　　至＿＿＿＿年＿＿月＿＿日＿＿时＿＿分

四、安全措施：

下列由工作票签发人填写	下列由工作许可人（值班人）填写
1.应拉开关和隔离刀闸（注明标号）：	已拉开关和隔离刀闸（注明编号）：
2.应装接地线、应合接地刀闸（注明装设地点、名称及编号）：＿＿＿＿＿	已装接地线、已合接地刀闸（注明装设地点、名称及编号）：＿＿＿＿＿
3.应设遮拦、应挂标示牌（注明地点）：＿	已设遮拦、已挂标示牌（注明地点）：＿
工作票签发人签名：＿＿＿＿＿＿＿	工作地点保留带电部分和补充安全措施：
收到工作票时间：＿＿＿＿＿＿＿	
＿＿＿＿年＿＿月＿＿日＿＿时＿＿分	工作许可人签名：＿＿＿＿＿＿＿
值班负责人签名：＿＿＿＿＿＿＿	值班负责人签名：＿＿＿＿＿＿＿

五、许可开始时间:_____年____月____日____时____分

　　工作许可人签名:_____　　　　工作负责人签名:_____

六、工作负责人变动:

　　原工作负责人_____离去,变更_____为工作负责人。

　　变动时间:_____年____月____日____时____分

　　工作票签发人签名:_____

七、工作人员变动:

增添人员姓名	时间	工作负责人	离去人员姓名	时间	工作负责人

八、工作票延期:有效期延到_____年____月____日____时____分

　　工作负责人签名:_____　　　　　　工作许可人签名:_____

九、工作终结:全部工作已于_____年____月____日____时____分结束,设备及安全措

　　施已恢复至开工前状态,工作人员全部撤离,材料、工具已清理完毕。

　　工作负责人签名:_____　　　　　　工作许可人签名:_____

十、工作票终结:

　　临时遮拦、标示牌已拆除,常设遮拦已恢复,接地线共组(　　)号已拆除,接地刀闸

组(　　)号已拉开。工作票于_____年____月____日____时____分终结。

　　工作许可人签名:_____

十一、备注:_____

_____

_____

_____

十二、每日开工时间和收工时间:

开工时间	工作许可人	工作负责人	收工时间	工作许可人	工作负责人

十三、执行工作票保证书

工作班人员签名:	
开工前	收工后
1. 对工作负责人布置的工作任务已明确;	1. 所布置的工作任务已按时保质保量完成;
2. 监护人与被监护人互相清楚分配的工作地段设备包括带电部分等注意事项已清楚;	2. 施工期间发现的缺陷已全部处理;
3. 安全措施齐全,确保工作人员在措施保护范围内工作;	3. 对检修的设备项目自检合格,有关资料在当天交工作负责人;
4. 工作前保证认真检查设备的双重编号,确认后方可工作,工作期间保证遵章守纪,服从指挥,注意安全,保质保量完成任务;	4. 检查场地已打扫干净,工具(包括仪表)及多余材料收回保管;
5. 所有工具(包括实验仪表)齐全,设备合格,开工前对有关工作进行检查确认可以开工	5. 经工作负责人通知本工作班安保措施已拆除(经三级验收后确定),检修设备可投运;
	6. 对已拆线已全部恢复并接线正确

姓名	时间

注:1. 工作班人员在收工后签名,工作票交工作负责人保存。

　　2. 工作结束后,工作班人员经工作负责人同意方可离开现场。

第二种工作票

单位：＿＿＿＿＿＿＿＿＿＿＿＿＿＿   编号：＿＿＿＿＿＿

一、工作负责人（监护人）：＿＿＿＿＿＿＿＿；   班组：＿＿＿＿＿＿；

　　工作班人员：＿＿＿＿＿＿＿＿＿＿＿＿＿＿＿＿＿＿＿＿＿＿＿

　　现场安全员：＿＿＿＿＿＿＿＿＿＿＿＿＿＿ 共＿＿＿ 人

二、工作任务：＿＿＿＿＿＿＿＿＿＿＿＿＿＿＿＿＿＿＿＿＿＿＿＿

＿＿＿＿＿＿＿＿＿＿＿＿＿＿＿＿＿＿＿＿＿＿＿＿＿＿＿＿＿＿＿

＿＿＿＿＿＿＿＿＿＿＿＿＿＿＿＿＿＿＿＿＿＿＿＿＿＿＿＿＿＿＿

三、计划工作时间：自＿＿＿年＿＿月＿＿日＿＿时＿＿分

　　　　　　　　　至＿＿＿年＿＿月＿＿日＿＿时＿＿分

四、工作条件（停电或不停电）：＿＿＿＿＿＿＿＿＿＿＿＿＿＿＿＿

＿＿＿＿＿＿＿＿＿＿＿＿＿＿＿＿＿＿＿＿＿＿＿＿＿＿＿＿＿＿＿

＿＿＿＿＿＿＿＿＿＿＿＿＿＿＿＿＿＿＿＿＿＿＿＿＿＿＿＿＿＿＿

＿＿＿＿＿＿＿＿＿＿＿＿＿＿＿＿＿＿＿＿＿＿＿＿＿＿＿＿＿＿＿

五、注意事项（安全措施）：＿＿＿＿＿＿＿＿＿＿＿＿＿＿＿＿＿＿＿

＿＿＿＿＿＿＿＿＿＿＿＿＿＿＿＿＿＿＿＿＿＿＿＿＿＿＿＿＿＿＿

＿＿＿＿＿＿＿＿＿＿＿＿＿＿＿＿＿＿＿＿＿＿＿＿＿＿＿＿＿＿＿

＿＿＿＿＿＿＿＿＿＿＿＿＿＿＿＿＿＿＿＿＿＿＿＿＿＿＿＿＿＿＿

　　工作票签发人（签名）：＿＿＿＿＿＿＿＿＿＿＿＿＿＿＿＿＿＿

六、许可开始时间：＿＿＿年＿＿月＿＿日＿＿＿时＿＿分

　　工作许可人（值班员）签名：＿＿＿＿＿＿＿   工作负责人（签名）：＿＿＿＿＿＿

七、工作结束时间：＿＿＿年＿＿月＿＿日＿＿＿时＿＿分

　　工作许可人（值班员）签名：＿＿＿＿＿＿＿   工作负责人（签名）：＿＿＿＿＿＿

八、备注：

九、执行工作票保证书

工作班人员签名：	
开工前	收工后
1.对工作负责人布置的工作任务已明确；	1.所布置的工作任务已按时保质保量完成；
2.监护人与被监护人互相清楚分配的工作地段设备包括带电部分等注意事项已清楚；	2.施工期间发现的缺陷已全部处理；
3.安全措施齐全,确保工作人员在措施保护范围内工作；	3.对检修的设备项目自检合格,有关资料在当天交工作负责人；
4.工作前保证认真检查设备的双重编号,确认后方可工作,工作期间保证遵章守纪,服从指挥,注意安全,保质保量完成任务；	4.检查场地已打扫干净,工具(包括仪表)及多余材料收回保管；
5.所有工具(包括实验仪表)齐全,设备合格,开工前对有关工作进行检查确认可以开工	5.经工作负责人通知本工作班安保措施已拆除(经三级验收后确定),检修设备可投运；
	6.对已拆线已全部恢复并接线正确

姓名	时间

注:1.工作班人员在收工后签名,工作票交工作负责人保存。

　　2.工作结束后,工作班人员经工作负责人同意方可离开现场。

附录 5.6-1 各泵站集水井排水泵运行水位

各泵站集水井排水泵运行水位

序号	区段	泵站名称	集水井底板高程（m）	泵房底板高程（m）	排水泵运行水位		
					水泵停机水位（m）	水泵启动水位（m）	水泵报警水位（m）
1	南阳	3 号邓州彭家泵站	140.19	142.69	140.70	142.09	142.29
2		3－1 号谭寨泵站	137.85	140.35	138.35	139.75	139.95
3		5 号南阳田洼泵站	135.30	137.50	135.80	136.90	137.10
4		9 号方城十里庙泵站 1#站	132.25	134.95	132.75	134.35	134.55
5		9 号方城十里庙泵站 2#站	132.25	134.95	132.75	134.35	134.55
6	平顶山	11－1 号张村泵站	124.10	127.10	124.60	126.50	126.70
7		13 号高庄泵站 1#站	124.60	126.80	125.10	126.20	126.40
8		13 号高庄泵站 2#站	124.70	126.90	125.20	126.30	126.50
9	许昌	16 号任坡泵站	121.20	123.40	121.70	122.80	123.00
10	郑州	19 号新郑李垌泵站站	117.50	119.70	118.00	119.10	119.30
11		20 号中牟小河刘泵站 1#站	115.34	117.54	115.84	116.94	117.14
12		20 号中牟小河刘泵站 2#站	115.88	118.08	116.38	117.48	117.68
13		21 号刘湾泵站	114.80	117.00	115.30	116.40	116.60
14		22 号郑州密垌泵站	111.82	114.52	112.32	113.92	114.12
15		23 号郑州中原西路泵站	114.50	116.60	115.00	116.00	116.20
16		24 号荥阳市前蒋寨泵站	113.97	116.17	114.47	115.57	115.77
17		24－1 号上街区蒋头泵站	112.50	114.70	113.00	114.10	114.30
18	焦作	26 号博爱泵站	98.30	100.00	98.80	99.40	99.60
19	新乡	31 号路固加压泵站	94.27	96.47	94.67	95.77	96.07
20	鹤壁	34 号袁庄铁西水厂加压泵站	91.22	93.42	91.62	92.72	93.02
21		36 号刘庄加压泵站	90.00	92.20	90.40	91.50	91.80

附录 5.10-1 运行值班记录表

运行值班记录表

日期：　　年　　月　　日　　　　　　　　　　星期：　　　　　　　　天气：

记录时间(00:00)								
工程运行参数	进水池液位(m)							班次
	空气罐液位(m)							早班 □
	管道压力（MPa）	进口						中班 □
		出口						晚班 □
	管道瞬时输水流量(m³/s)							
	管道累计输水量(m³)							
工作机组运行参数	一#机组	电流（A）	A					运行异常记录：
			B					
			C					
		电压（kV）	AB					
			BC					
			CA					
		功率因数						
		有功功率(kW)						
		电机轴承温度（℃）	轴伸段					
			非轴伸段					
		定子温度（℃）	A1					
			A2					
			B1					
			B2					
			C1					
			C2					
		开机时间				时　　分		
		停机时间				时　　分		
	一#机组	电流（A）	A					运行异常处理记录：
			B					
			C					
		电压(kV)	AB					
			BC					
			CA					

续表

工作机组运行参数	__#机组	功率因数						运行异常处理记录：
		有功功率(kW)						
		电机轴承温度 (℃)	轴伸段					
			非轴伸段					
		定子温度 (℃)	A1					
			A2					
			B1					
			B2					
			C1					
			C2					
		开机时间		时　　分				
		停机时间		时　　分				
电气设备	高压柜设备	电流 (A)	A					
			B					
			C					
		电压(kV)						
	低压柜设备	电流 (A)	A					
			B					记录人：
			C					
		电压(kV)						
	变压器	温度 (℃)	A					
			B					
			C					

注:1. 本表属每日每班的运行值班记录表。

2. 每日三班运行,交接班具体时间由各市级管理机构确定,如每日 07:30、15:30、23:30 为交接班时间,08:00 至 14:00 为早班人员填写,16:00 至 22:00 为中班人员填写,00:00 至 06:00 为晚班人员填写。

3. 每班每两小时记录 1 次,每班共记录 4 次。

4. 当班期间,供水流量每进行 1 次调整,则增加 1 次运行记录。

5. 本表记录内容应根据各站设备实际情况进行调整。

附录 5.10-2　交接班记录表

交接班记录表

班次	□早班	□中班	□夜班	
设备运行情况	运行机组：			
	运行时间：			
	供水总流量：			
	设备是否存在异常/故障：□是　　　　　□否 设备异常/故障具体内容：			
工程运行情况	是否发生运行事故：□是　　　　　□否 备注：			
工器具情况	绝缘工具是否齐全：□是　　□否		备注：	
	操作工具是否齐全：□是　　□否		备注：	
	警示牌是否齐全：□是　　□否		备注：	
其他	是否存在其他问题：□是　　　　　□否 备注：			

交接班时间：　　　年　　月　　日　　时　　分	
交班人：	
接班人：	

注：正常请打"√"，如发现问题请注明。

附录 6.5-1　巡视检查记录

××市(县)南水北调受水区供水配套工程
巡视检查记录

_____年　　第_____期
_____年___月___日至_____年___月___日

巡视单元名称：_____

运行管理机构：_____（全称及盖章）_____

负　责　人：_____（签名）_____

日　　　期：_____年_____月_____日

附表 1

建(构)筑物巡视检查记录表

建(构)筑物名称：_____　　天　　气：_____

日　　　期：_____年_____月_____日　　　巡检人员：_____

巡　视　时　间：_____　　巡检负责人：_____

巡视检查部位与内容		损坏或异常情况 （没有损坏或异常请填"无"）
混凝土结构	1. 各种槽、涵、倒虹吸、管、洞等混凝土有无破损、沉陷、倾斜、滑移、塌陷、淤堵等现象； 2. 各种管(涵)段、洞壁上有无脱落、裂缝及润湿或渗漏水情况； 3. 混凝土有无溶蚀或水流侵蚀现象	
接缝、止水等	1. 伸缩缝开合情况和止水工作情况,是否有润湿或渗水现象； 2. 结构分缝处相邻段之间的错动； 3. 伸缩缝填料完好情况	
闸门及金属结构	1. 闸门(包括门槽、门支座、止水等)工作情况； 2. 启闭设施启闭工作情况； 3. 金属结构防腐及锈蚀情况； 4. 电气控制设备、正常动力和备用电源工作情况	
闸站	1. 屋顶防水、排水设施是否完好、畅通,有无渗漏现象； 2. 墙体是否整洁,有无脱落、裂缝、变形等现象； 3. 门窗是否完好、封闭严实,照明是否正常； 4. 地面排水是否通畅,有无积水、沉陷等现象； 5. 工程标识、围栏是否完好	
监测仪器设施	1. 外部观测设施有无损毁或移位； 2. 监测仪器电缆有无折断或破皮现象； 3. 电缆沟盖板有无损坏； 4. 外部观测设施和电缆编号是否清晰； 5. 监测自动化系统网络电缆、通信设施和电源是否丢失或损坏	
其他	1. 水流流态是否正常； 2. 进水口拦污栅和拦冰索有无淤堵和破坏； 3. 水流浑浊度,有无油渍污染现象等	

说明:本表由巡视人填写,应按月装订成册。

附表2

输水管线、阀井或设备设施巡视检查记录表

巡视时间：　　　　　天气：　　　　巡检人员：　　　　　记录人：

序号	巡视检查部位	巡视检查内容	损坏及异常情况 （没有损坏或异常填写"无"）
1			
2			
3			
4			
5			
6			
7			
8			
9			
10			
11			
12			
13			
14			
15			

说明：本表由巡视人填写，应按月装订成册。

巡检负责人：

附表 3

工程设备设施缺陷统计月报表

序号	项目名称	缺陷编号	类型/设备编号	严重程度	桩号	发现时间	缺陷问题描述	已采取的措施	处理情况进展及下一步计划	是否消缺	消缺时间	备注
一	输水管线											
1												
…												
二	建（构）筑物												包括阀井
1												
…												
三	设备设施												
1												
…												
四	其他												
1												
…												

填写说明：1. 项目名称、类型、设备编号应按设计标识如实填写；

2. 缺陷编号：按照各级运管机构发现缺陷时间顺序编号，1，2，3，…；

3. 严重程度填写：重大缺陷，较大缺陷，一般缺陷，轻微缺陷。

附录 7.7-1 主机组大修项目及要求

1 主水泵大修的主要项目及要求可按表 1 执行。

表 1 主水泵大修的主要项目及要求

部件名称	检修项目及要求
水泵轴承	1 油润滑轴承检查,修刮或更换; 2 转动油盆的检查,毕托管或油泵检查、分解修理; 3 水润滑轴承的检查,清扫或更换; 4 轴承间隙的测量、调整; 5 密封止水部件的磨损检查、修理、调整或更换; 6 止水围带的修理或更换; 7 同轴度的测量与调整
叶轮及主轴	1 叶片角度检查与调整,叶片与叶轮室的间隙测量和调整; 2 叶轮和叶轮室汽蚀磨损检查和处理; 3 叶轮主要部件的更换应做静平衡试验; 4 轮毂与叶片的密封检查或更换; 5 轮毂体密封试验或解体检修; 6 叶片接力器的检查、修理或密封件更换; 7 主轴轴颈、轴套的清扫、检查和处理; 8 叶轮与口环的间隙测量、修复或更换; 9 填料函的检查及填料的更换; 10 各类连接件、紧固件的检查更换; 11 防锈涂漆; 12 主轴中心的调整
受油器	1 受油器的分解检查、测量与调整; 2 操作油管的检查、修理或更换; 3 铜套及密封的检查、间隙测量或更换
其他	根据设备情况确定需要增加的项目

2 主电动机大修的主要项目及要求可按表 2 执行。

表 2 主电动机大修的主要项目及要求

部件名称	检修项目及要求
定子	1 定子各部件螺丝、垫木、端部绕组绑线的检查、清理； 2 定子绕组引线及套管的检修； 3 铁芯检查及清理； 4 定子圆度的检查与调整； 5 定子合缝处理； 6 槽楔的检修和通风沟的清扫； 7 绕组的喷漆； 8 电气预防性试验
转子	1 转子各部位的清扫检查； 2 碳刷、刷架、集电环及引线等的清扫、检查、车磨或更换； 3 转子引线检查或更换； 4 磁极接头或绕组匝间连接检查或修理； 5 转子喷漆； 6 定转子空气间隙测量或调整； 7 电气预防性试验
轴承	1 油冷却器清理、检查和水压试验或更换油冷却器管道或更换油冷却器； 2 轴承各部清理检查，轴瓦研刮或更换轴承； 3 推力瓦水平测量与调整及受力调整； 4 导轴承间隙测量与调整； 5 轴承绝缘测量
机架	1 机架各部清理检查； 2 上下油缸检查处理，更换透平油； 3 机架组合面处理，中心水平测量和调整
励磁装置	励磁装置的检查、调整与试验
机组轴线	1 机组轴线的检查、测量、调整； 2 受油器操作油管轴线的检查、调整； 3 大修前后各部摆度和振动的测量
顶车装置	顶车装置的分解检查和耐压试验
其他	1 管路系统外观检查、必要的耐压试验和除锈涂漆等； 2 主要阀件的检查或分解处理； 3 各部温度计、压力表的校验或更换； 4 机组的清理检查

3 主机组大修的主要技术参数记录可按表3执行。

表3 主机组大修的主要技术参数记录表

设备名称	项目内容	大修前情况	大修后情况	说明
机组	1 机组同轴度测量记录; 2 大轴摆度测量记录; 3 中心测量记录; 4 水平测量记录; 5 水导轴承检查和间隙测量记录; 6 水泵叶轮及叶轮室汽蚀检查及间隙测量记录; 7 水泵叶轮油压试验记录; 8 定、转子圆度测量; 9 电动机空气间隙测量记录; 10 电动机磁场中心测量记录; 11 电动机冷却器水压试验记录			

4 主机组大修总结报告可按表4编制。

表4 主机组大修总结报告

_____泵站_____号机组　　　　　　　年_____月___日

电动机型号_____制造厂_____制造日期_____

容量_____(kW)　　额定电压_____(kV) 转速_____(r/min)

水泵型号_____　　制造厂_____ 制造日期_____

设计流量_____(m³/s)

1.检修日期:

　　计划_____年____月_____日到____年____月_____日,共_____天

　　实计_____年____月_____日到____年____月_____日,共_____天

2.工时:

　　计划_____工时,实际(概数):_____工时

3.费用:

　　计划_____万元,实际(概数):_____万元

4.由上次大修到此次大修运行小时数

　　其中:抽水运行_____(h)

　　两次大修间已有小修_____(次)

　　两次大修间事故检查_____(次)

5. 主机组的运行技术指标：

附表 1　主机组大修前后主要运行技术指标

指标项目		单位	大修前	大修后
振动与摆度双振幅	荷重机架最大垂直振幅	mm		
	荷重机架最大水平振幅			
	上导轴承最大摆度			
	叶轮室最大垂直振幅			
	叶轮室最大水平振幅			
	轴承振幅（卧式机组）			
机组运行温升记录其中最大值	定子绕组最高温度	℃		
	＿＿＿＿号推力瓦			
	＿＿＿＿号上导瓦			
	＿＿＿＿号下导瓦			
	＿＿＿＿号水导瓦（油轴承）			

6. 主机组大修前后主要安装技术指标（按表 3 填写）

7. 设备评级：

　　大修前＿＿＿＿＿＿＿＿＿＿大修后＿＿＿＿＿＿＿＿＿＿

　　升级或降级的主要原因：

8. 检修工作评语：

9. 简要文字总结：

(1)大修中消除的重大缺陷及采取的主要措施

(2)设备的重要改进及效果

(3)人工和费用的简要分析

(4)大修后尚存在的主要问题及准备采取的措施

(5)主要试验结果和分析

(6)其他

检修负责人：

技术负责人：

附录 7.8-1　电气设备定期试验项目和周期

1　变压器及电抗器定期试验项目和周期可按表 1 执行。

表 1　变压器及电抗器定期试验项目和周期

试验项目	试验周期	备注
1　绕组的直流电阻测量	①1 年;②大修时;③运行时变动分接开关位置后(无载调压变压器)	
2　绕组的绝缘电阻、吸收比或极化指数	①1 年;②大修后;③必要时	
3　绕组的 tanδ	①1 年;②大修后;③必要时	电压 35 kV 及以上变压器进行
4　电容型套管的 tanδ 和电容值	①1 年;②大修后;③必要时	
5　绕组的泄漏电流	①1 年;②大修后;③必要时	电压 35 kV 及以上且容量 1.6 MVA 及以上变压器进行
6　铁芯(有外引接地线的)绝缘电阻	①1 年;②大修后;③必要时	
7　测温装置及其二次回路试验	①1 年;②必要时	
8　有载调压装置的试验和检查	①1 年或按制造厂要求;②必要时;③大修后	
9　气体继电器及其二次回路试验	①1 年;②必要时	
10　交流耐压试验	①3 年;②必要时;③大修后(35 kV 及以下)	定期仅对 10 kV 及以下变压器进行
11　绝缘油试验		
11.1　外观	1 年	6 kV 及以上变压器
11.2　水溶性酸 pH 值	1 年	110 kV 及以上变压器
11.3　酸值(mgKOH/g)	1 年	110 kV 及以上变压器
11.4　击穿电压	1 年	6 kV 及以上变压器
11.5　水分(mg/L)	1 年或必要时	110 kV 及以上变压器
11.6　tanδ(90 ℃)(%)	2 年	110 kV 及以上变压器
11.7　体积电阻率(90 ℃)(Ω·m)	必要时	110 kV 及以上变压器
11.8　闪点(闭口)(℃)	必要时	10#、25#、45#变压器油
11.9　油中溶解气体色谱分析	1 年或必要时	110 kV、35 kV 变压器,及 8 MVA 及以上变压器进行
12　油浸式电抗器试验	①1 年;②大修后;③必要时	10 kV 及以下按上述 1、2、10、11.4 项进行

续表

试验项目	试验周期	备注
13　干式电抗器		
13.1　绕组直流电阻	1 年或按制造厂要求	
13.2　绝缘电阻	1 年或按制造厂要求	可随母线及瓷瓶同时进行
13.3　交流耐压试验	3 年或按制造厂要求	可随母线及瓷瓶同时进行
14　干式变压器		
14.1　绕组直流电阻	①1 年;②必要时	
14.2　绕组绝缘电阻、吸收比或极化指数	①1 年;②必要时	
14.3　交流耐压试验	①3 年;②必要时	
14.4　测温装置及其二次回路试验	①1 年;②必要时	
14.5　铁芯(有外引接地线的)绝缘电阻	①1 年;②必要时	

2　交流电动机定期试验项目和周期可按表 2 执行。

表 2　交流电动机定期试验项目和周期

试验项目	试验周期	备注
1　绕组的绝缘电阻、吸收比	①1 年;②大修时;③必要时	3 kV 及以上或 500 kW 及以上电动机应测吸收比
2　绕组的直流电阻测量	①1 年;②大修时;③必要时	3 kV 及以上或 100 kW 及以上
3　定子绕组的泄漏电流和直流耐压试验	①3 年;②更换绕组后;③大修时	3 kV 及以上或 500 kW 及以上
4　定子绕组的交流耐压试验	①大修后;②更换绕组后	
5　同步电动机转子绕组的绝缘电阻测量	①1 年;②大修时;③必要时	
6　同步电动机转子绕组的直流电阻测量	①1 年;②大修时;③必要时	
7　同步电动机转子绕组的交流耐压试验	①3 年;②更换绕组后;③大修后	可用 2 500 V 兆欧表代替

3　互感器定期试验项目和周期可按表 3 执行。

表 3　互感器定期试验项目和周期

设备名称	试验项目	试验周期	备注
电流互感器	1　1 次绕组直流电阻测量	①大修后；②必要时	
	2　绕组及末屏的绝缘电阻	①1 年；②大修后；③必要时	
	3　tanδ 及电容量	①1 年；②大修后；③必要时	35 kV 及以上进行
	4　交流耐压试验	①3 年；②必要时	仅对 6 kV、10 kV 进行
	5　局部放电试验	①大修后；②必要时	110 kV 及以上和 35 kV 固体绝缘互感器进行
	6　油中溶解气体色谱分析	①1 年；②大修后；③必要时	仅对 110 kV 及以上充油型互感器
	7　SF$_6$ 电流互感器绝缘电阻	①1 年；②大修后；③必要时	
	8　SF$_6$ 电流互感器气体微水试验	①3 年；②大修后；③必要时	
	9　绝缘油击穿电压及简化试验	①1 年；②大修后；③必要时	
电压互感器	1　绝缘电阻	①1 年；②大修后；③必要时	
	2　介损 tanδ	①1 年；②大修后；③必要时	①35 kV 及以上进行；②110 kV 串级式 PT 支架 tanδ2a
	3　交流耐压试验	①3 年；②大修后；③必要时	①仅对 6 kV、10 kV；②弱绝缘用倍频感应耐压
	4　局部放电测量	必要时	110 kV 及以上和 35 kV 固体绝缘互感器进行
	5　油中溶解气体的色谱分析	①1 年；②大修后；③必要时	仅对 110 kV 进行
	6　绝缘油击穿电压及简化试验	①1 年；②必要时	

4 断路器和隔离开关定期试验项目和周期可按表4执行。

表4 断路器和隔离开关定期试验项目和周期

设备名称	试验项目	试验周期	备注
SF$_6$断路器和GIS	1 断路器和GIS内SF$_6$气体湿度	①2年;②必要时	35 kV及以上进行
	2 断路器和GIS内SF$_6$气体其他检测项目	必要时	
	3 SF$_6$气体泄漏试验	①大修后;②必要时	
	4 辅助回路和控制回路绝缘电阻	1年	
	5 交流耐压试验	①大修后;②必要时	
	6 断口间并联电容器的绝缘电阻、电容量和介损tanδ	①1年;②必要时	110 kV及以上进行
	7 合闸电阻值和合闸电阻的投入时间	①1年(罐式断路器除外);②大修后	
	8 分合闸电磁铁动作电压	①1年;②大修后	
	9 导电回路电阻	①1年;②大修后	
	10 分合闸线圈直流电阻	大修后	
	11 SF$_6$气体密度监视器(包括整定值)检验	①必要时;②大修后	
	12 压力表检验或调整,机构操作压力(气压、油压)整定值校验,机械安全阀校验	①大修后;②必要时	
	13 液(气)压操作机构的泄漏试验	①3年;②必要时	
	14 油(气)泵补压及零起打压的运转时间	①3年;②必要时	
	15 断路器的速度特性及时间参量	大修后	按制造厂要求进行
	16 GIS中电流、电压互感器和避雷器试验	①大修时;②必要时	按制造厂要求进行
真空断路器	1 绝缘电阻	①1年;②大修后	
	2 交流耐压试验(断路器主回路对地、相间及断口)	①1年;②大修后	
	3 辅助回路和控制回路的交流耐压试验	①1年;②大修后	
	4 导电回路电阻	①1年;②大修后	用直流压降法测量,电流≥100 A
	5 断路器的分合闸时间,分合闸同期性,触头开距,弹跳	①2年;②大修后	在额定操作电压下进行
	6 操作机构合闸接触器和分合闸电磁铁的最低动作电压	①大修后;②必要时	行程、开距调整后应做特性试验
	7 合闸接触器和分合闸电磁铁线圈的绝缘电阻和直流电阻	①1年;②大修后	
	8 真空灭弧室真空度测量	大、小修后	有条件时进行

续表

设备名称	试验项目	试验周期	备注
隔离开关	1　有机材料支持绝缘子及提升杆的绝缘电阻	①1 年;②大修后	
	2　二次回路绝缘电阻	①1 年;②大修后;③必要时	
	3　交流耐压试验	大修后	
	4　二次回路交流耐压试验	①大修后;②必要时	
	5　电动操作机构线圈最低动作电压	①大修后;②必要时	
	6　导电回路电阻测量	①大修后;②必要时	用直流压降法测量,电流≥100 A
低压断路器和自动灭磁开关	1　合闸接触器和分合闸电磁铁线圈的绝缘电阻和直流电阻,辅助回路和控制回路的绝缘电阻	①2 年;②大修后	
	2　操作机构合闸接触器和分合闸电磁铁的最低动作电压	①修后或 2 年;②必要时	

5　电气柜(屏)定期试验项目和周期可按表 5 执行。

表 5　电气柜(屏)定期试验项目和周期

设备名称	试验项目	试验周期	备注
高压开关柜	1　辅助回路和控制回路绝缘电阻	①1 年;②大修后	
	2　断路器速度特性	①大修后;②必要时	
	3　断路器分合闸时间和三相同期性	①大修后;②必要时	
	4　操作机构合闸接触器和分合闸电磁铁的最低动作电压	①大修后;②必要时	
	5　断路器隔离开关及隔离插头的导电回路电阻	①1 年;②大修后	
	6　绝缘电阻试验	①1 年(12 kV 及以上);②大修后	在交流耐压试验前后分别进行
	7　交流耐压试验	①1 年(12 kV 及以上);②大修后	可随母线进行
	8　检查电压抽取(带电显示)装置	①1 年;②大修后	
	9　五防功能检查	①1 年;②大修后	
直流屏	1　蓄电池组容量测试	①1 年;②必要时	或按厂家规定
	2　蓄电池放电终止电压测试	①1 年;②必要时	或按厂家规定
	3　各项保护功能	1 年	或按厂家规定

6 套管、绝缘子、电缆定期试验项目和周期可按表 6 执行。

表 6 套管、绝缘子、电缆定期试验项目和周期

设备名称	试验项目	试验周期	备注
套管	1 主绝缘及电容型套管末屏对地绝缘电阻	①1 年;②必要时;③大修后	
	2 主绝缘及电容型套管对地末屏 tanδ 与电容量	①1 年;②必要时;③大修后	
	3 油中溶解气体色谱试验	①3 年;②必要时;③大修后	35 kV 及以上进行
支柱绝缘子和悬式绝缘子	1 零值绝缘子检测	①3 年;②必要时	110 kV 及以上(在运行电压下检测)
	2 绝缘电阻	①1 年;②必要时	
	3 交流耐压试验	①1 年;②必要时	棒式绝缘子不进行此项
	4 绝缘子表面污秽物的等值附盐密度	1 年	
橡塑绝缘电力电缆	1 电缆主绝缘电阻	1 年	
	2 电缆外护套绝缘电阻	1 年	
	3 电缆内衬层绝缘电阻	1 年	
	4 铜屏蔽层电阻和导体电阻比	①重作终端或接头后;②内衬层破损进水后;③1 年	
	5 电缆主绝缘交流耐压试验	①作终端或接头后;②3 年;③必要时	26/35 kV 及以下进行
	6 交叉互联系统	3～5 年	

7 电容器、避雷器定期试验项目和周期可按表7执行。

表7 电容器、避雷器定期试验项目和周期

设备名称	试验项目	试验周期	备注
高压并联(串联)电容器和交流滤波电容器	1 极对壳绝缘电阻	①投运后1年内;②2年	
	2 电容值	①投运后1年内;②2年;③必要时	
	3 并联电阻值测量	①投运后1年内;②2年	
	4 渗漏油检查	半年	
耦合电容器和电容式电压互感器的电容分压器	1 极对壳绝缘电阻	①投运后1年内;②2年	
	2 电容值	①投运后1年内;②2年	
	3 介损 $\tan\delta$	①投运后1年内;②2年	
	4 渗漏油检查	半年	
	5 低压端对地绝缘电阻	2年	
	6 局部放电试验	必要时	
	7 交流耐压试验	必要时	
阀式避雷器	1 绝缘电阻	①1年;②必要时	每年雷雨季节前
	2 电导电流及串联组合元件的非线性因数差值	①1年;②必要时	每年雷雨季节前
	3 工频放电电压	①1年;②必要时	每年雷雨季节前
	4 底座绝缘电阻	①1年;②必要时	每年雷雨季节前
	5 检查放电计数器的动作情况	①1年;②必要时	每年雷雨季节前
	6 检查密封情况	①修后;②必要时	每年雷雨季节前
金属氧化物避雷器	1 绝缘电阻	①1年;②必要时	每年雷雨季节前
	2 直流1 mA电压(U1mA)及0.75 U1mA下的泄漏电流	①1年;②必要时	每年雷雨季节前
	3 运行电压下的交流泄漏电流	①1年;②必要时	仅对110 kV及以上每年雷雨季节前
	4 底座绝缘电阻	①1年;②必要时	每年雷雨季节前
	5 工频放电电压(带间隙型)	①1年;②必要时	每年雷雨季节前(按生产厂要求)
	6 检查放电计数器的动作情况	①1年;②必要时	每年雷雨季节前

8 母线、架空线路、接地装置定期试验项目和周期可按表8执行。

表8 母线、架空线路、接地装置定期试验项目和周期

设备名称	试验项目	试验周期	备注
封闭式母线	1 绝缘电阻	①修时;②必要时	
	2 交流耐压试验	①大修时;②必要时	
一般母线	1 绝缘电阻	①1年;②大修时	
	2 交流耐压试验	①1年;②大修时	
1 kV以上架空线路	1 检查导线连接管的连接情况	①2年;②检修时	
	2 间隔棒检查	①3年;②检修时	
	3 阻尼设施的检查	①2年;②检修时	
	4 绝缘子表面等值附盐密度	①必要时;②检修时	
接地装置	1 有效接地系统的电力设备的接地电阻	①3~5年;②必要时	①每10年挖开检查;②每年应检查有效接地系统的电力设备接地引下线与接地网的连接情况
	2 非有效接地系统的电力设备的接地电阻	①3~5年;②必要时	
	3 利用大地作导体的电力设备的接地电阻	1年	
	4 1 kV以下电力设备的接地电阻	1年	
	5 独立监控系统的接地电阻	1年	
	6 独立的燃油易爆气体储罐及其管道的接地电阻	1年	
	7 露天配电装置避雷针的集中接地装置的接地电阻	1年	
	8 独立避雷针(线)的接地电阻	1年	
	9 与架空线直接连接的旋转电动机进线段上排气式和阀式避雷器的接地电阻	1年	
	10 有架空地线的线路杆塔的接地电阻	1~2年	
	11 无架空地线的线路杆塔的接地电阻	1~2年	
	12 主泵房避雷网的接地电阻	1年	

9　微机继电保护装置及继电器定期试验项目和周期可按表9执行。

表9　微机继电保护装置及继电器定期试验项目和周期

设备名称	试验项目	试验周期	备注
微机继电保护装置	1　绝缘检查	①1年;②必要时	
	2　检查逆变电源	①1年;②必要时	
	3　检查装置固化的程序正确性	①1年;②必要时	
	4　装置数据采样系统精度和平衡度测试	①1年;②必要时	
	5　保护功能测试	①1年;②必要时	
	6　通信口与上位机数据交换检测	①1年;②必要时	有通信要求时进行
	7　检验开关量输入和输出回路	①1年;②必要时	
	8　装置整定值电气参数校核检验	①1年;②必要时	
	9　装置整组(传动)联调试验	①1年;②必要时	
	10　用1次电流及工作电压检查	①1年;②必要时	

10　常规继电保护装置及继电器定期试验项目和周期可按表10执行。

表10　常规继电保护装置及继电器定期试验项目和周期

设备名称	试验项目	试验周期	备注
常规继电器定期检验基本要求(一般性检验)	1　外观检查	①1年;②必要时	定期检验基本要求(一般性检验)
	2　内部机械部分检查	①1年;②必要时	
	3　绝缘检查	①1年;②必要时	
	4　动作、返回值及返回系数校验	①1年;②必要时	
	5　整定值动作参数整定校验	①1年;②必要时	
	6　触点工作可靠性检验	①1年;②必要时	
	7　装置整组联动(传动)试验	①1年;②投运前;③必要时	有条件时应做1次升流(压)联动试验

11 测温装置定期试验项目和周期可按表 11 执行。

表 11 测温装置定期试验项目和周期

设备名称	试验项目	试验周期	备注
测温装置	1 外观检查	①1 年;②必要时	
	2 绝缘检查	①1 年;②必要时	
	3 检查逆变电源	①1 年;②必要时	
	4 检查装置固化的程序正确性	①1 年;②必要时	
	5 基本误差的测试	①1 年;②必要时	
	6 数据采样精度测试	①1 年;②必要时	
	7 通信口数据交换检测	①1 年;②必要时	有通信要求时进行

12 电气指示仪表定期试验项目和周期可按表 12 执行。

表 12 电气指示仪表定期试验项目和周期

设备名称	试验项目	试验周期	备注
交直流电流表、电压表	1 外观检查	①1 年;②必要时	1 控制盘和配电盘仪表的定期检验应与该仪表所连接的主要设备的大修日期一致,不应延期,但主要设备主要线路的仪表应每年检验 1 次,其他盘的仪表每 4 年至少检验 1 次;
	2 可动部分的倾斜影响检验	①1 年;②必要时	
	3 基本误差的测试	①1 年;②必要时	
	4 升降变差的测定	①1 年;②必要时	
	5 指示器不回零位的测定	①1 年;②必要时	2 对运行中设备的控制盘仪表的指示发生怀疑时,可用标准仪表在其工作点上用比较法进行校核;
三相有功、无功功率表	1 外观检查	①1 年;②必要时	3 可携式仪表(包括台表)的检验,每年至少 1 次,常用的仪表每半年至少 1 次;
	2 可动部分的倾斜影响检验	①1 年;②必要时	
	3 基本误差的测试	①1 年;②必要时	4 万用表、钳形表每 4 年至少检验 1 次,兆欧表和接地电阻测定器每 2 年至少检验 1 次,但用于高压电路使用的钳形表和作吸收比用的兆欧表每年至少检验 1 次;
	4 升降变差的测定	①1 年;②必要时	
	5 指示器不回零位的测定	①1 年;②必要时	
	6 功率表的功率因数影响的检验	①1 年;②必要时	5 电度表的定期检修和校验,应与该电度表所连接的主要设备的大修日期一致;
	7 功率表电压电路电阻的测定	①1 年;②必要时	6 数字显示电测量智能仪表校验应按生产厂要求进行

13 热工指示仪表定期试验项目和周期可按表 13 执行。

表 13 热工指示仪表定期试验项目和周期

设备名称	试验项目	试验周期	备注
压力表	1 外观检查	①系统大修时;②必要时	
	2 基本误差的测试	①系统大修时;②必要时	
	3 数据采样精度测试	①系统大修时;②必要时	
	4 通信口数据交换检测	①系统大修时;②必要时	有通信要求时进行
	5 指示器不回零位的测定	①系统大修时;②必要时	

附录 7.8-2　电气设备检修周期和项目

1　主要电气设备检修周期可按表 1 执行。

表 1　主要电气设备检修周期

设备名称		检修周期		备注
		小修	大修	
SF$_6$ 断路器		新装投运的为 1 年，视运行正常后可每 2~3 年小修 1 次	断路器达到规定的短路开断次数、累计开断电流值或规定的使用年限	
真空断路器		1~3 年	2~6 年或真空灭弧室损坏或发现有其他异常故障	
隔离开关		随所属间隔断路器的检修周期而定		
互感器	10 kV	3 年	按缺陷及投运时间自定，或按专用规程进行	
	35 kV	2~3 年		
	110 kV 及以上	1~2 年	10 年	
直流设备		2 年	4 年	
蓄电池		（1）蓄电池每 1~3 月，或充电装置故障使蓄电池较深放电后，按制造厂规定进行 1 次均衡充电；（2）蓄电池容量核对性充放电按制造厂规定执行	（1）运行 10 年以上者，经容量核对有 1/4 以上不足者，极片有严重断裂、弯曲现象；（2）正常运行情况下，发现容量不足，充电时电压上升快，放电时电压下降快，极板颜色不正常	（1）蓄电池组的连接导线及螺丝，蓄电池室内（或盘内）母线 3 年维修 1 次；（2）蓄电池防酸帽，电池的绝缘处理 1 年进行 1 次
整流装置		2 年	5 年	
励磁装置		1 年		
直流盘		2 年	4 年	
电缆		（1）电缆外部检查每半年检查 1 次；（2）电缆终端的检查，新投运的 1 年检查 1 次，以后每 3 年检查 1 次		

续表

设备名称	检修周期		备注
	小修	大修	
母线	（1）户内 35 kV 及以下母线检修、清扫、试验，每 3 年处理 1 次； （2）户外 35 kV 及以上母线检修、清扫、试验，每 5 ~ 10 年处理 1 次； （3）户外母线绝缘子分布电压测量每 3 年至少处理 1 次		

2 主要电气设备检修项目及要求可按表 2 执行。

表 2 主要电气设备检修项目及要求

类型	小修项目及要求	大修项目及要求
SF$_6$ 断路器	1 同下 1、2、3、4、6、7、8、9 项； 2 检查、校验压力表（包括操作机构的压力表）压力开关，必要时对 SF$_6$ 密度继电器报警、闭锁的压力值，进行校验； 3 检查各类箱门的密封情况； 4 断路器 SF$_6$ 气体压力复测； 5 测定 SF$_6$ 气体含水量。新投运的每 3 个月 1 次，运行 1 年视无异常可间隔半年检测 1 次（取样时应在晴天相对湿度较小的天气进行），趋势稳定后方可延长测试周期	1 分解检修应在制造厂指导下进行，检修标准达到制造厂规定要求； 2 小修项目检修内容； 3 操作机构检查，处理或更换解体部件； 4 检修或更换触头、喷口； 5 更换吸附剂、密封圈和轴用挡圈； 6 除锈及油漆； 7 机械特性及电气试验； 8 整组试操作、验收
真空断路器	1 开关外部检查、清理； 2 操作、传动机构检查、清理、加油； 3 支撑绝缘子（瓷套）检查、清理； 4 检查、检修辅助开关、电气接线； 5 机械动作特性试验及外部主要参数检测、调整； 6 检查接地装置； 7 电气试验； 8 整组试操作、验收； 9 检查各类箱门的密封情况	1 小修项目内容； 2 操作、传动机构检查、处理或更换解体部件； 3 更换真空灭弧室
隔离开关	1 各种金具、引线检查、清理； 2 主、辅接触面及导电部分清理、检修并涂以电力脂（中性凡士林）； 3 支持瓷瓶检查、清理、调整； 4 操作机构及传动部分检查、清理、加油； 5 机座及其构架检查； 6 整组调整	1 小修项目内容； 2 拆接设备引线，清理、检修各种金具； 3 防锈处理

续表

类型	小修项目及要求	大修项目及要求
励磁装置	1 主电路检查及绝缘电阻测试； 2 控制回路检查及绝缘电阻测试； 3 励磁变压器电气试验； 4 风机检查； 5 投励、强励、灭磁、调节、失步再整步等单元检查调试； 6 三相整流输出波形对称度检查； 7 信号及报警电路调试； 8 微机型励磁装置通信测试； 9 整组联调	1 小修项目内容； 2 拆接设备引线,清理、检修各种元件； 3 更换控制单元、可控硅管等元器件
互感器	1 检查紧固接线端子、引出线、接地； 2 检查清扫瓷绝缘子表面及各部件； 3 油箱、油位、油色检查,绝缘油化验； 4 检查顶盖、阀门及各部密封情况； 5 检查微正压及指示装置(包括胶囊、膨胀器、地电位小油枕、LB)； 6 电气试验	1 小修项目内容； 2 内容解体检查、清理,更换绝缘油
蓄电池	1 蓄电池组的连接导线及螺丝检查； 2 蓄电池盘内母线检查、清理； 3 蓄电池的防酸帽,电池的绝缘检查； 4 蓄电池定期均衡充电或容量核对性充放电； 5 蓄电池检查及构架清扫； 6 蓄电池正、负极板的检测； 7 蓄电池的隔板及铅卡子检查； 8 电解液的比重、温度检查； 9 电解液面及沉淀物的密度检查； 10 各蓄电池的电压测量 注:免维护密封蓄电池除无须加电解液、蒸馏水外,维护、检查要求与其他类型蓄电池相同	1 参照制造厂的规定； 2 按照小修和维修项目进行
母线	1 绝缘子的清理、检查； 2 导线、硬母线金具的清理、检查； 3 母线、引线接触面的检查； 4 构架、杆塔及接地检查	

附录 7.8-3　变压器检修项目及要求

1　变压器检修项目及要求可按表 1 执行。

表 1　变压器检修项目及要求

小修项目及要求	大修项目及要求
1　检查并消除已发现的缺陷；	1　检查清扫外壳,包括本体、大盖、衬垫、油枕、散热器、阀门、滚轮等,消除渗油、漏油；
2　检查并拧紧套管引出线的接头；	2　根据油质情况,过滤变压器油,更换或补充硅胶；
3　放出储油柜中的污泥,检查油位计；	3　若不能利用打开大盖或人孔盖进入内部检查时,应吊出芯子,检查铁芯、铁芯接地情况及穿芯螺丝的绝缘,检查及清理绕组及绕组压紧装置,垫块、各部分螺丝、油路及接线板等；
4　变压器油保护装置及放油阀门的检修；	
5　冷却器、储油柜、安全气道及其保护膜的检修；	4　检查风扇电动机及控制回路；
6　套管密封、顶部连接帽密封衬垫的检查,瓷绝缘的检查、清扫；	5　检查管路、阀门等装置,消除渗漏油；
	6　检查清理冷却器及阀门等装置,进行冷却器的压力试验；
7　各种保护装置、测量装置及操作控制箱的检修、试验；	7　检查并修理有载或无载接头切换装置,包括附加电抗器、静触点、动触点及传动机构；
8　有载调压开关的检修；	8　检查并修理有载分接头的控制装置,包括电动机、传动机械及其全部操作回路；
9　充油套管及本体补充变压器油；	
10　油箱及附件的检修涂漆；	9　检查并清扫全部套管；
11　进行规定的测量和试验	10　检查充油式套管的油质情况；
	11　校验及调整温度表；
	12　检查及校验仪表、继电保护装置、控制信号装置及其二次回路；
	13　进行预防性试验；
	14　检查及清扫变压器电气连接系统的配电装置及电缆；
	15　检查接地装置；
	16　变压器外壳油漆

2 变压器大修总结报告可按表 2 编制。

表 2　变压器大修总结报告

_____泵站_____号变压器　　　　　　　　　　_____年_____月_____日

变压器型号_____　容量_____ kVA　电压比_____

制造厂_____制造日期_____

1. 检修日期：

　　计划：_____年_____月_____日到_____年_____月_____日,共_____天

　　实际：_____年_____月_____日到_____年_____月_____日,共_____天

2. 人工：

　　计划_____工时,　实际(概数)_____工时

3. 费用：

　　计划_____元,　实际(概数)_____元

4. 由上次大修到此次大修运行小时数

　　由上次大修日期_____到此次大修运行小时数_____

　　两次大修间小修_____,两次大修间事故检修_____次

5. 简要文字总结：

　　(1)大修中消除的设备重大缺陷及采取的主要措施

　　(2)设备的重大改进效果

　　(3)大修后尚存在的主要问题及准备采取的措施

　　(4)试验结果的主要分析

　　(5)检修工作评语

　　(6)其他

　　　　　　　　　　　　　　　　　　　　　　　　检修负责人：

　　　　　　　　　　　　　　　　　　　　　　　　技术负责人：

附录 7.9-1 辅助设备与金属结构大修项目及要求

1 辅助设备大修主要项目及要求可按表1执行。

表 1 辅助设备大修主要项目及要求

设备名称	检修项目及要求
辅助设备	1 储油箱和过滤器的检查、清扫,压力油箱的耐压试验; 2 油系统的透平油过滤和化验; 3 压力油泵安全阀、逆止阀、阀门等的分解、检查、修理或更新、试验、调整; 4 各油箱除锈涂漆; 5 排水泵、供水泵及安全阀、逆止阀、滤网、阀门等的分解、检查、修理或更换; 6 真空破坏阀的分解、清扫、试验、调整; 7 空气压缩机安全阀、逆止阀、旁通阀、阀门等的分解、检查、修理、试验、调整; 8 真空泵的分解、检查、修理或更换; 9 启闭机检修; 10 其他阀门的检查、修理与更换; 11 油、气、水管道检查、清洗或更换
其他	根据设备情况确定需要增加的项目

2 金属结构检修项目及要求可按表2执行。

表 2 金属结构检修项目及要求

设备名称	检修项目及要求
闸门	1 门叶结构和面板锈蚀的处理; 2 门叶变形和损坏的处理; 3 门体变位调整; 4 行走支承机构的修理; 5 埋件的锈蚀、变形、磨损的处理; 6 止水装置的修理
拦污栅	1 锈蚀的处理; 2 边框变形和损坏的处理; 3 栅槽锈蚀、变形的处理; 4 栅条损坏的处理

续表

设备名称	检修项目及要求
启闭机	1 钢丝绳养护或更新； 2 卷筒滑轮组检修； 3 机架各部分防腐保护； 4 制动器检修； 5 传动机构检修； 6 螺杆矫正； 7 过载保护装置限位、开度指示装置检修和调整； 8 液压系统的检修
清污机	1 防腐处理； 2 传动机构检修； 3 制动器检修； 4 齿耙检修； 5 运行机构检修； 6 耙斗检修； 7 过载保护装置检修
压力钢管	1 防腐处理； 2 变形和破损修理； 3 渗漏处理； 4 管道接头处理； 5 耐压试验
主阀门	1 主阀体及法兰的整体外观检查； 2 阀门解体检查； 3 阀板及阀体主密封检查、修复、更换； 4 阀轴及轴部密封的检查处理； 5 阀轴、阀板与阀体的同心度检查处理； 6 轴承及衬套和各骨架密封的检查、更换； 7 油、气压系统检查调整； 8 主阀门的压力试验与油、气压系统的联合调试,有效地防止管网系统的水锤

3　辅助设备与金属结构大修总结报告可按表3编写。

表3　辅助设备与金属结构大修总结报告

＿＿＿＿＿年＿＿＿＿月＿＿＿＿日

辅助设备或金属结构名称＿＿＿＿＿＿＿＿　　型号＿＿＿＿＿＿＿＿

制造厂＿＿＿＿＿＿＿＿＿＿＿＿＿＿＿　　制造日期＿＿＿＿＿＿＿＿＿＿＿＿

1　检修日期：

　　计划：＿＿＿年＿＿月＿＿日到＿＿＿年＿＿月＿＿日,共＿＿＿天

　　实际：＿＿＿年＿＿月＿＿日到＿＿＿年＿＿月＿＿日,共＿＿＿天

2　人工：

　　计划＿＿＿＿工时,　实际(概数)＿＿＿＿工时

3　费用：

　　计划＿＿＿＿元,　实际(概数)＿＿＿＿元

4　由上次大修到此次大修运行小时数：

　　由上次大修日期＿＿＿＿到此次大修运行小时数＿＿＿＿

　　两次大修间小修＿＿＿＿,两次大修间事故检修＿＿＿＿次

5　简要文字总结：

　　(1)大修中消除的重大缺陷及采取的主要措施

　　(2)重大改进效果

　　(3)大修后尚存在的主要问题及准备采取的措施

　　(4)试验结果的主要分析

　　(5)检修工作评语

　　(6)其他

检修负责人：

技术负责人：

·279·

附录 7.12-1　监控系统维护项目及要求

1　自动控制系统通用维护项目及要求可按表 1 执行。

表 1　自动控制系统通用维护项目及要求

分类	维护项目及要求
上位机	1　计算机工作情况检查； 2　控制功能、操作过程监视检查与修复； 3　实时数据采集与校核； 4　画面报警、声光报警检查； 5　画面调用、报表生成与打印等功能检查； 6　系统时钟同步检查； 7　散热装置检查、处理
现地控制单元	1　现地控制单元工作情况检查； 2　电源模块功能测试，定期更换模块电池； 3　开关量、模拟量模块通道校验； 4　通信模块功能测试； 5　自动化元器件性能检查（如水位计、流量计、真空和压力变送器、测温电阻、闸阀开度仪等设备）
监控通信	1　网络设备运行状态检查； 2　通信模块、接口配置检查； 3　光纤、网线、现场总线的连通性检测； 4　计算机与上级调度系统通信通道的检查与处理； 5　现地控制单元与计算机通信通道的检查与处理； 6　现地控制单元与其他设备的通信检查与处理； 7　防火墙策略检查
机房环境	1　机房温度、湿度检查； 2　机房照明、事故照明检查； 3　消防、通风等设施检查； 4　空调设备检查； 5　供配电设备检查； 6　机房接地、防雷检查
其他	1　冗余设备主、从定期轮换运行（如有）； 2　做好维护情况记录； 3　做好所有设备及环境清洁工作； 4　根据设备情况确定需要增加的项目

2　自动控制系统硬件维护项目及要求可按表2执行。

表2　自动控制系统硬件维护项目及要求

分类	维护项目及要求
通用维护	1　各设备、控制柜的外观检查、清理控制柜、设备及其滤网、通风口； 2　各设备、控制柜内外部件、螺钉、端子、电缆检查与固定； 3　各设备、控制柜的电源电压检查、处理； 4　主、从设备的检查与切换； 5　设备防干扰措施检查； 6　对于有防静电要求的设备，检修时应做好防静电措施； 7　硬、软件故障维护记录； 8　根据设备情况确定需要增加的项目
计算机	1　机壳内、外部件及散热风扇清理； 2　线路板、各元器件、内部连线检查； 3　各部件设备、板卡及连接件固定； 4　电源电压检查； 5　显示器、鼠标、键盘等计算机配套设备清理和检查； 6　计算机启动、自检检查； 7　散热风扇、指示灯及配套设备运行状态检查； 8　操作系统运行状态检查
打印机	1　打印机及送纸器、送纸通道清理； 2　电源、数据连接线检查； 3　打印机自检程序检查； 4　打印内容检查
可编程逻辑控制器	1　PLC控制柜、机架、模块及散热风扇清理； 2　PLC后备电池检查、更换； 3　熔丝及其容量检查、更换； 4　各模块接线端子排螺丝检查、固定； 5　风扇、加热器、除湿器等工作状态检查； 6　电源、CPU、模拟量、开关量、SOE、脉冲量、通信量等模块检查； 7　PLC与计算机、传感器等设备的通信检查； 8　控制流程的检查与模拟试验； 9　时钟同步测试
交换机	1　交换机及接口清理； 2　电缆、光缆检查、更换； 3　通信电缆屏蔽线、金属保护套管的接地检查； 4　绝缘电阻、终端匹配器阻抗测量； 5　接头、插件和端子接线检查； 6　交换机运行状态及指示灯状态检查； 7　各通信接口工作状态检查； 8　风扇工作状态检查

续表

分类	维护项目及要求
GPS 同步时钟	1　GPS 时钟装置清理； 2　通信接口连接检查； 3　GPS 天线检查； 4　GPS 时钟装置启动、自检检查； 5　时钟校时功能检查
不间断电源	1　UPS 清理； 2　UPS 电源的输入、输出电压、电流、频率等参数检查； 3　用电设备检查； 4　接地检查； 5　电源回路的熔丝检查； 6　UPS 启动、自检检查； 7　UPS 运行情况检查； 8　输出负载检查,必要时可对 UPS 进行扩容； 9　每年对蓄电池进行 1 次充放电维护

3　自动控制系统软件维护项目及要求可按表 3 执行。

表 3　自动控制系统软件维护项目及要求

分类	维护项目及要求
通用维护	1　操作系统、控制软件、数据库等运行状态检查； 2　软件故障维护和完善； 3　软件版本、安装配置文件、用户权限、账号口令核对,定期进行口令更换； 4　软件补丁、防病毒代码库更新； 5　软件运行日志分析、清除； 6　应用软件、数据库的修改、设置、升级,并记录维护情况,更新说明书； 7　软件维护前后备份,并做好备份记录； 8　根据设备情况确定需要增加的项目
操作系统	1　操作系统启动画面、自检过程、运行过程检查； 2　计算机 CPU 负荷率、内存使用率、应用程序进程或服务状态检查； 3　计算机的磁盘空间检查、优化,临时文件清理； 4　文件、文件夹的共享或存取权限检查； 5　检查并校正系统日期和时间

续表

分类	维护项目及要求
控制软件	1　应用软件完整检查、核对； 2　控制软件启动、运行过程检查； 3　控制软件查错、自诊断； 4　控制软件运行信息检查； 5　修改后的软件功能测试； 6　控制软件限（定）值检查、核对； 7　当与对外通信相关的硬、软件需要更新时，应取得对方的许可后方可进行
数据库	1　历史数据定期转存； 2　数据库访问权限检查； 3　数据库表查询； 4　历史数据存储状态检查

4　视频监视系统维护项目及要求可按表4执行。

表4　视频监视系统维护项目及要求

分类	维护项目及要求
摄像机	1　图像传输设备运行状况检查； 2　现场照明照度检查； 3　摄像机安装位置检查； 4　摄像机云台及镜头检查； 5　摄像机白天、夜晚图像清晰度检查； 6　常用备件检查（如云台、解码器及供电单元、码分配器、视频光端机、视频分配器、专用线缆、适配器等备件）
硬盘录像机	1　硬盘录像机运行情况检查； 2　硬盘录像机配置文件检查； 3　各个通道的图像检查； 4　各个活动摄像机的控制功能测试； 5　硬盘录像机录像及回放功能测试； 6　硬盘录像机远程浏览功能测试
其他	根据设备情况确定需要增加的项目

5　监控系统网络维护项目及要求可按表 5 执行。

表 5　监控系统网络维护项目及要求

分类	维护项目及要求
通信网络	1　检查网络设备运行情况； 2　检查网络设备上下游设备的连通性； 3　检查冗余通道的连通性； 4　检查网络主从设备配置文件及热备状态； 5　检查网络设备配置文件的备份； 6　检查防火墙策略； 7　检测光纤通道的衰减； 8　检查各网络接口站或网关的用户权限设置,应符合管理和安全要求； 9　检查各网络接口站或网关的端口服务设置,关闭不使用的端口服务； 10　检查运行日志是否正常,有无非法登录或访问记录
其他	1　接口连线检查、端子排紧固； 2　接口连线绝缘检查； 3　根据设备情况确定需要增加的项目

附录 7.13-1　维修养护项目验收申请报告

河南省南水北调配套工程维修养护项目验收申请报告

（□日常　□专项　□应急抢险）

一、项目名称及验收范围

二、工程验收条件及自验结果

三、建议验收时间(年、月、日)

年　　月　　日

附录 7.13-2 河南省南水北调配套工程维修养护项目完工验收表

河南省南水北调配套工程维修养护项目完工验收表

项目名称		项目属性	□日常 □专项 □应急抢险
维修养护项目 承担单位			
施工或工作过程简述： （一）项目概况 （二）开完工日期 （三）完成主要工程或工作量 （四）主要施工或工作方法			
维修养护项目承担单位意见： 　　　　　　　　维修养护项目承担单位（盖章）： 　　　　　　　　　　负责人（签字）： 　　　　　　　　　　　　　　年　　月　　日			
监理单位意见： 　　　　　　　　　　监理单位（盖章）： 　　　　　　　　　　负责人（签字）： 　　　　　　　　　　　　　　年　　月　　日			
设计单位（若有）意见： 　　　　　　　　　　设计单位（盖章）： 　　　　　　　　　　负责人（签字）： 　　　　　　　　　　　　　　年　　月　　日			
验收组织机构意见： 　　　　　　　　　验收组织机构（盖章）： 　　　　　　　　　负责人（签字）： 　　　　　　　　　　　　　　年　　月　　日			

附录 8.5-1　常用电气绝缘工具试验一览表

常用电气绝缘工具试验一览表

序号	名称	电压等级（kV）	周期	交流耐压（kV）	时间（min）	泄漏电流（mA）
1	绝缘杆	6~10	每年试验1次	45	1	
		35		95		
2	绝缘隔板	6~10	每年试验1次	30	1	
		35		80		
3	绝缘罩	6~10	每年试验1次	30	1	
		35		80		
4	绝缘夹钳	10	每年试验1次	45	1	
		35		95		
5	验电器	6~10	每年试验1次	45	1	
		35		95		
6	绝缘手套	高压	每半年试验1次	8	1	≤9
		低压		2.5		≤2.5
7	绝缘靴	高压	每半年试验1次	15	1	≤7.5
8	核相器电阻管	10	每半年试验1次	10	1	≤2.0
		35		35		≤2.0
9	绝缘绳	高压	每半年试验1次	100/0.5 m	5	

附录 8.10-1　安全生产台账

安 全 生 产 台 账

_____年度

_____（管理机构名称）

（单位名称）

填 制 说 明

一、一律用黑色签字笔填写,字迹要端正、清楚。

二、填制内容应真实、准确、具体、齐全、规范,并按表页下注的要求填写。表内填写不下时,可另附页,并装订入内。

三、台账应保管良好,做到所有安全相关工作都有据可查。

四、台账以现地管理机构为单位按年度填制。

五、"安全生产活动记录"记录与安全生产有关的会议、检查、教育、培训、考核等内容,每单位每月至少活动 1 次。

表1　安全生产全年工作安排一览表

序号	工作内容	时间	备注
1	元旦假日期间安全生产工作	元旦前后	
2	春节假日期间安全生产工作	春节前后	
3	汛前安全生产大检查	4月份	
4	防汛工作	汛期	
5	五一假日期间安全生产工作	五一左右	
6	"安全生产月"活动计划（方案）	5月25日前	
7	"安全生产月"活动	6月份	
8	"安全生产月"活动总结	6月25日前	
9	十一假日期间安全生产工作	十一前后	
10	汛后安全大检查	10月份	
11	冬季安全生产工作	11月至次年2月	
12	年度安全生产工作计划、总结	12月10日前	
13	年度安全资料汇编成册	12月底	长期存档
14	安全组织机构人员调整、制度修订	随时	填入台账
15	新（转岗）职工岗前安全培训（教育）	随时	填入台账
16	经营工地安全生产工作情况（组织网络、安全措施、检查情况）	随时	详细记录
17	安全信息报道	随时	
18	特种设备注册、检测及特种作业人员持证上岗情况登记	随时	填入台账
19	安全月报	每月25日前	
20	安全生产活动	每月1次以上	填入台账
21	安全生产检查	每月1次以上	详细记录
22	月度安全生产工作计划、总结	每月25日	填入台账

表 2　安全生产组织机构

组长	
安全员	
组织网络图	
安全组织调整情况	

表 3　安全生产规程、规章制度目录

序号	安全生产规程、规章制度名称	备注
1		
2		
3		
4		
5		
6		
7		
8		
9		
10		

注:填写本单位所有与安全生产有关的规章制度目录,正文打印稿另册装订备查。

表4　主要安全设施一览表(一)

序号	设施名称	基本参数	单位	数量	检查、试验情况	责任人	备注
消防设施							
安全警示标志							
绝缘工具							
登高作业工具							
起重工具							

注:登记本单位消防设施、安全标志、绝缘工具等所有安全设施。

表5 特种设备一览表

序号	设备名称	基本参数	注册登记号	上次检测日期	下次检测日期	设备有效期	备注

注:登记本单位行车、电动葫芦、压力容器、调流调压阀和安全阀等所有特种设备。

表6 特种作业人员持证上岗情况一览表

序号	姓名	工种	领证时间	下次复审时间	证件有效期(年)	备注

注:登记人员包括安全员、电工、电气焊作业、压力容器操作工、起重机械司机、起重机械指挥等。

表7　安全生产年度工作计划（摘要）

| |
| |

表8　安全生产工作月度计划及总结

	1.
	2.
	3.
×月份计划	4.
	5.
	6.
	7.
	8.
	1.
	2.
	3.
×月份总结	4.
	5.
	6.
	7.
	8.

表9　劳动保护用品发放领用记录

序号	品名	单位	数量	发放对象	经手人	备注

表10　安全生产资料(文件)登记表

序号	责任者	资料(文件)题名	收发时间	经手人	备注

注:登记本单位印(转)发的有关安全文件、学习资料、宣传资料、上级来文等,正文另外装订成册备查。

表 11　安全生产活动记录

活动主题			
活动时间		活动地点	
参加人员			
主持人		记录人	
活动 内容			
活动 效果			

表 12　安全生产工作大事记

日期	内容

表13 安全事故登记表

事故部位			发生时间		
气象情况			记录人		
伤害人姓名	伤害程度	工种及级别	性别	年龄	备注
事故经过及原因					
经济损失	直接		间接		
处理结果					
预防事故重复发生的措施					

表 14 应急预案演练记录

演练内容			
演练时间		演练地点	
负责人		记录人	
参加人员			
演练方案			
演练总结			
（有关资料图片）			

表 15 年度安全生产资料汇编参考内容一览表

序号	台账分类	资料名称
1	综合台账	年度安全生产资料汇编总目录
2		安全生产台账
3		收文登记及相关文件
4		上级有关简报、材料
5	预案台账	防洪预案、反事故预案文本
6		预案演练方案、总结
7	制度、保障措施台账	安全生产领导小组成员名单
8		相关岗位职责
9		安全生产相关规章制度、操作规程
10		与租赁、施工承包人(单位)签订的安全协议
11	活动台账	"安全生产月"活动资料
12		安全生产检查记录、整改资料
13		安全生产会议、培训、考试资料
14		安全生产专项整治活动资料
15	信息台账	安全隐患、危险源登记表
16		劳动保护资料
17		安全月报(年报)、安全信息
18		计划、总结、图片资料

附录 8.10-2 安全生产建议参考法规、材料

1 中华人民共和国安全生产法

2 中华人民共和国劳动法

3 中华人民共和国消防法

4 中华人民共和国道路交通安全法

5 职业病防治法

6 国家电网公司电力安全工作规程

7 特种设备安全监察条例

8 河南省安全生产条例

9 河南省安全生产监督检查办法

10 河南省道路交通安全条例

11 河南省特种设备安全监察条例

12 水利工程建设重大质量与安全事故应急预案

13 关于特种作业人员安全技术培训考核工作的意见

14 工伤保险条例

15 生产事故报告和调查处理条例

16 国务院关于特大安全事故行政责任追究的规定

17 安全生产领域违法违纪行为政纪处分暂行规定

18 安全生产事故隐患排查治理暂行规定

19 生产经营单位安全培训规定

20 劳动防护用品监督管理规定

21 水利工程建设安全生产管理规定

22 建筑施工企业安全生产许可证管理规定

23 水利部关于进一步加强水利安全生产监督管理工作的意见

24 建设工程安全生产管理条例

25 建筑施工企业安全生产管理机构设置及专职安全生产管理人员配备办法

26 安全验收评价导则

27 建设领域安全生产行政责任规定

28 企业职工伤亡事故报告和处理的规定

29 生产设备安全卫生设计总则

30 建筑安装工程安全技术规程

31 用电安全导则

附录 8.10-3　安全检查记录

安 全 生 产 台 账

＿＿＿＿年度

＿＿＿＿＿＿＿＿（管理机构名称）

（单位名称）

填 制 说 明

一、安全生产检查的内容主要包括查思想认识、查规章制度、查组织机构、查安全设施、查安全措施、查教育培训、查劳动保护、查台账资料等。

二、安全生产检查一般分为日常检查、定期检查、专项检查、季节性检查。日常检查指全体职工对自己职责范围内的工作随时进行日常的巡回检查;定期检查指由管理所组织对管理范围进行的全面检查,每月至少 1 次;专项检查指对消防、电气、维修养护项目施工、汛期工程运行情况等进行的专门检查;季节性检查指汛期汛后、冬季暑季、法定长假、特殊天气后进行的季节性检查。

三、对检查中发现的安全隐患,应立即采取防范措施或整改措施,落实到人,限期整改,重大安全隐患应立即汇报管理处。

四、填表用黑色签字笔,字迹要端正、清楚,签名栏须本人签字。

五、填制内容应真实、准确、具体、齐全、规范,表内填写不下时,可另附页,并装订入内;所有栏目均不留空白,如未检查出问题,可填"未见异常"等。

六、记录本应保管良好,及时存档。

安全检查表

检查日期：_____月_____日

检查类别	□日常检查 □定期检查 □专项检查 □季节性检查	天气情况	
序号	检查项目	检查标准	检查结果	整改情况或 防范措施
1	组织网络及岗位责任制	安全组织健全,上墙明示。按照责任制的要求层层分解,落实到每个人、每项工作,制定分解责任制表。把每个岗位的安全注意事项和每位职工的安全责任详细交代清楚。强化安全检查、学习培训、资料台账等常规工作的落实		
2	宣传教育	及时传达上级相关会议精神和安全生产文件。每月安全活动(含会议、检查、学习等)1次以上。安全管理人员、特殊工种持有效证件上岗。运行值班人员不得做与工作无关的事情		
3	安全措施	生产场所安全生产条件满足相关法律法规。每月定期安全检查1次以上,遇特殊情况增加检查次数,检查出的隐患及时整改或采取防范措施。病险工程加强巡查,并要制定事故防范和应急措施。管理范围无捕鱼、排放污染物、取土等妨碍安全的现象。做好车辆的安全检查和驾驶员的安全教育工作。电气安全用具按时检查、试验。劳动保护用品按规定配备、使用。防汛物资、备品备件、易燃易爆物品保管良好。施工现场安全措施落实到位		

续表

序号	检查项目	检查标准	检查结果	整改情况或防范措施
4	安全设施	"管理通则""禁区""禁止捕鱼、游泳"等内容的标志牌齐全、完好。消防、防盗设施和电气安全用具齐全、完好。警示灯工作正常,机电设备防护设施齐全、完好		
5	台账资料	开展过的相关安全生产活动、工作均形成翔实的文字、声像资料,并全部存单备查。及时、规范、详细记录《安全生产台账》《安全生产记录》。各项规章制度(主要包括岗位责任制、工程管理制度、消防工作制度等)和各类预案(防洪预案、反事故应急预案等)应齐全并及时修订,装订成册,经常组织职工学习。上级相关文件、安全月报、相关人员资格证件复印件、宣传培训记录及学习材料等保存完整		
6	其他情况	建筑物和机电设备应无安全隐患;主体建筑物和控制室等重要场所应无可疑人员、可疑物体;用电、防雷应无安全隐患;食堂卫生、饮用水应无安全隐患和其他情况		
本次检查情况综述(较大隐患罗列、整改情况、复查情况、经验教训等)				

记录人:＿＿＿＿＿＿＿＿＿＿　　　　　　　　　　参加检查人:＿＿＿＿＿＿＿＿＿

附录 8.10-4 安全月报表

安全生产工作月报表

单位：＿＿＿＿＿＿＿＿＿＿＿＿＿＿＿＿＿＿＿＿＿＿＿ ＿＿＿＿＿年＿＿＿月＿＿＿日

安全生产领导 小组活动情况			
工程(设备)运用情况		安全措施	
机电设备及水工 建筑物安全状况			
维修养护项目 安全管理工作情况	项目名称		
	现场安全员	安全措施	
经营项目安全 管理工作情况	项目名称		
	现场安全员	安全措施	
月查情况		存在隐患及 处理情况	
备注			

说明:安全月报请各单位认真填写,并于每月底上报至省级管理机构相关部门。

附录 8.10-5 消防设备登记

表1 治保防火领导小组、义务消防队及消防器材登记表

单位				
治保防火领导小组成员				
义务消防队员				
器材名称	规格名称	数量	发放更换时间	质量情况
合计				

表2 各部位消防器材登记表

配置部位	器材名称	规格型号	数量	发放时间	管理人
合计					

附录 8.10-6 职工培训

表 1 年度职工培训计划

培训时间	培训内容	培训地点	培训对象
备注	1."每月一试"及"每年一考"培训对象为:工程师以下;技术干部及技师以下;技术工人,男职工45周岁以下,女职工42周岁以下。 2."每月一试"由省级或市级管理机构培训中心出题及批改试卷,考试由市级管理机构组织人员进行。 3."每年一考"由省级或市级管理机构培训中心出题及批改试卷,考试在省级管理机构培训中心进行		

表 2 职工学习培训记录

培训内容	
培训时间、地点	
授课人	
参加培训人员及人数	
培训记录:	
培训成效	
（职工学习教育培训台账）	

附录 9.1-1　工程运行管理问题检查汇总表

工程运行管理问题检查汇总表

检查单位：

被检查单位：

检查单位负责人：

工程管理单位：

检查时间：　　年　　月　　日

序号	工程项目名称	问题信息					备注
		检查项目	具体问题	附件编号	问题序号	问题等级	

注：1. 省级管理机构各检查单位按每个被检查的工程管理单位、工程管理部门填写汇总表。
　　2. 检查单位与被检查单位交换意见时，被检查单位负责人应对检查问题确认签字。

附录9.1-2 工程运行管理违规行为分类表

工程运行管理违规行为分类表

问题序号	检查项目	具体问题	问题等级		
			一般	较重	严重
		（一）安全体系建设			
1	安全管理	未明确运行安全岗位责任制，未制定安全管理实施细则		√	
2		未定期召开运行安全会议或运行安全会议纪要		√	
3		运行安全检查发现的问题整改落实不到位		√	
4		未及时审批下级工程管理单位上报的安全隐患处理方案或未组织编制重大安全隐患处理方案			√
5	安全隐患	未发现安全隐患或发现安全隐患未按规定报告			√
6		巡查发现的安全隐患未及时采取措施		一般安全隐患	重大安全隐患
7		对安全隐患采取的处理措施不当		√	
8		未按规定对隐患处理结果进行检查、验收		√	
9		未配备运行安全管理人员	√		
10		未按规定建立安全隐患台账	√		

续表

问题序号	检查项目	具体问题	问题等级		
			一般	较重	严重
11	安全防护	安全防护设施损坏后未及时发现并采取措施处理		√	
12		安全防护设备设施损毁或丢失未及时恢复		√	
13		设施设备摆放不当影响工程正常运行管理（含临时设施）		√	
14		安全防护措施不到位	√		
15		工程现场未按照相关规定备安全防护器材	√		
16	人员管理	特种作业操作人员无证上岗			√
17		特种作业人员未按规定进行安全培训			√
18		员工上岗前未进行岗前培训		√	
19		安全运行管理人员未按规定进行安全培训	√		
20		工作人员未持工作证进入工作现场	√		

（二）运行管理

续表

问题序号	检查项目	具体问题	问题等级 一般	较重	严重
21		未制定运行调度方案			✓
22		未执行输水调度运行标准、规程规范、规章制度等			✓
23		未将远程操作过程中存在的问题记录、建档、反馈相关部门			✓
24	工程调度	电话指令记录、阀门调整记录、运行日志、交接班记录、水位水尺观测记录、阀门开度记录、流量记录、设备维护记录等内容填写内容不真实			✓
25		未按规定要求签收或记录调度指令		✓	
26		收到指令后未对指令进行核实，发现问题未及时反馈		✓	
27		操作完毕后未按要求及时反馈指令执行结果	✓		
28		电话指令记录、阀门调整记录、运行日志、交接班记录、水位水尺观测记录、阀门开度记录、流量记录、设备维护记录、值班记录等填写内容不完整、事项记录不完整		✓	
29	应急调度	未制定应急调度预案			✓
30		发现险情后未按规定报告			✓
31		发现险情后未及时启动应急预案			✓

续表

问题序号	检查项目	具体问题	问题等级		
			一般	较重	严重
32	调水计量	水量计量问题未向上级报告			
33		擅自调整值班计划		√	
34		带班领导、值班人员脱岗			√
35		填写虚假值班记录			√
36	运管值班	未制定值班制度或值班计划		√	
37		值班期间从事与工作无关事项		√	
38		无值班记录或记录不全		√	
39		未执行交接班制度	√		
		（三）工程巡查与安全监测			
40	工程巡查	未组织工程巡查			√
41		巡查记录造假			√
42		对影响通水运行安全的严重问题未按规定上报			√

续表

问题序号	检查项目	具体问题	问题等级		
			一般	较重	严重
43	工程巡查	未制定巡查工作方案（应包括巡查范围、路线、频次、巡查重点、安全保障及组织措施等）		√	
44		未按方案确定的巡查范围、路线、频次进行巡查		√	√
45		机电、金结设备未定期检查、维护和保养		√	√
46		无巡查记录或记录不全	√		
47		发现问题后未按规定报告		√	
48	安全监测	安全监测报告不符合规范或合同要求		√	
49		未按规定开展安全监测工作或未对委托单位的安全监测工作进行检查		√	
50		未督促委托的安全监测单位对监测结果及时进行整理分析、上报		√	
51		安全监测设施未养护或养护不到位		√	
（四）工程维修养护					
52	工程维修	签证不满足标准要求的维修施工项目			√
53		未落实工程维修养护方案		√	

续表

问题序号	检查项目	具体问题	问题等级		
			一般	较重	严重
54		未按规定对维修施工项目进行检查		✓	
55	工程维修	供电线路不畅通，事故性断电未及时按规定报告		✓	
56		未按规定对维修完成的项目进行验收		✓	
57		工程维修养护资料不完整，不符合规范要求	✓		
58		未按规定的标准和频次进行工程养护		✓	
59	工程养护	工程养护缺陷的处理不满足要求		✓	
60		养护台账不完整	✓		
61		征地红线内的工程永久用地，防护林带等被侵占未制止			✓
62		地下建筑物回填控制区违规堆土、堆物等影响工程运行安全的占压未制止			✓
63	工程环境	工程保护范围内存在违规取土、采石、采砂、挖塘、挖沟等作业未制止			✓
64		工程保护范围内违规钓鱼、游泳、盗水等未及时制止	✓		
65	穿越工程	对工程管理范围内的穿越工程未审批即允许施工			✓
66		未开展穿越工程检查		✓	

续表

问题序号	检查项目	具体问题	问题等级		
			一般	较重	严重
67	穿越工程	发现顶管、倒虹工程长期超载运行未及时报告		√	
68		发现穿越工程出现安全隐患未及时报告			√
		（五）金结及机电			
69	设备操作	未按操作规程规定的程序进行操作			√
70		未明确各类机电设备操作规程及细则		√	
71		设备出现故障未规定及时处置		√	
72		无操作记录或操作记录不规范		√	
73	设备维修与养护	签证不满足要求的维修养护项目			√
74		填报虚假设备检查记录			√
75		未按规定对设备进行巡查		√	
76		未落实设备检修维护方案		√	
77		发现故障未及时报告		√	

续表

问题序号	检查项目	具体问题	问题等级		
			一般	较重	严重
78	设备维修与养护	对维护或检修后的设备需要试运行而未进行试运行即投入正常运行			√
79		无维护检修记录或记录不全		√	
		（六）泵站运行			
80	泵站运行	未按操作规程规定的程序进行操作			√
81		泵站运行中未执行工作规程		√	
82		设备出现故障未按规定及时处理和报告		√	
83		无操作记录或操作记录不完整		√	
84		泵站运行期间,值班人员未按规定巡查		√	
85		泵站运行现场无主接线模拟图(或线路图),无巡查设备线路图	√		
86		泵站运行操作记录填写及保存不规范	√		
87		设施设备存在灰尘、蜘蛛网,油渍等污垢未及时清理	√		

续表

问题序号	检查项目	具体问题	问题等级		
			一般	较重	严重
88		检修完成后未按规定程序及质量要求进行验收			√
89		填报虚假设备检查记录			√
90		未执行设备维修保养方案		√	
91	泵站维护与检修	未按设备的维护周期进行维护和检修		√	
92		发现故障未及时报告		√	
93		维护或检修后的设备未进行试运行即正式投入使用		√	
94		无维护检修记录或记录不全		√	
95		未填写开机维护记录、总结或记录、总结不完整		√	
96	系统操作	未按操作规程进行操作			√
97		设备出现故障未按规定及时处置		√	
98		未按要求填写有关操作记录或记录不规范		√	

续表

问题序号	检查项目	具体问题	问题等级		
			一般	较重	严重
99		未落实设备维修保养方案		√	
100		发现故障未及时报告		√	
101		对维护或检修后的设备需试运行而未进行试运行即正式投入使用		√	
102	系统维修与养护	未按设备的维护周期进行维护	√		
103		未按规定的时间间隔或周期对设备进行检修	√		
104		无维护检修记录或记录不全	√		
105	水质保护	工程管理范围内水体中有杂草、垃圾、腐烂物质等漂浮物未及时清理	√		
106		水质保障应急物资储备种类不齐全、数量不充足,存放不满足要求			√
107		发生水质突发事件后未按规定报告,未及时采取处理措施或启动应急预案			√
108	应急管理	未制定水质保障应急预案		√	
109		未按规定进行应急演练		√	

续表

问题序号	检查项目	具体问题	问题等级		
			一般	较重	严重
110	度汛方案	未编制度汛方案及应急预案			√
111		工程养护不满足度汛要求		√	
112		未按规定进行度汛、防汛检查			√
113	汛期检查与巡查	未制定汛期检查方案		√	
114		未按巡查方案确定的范围,路线,频次和事项进行巡查		√	
115		无巡查记录或巡查记录不全		√	
116	防汛物资	未按已批复的物资储备方案储备物资			√
117		未制定防汛物资管理办法		√	
118	应急管理	未制定突发事件应急处置方案或应急预案			√
119		发生突发事件后未按规定报告,未及时采取抢险措施或启动应急预案			√
120		未按规定进行应急演练		√	

续表

（七）其他

问题序号	检查项目	具体问题	问题等级		
			一般	较重	严重
121	警示、标示	未按规定设置警示、标示		✓	
122		未按要求对警示、标示进行修复、增补或更新	✓		
123	消防安全	易燃易爆物品未按规定存放			✓
124		消防器材和设施未按规定时间进行校验		✓	
125		未按规定配备或更换消防器材		✓	
126		消防器材的放置位置和标示不满足要求	✓		
127	安全保卫	人员擅自脱岗			✓
128		未制定安全保卫制度		✓	
129		未及时对损坏的安全设施进行恢复		✓	
130		现场工作人员未配备安全防护、应急救护用品	✓		
131	仪器设备送检	未按规定要求送检或检定标定的仪器设备		✓	
132	问题整改	对检查发现的问题拒不整改			✓

附录9.1-3 工程养护缺陷和实体质量仍问题分类表

工程养护缺陷和实体质量仍问题分类表

问题序号	检查项目	具体问题	问题等级		
			一般	较重	严重
		（一）进水池			
1	进水池	整体结构有不均匀沉陷			√
2		混凝土结构裂缝	缝长不大于400 cm且缝深小于保护层	建筑物缝长大于400 cm且缝深大于保护层	建筑物结构贯穿性裂缝
3		进水池有渗漏			√
4		运行道路沉陷、开裂、碾压破坏	5 cm≤沉陷深度≤10 cm,未出现裂缝,破坏面积<20 m²	沉陷深度<10 cm,未出现裂缝,破坏面积≥20 m²	沉陷深度10 cm,并伴有裂缝
5		埋件未保护好,发生移位或破坏		√	
6		重要部位有碰损掉角现象		√	
7		结构缝(伸缩缝、施工缝和接缝)有错动迹象,填缝材料流失或老化变质		√	
8		进水池内有杂物等		√	
9		排水沟或截流沟淤堵、破损、排水不畅	<20 m	≥20 m	
10		拦污栅有损坏		√	

续表

问题序号	检查项目	具体问题	问题等级		
			一般	较重	严重
11	进水池	螺栓孔封堵不严,出现渗水现象	✓		
12		表面局部被机械物碰伤或腐蚀性液体污染损伤	✓		
13		雨水、污水进到进水池内	✓		
		（二）阀井			
14	阀井	井壁渗水			✓
15		征地红线内的工程永久用地、防护林带等被侵占			✓
16		阀井回填控制区违规堆土、堆物、建房等影响工程运行安全的占压			✓
17		工程保护范围内存在违规取土、采石、采砂、挖塘、挖沟等			✓
18		工程保护范围内违规钓鱼、游泳、私自取水、盗水等			✓
19		阀井不均匀沉降、位移		5 cm≤沉降、位移<10 cm 且止水带未破损	沉降、位移≥10 cm 或止水带破损
20		阀井填土沉陷	深度<10 cm	深度≥10 cm	
21		进人孔盖板损坏		✓	
22		爬梯损坏		✓	

续表

问题序号	检查项目		具体问题	问题等级		
				一般	较重	严重
23			排空井出口淤积,影响排水		√	
24			穿墙套管处渗水		√	
25			微量排气阀丢失,损坏		√	
26			阀件开关丢失,损坏		√	
27		阀井	混凝土裂缝,剥蚀,倾斜	√		
28			阀件有锈蚀	√		
29			螺栓有锈蚀	√		
30			盖板与井壁处渗水	√		
31			阀井内积水未及时清理	√		
(三)穿干渠倒虹吸						
32	穿干渠 倒虹吸		建筑物发生沉降或位移			√
33			结构缝漏水			√
34			支座损坏			√
35			管身贯穿性裂缝,管顶横向裂缝			√
36			管身局部渗漏			√
37			进出口井后填土出现饱和状态或出现大面积塌陷			√

续表

问题序号	检查项目	具体问题	问题等级		
			一般	较重	严重
38		混凝土裂缝		0.2 mm≤缝宽<0.3 mm,缝深≥结构厚度的1/4,无扩大趋势	缝宽≥0.3 mm,缝深≥结构厚度的2/3,且仍有发展,有渗水
39	穿干渠倒虹吸	混凝土非贯穿性裂缝、纵向非贯穿性裂缝	缝深<保护层	缝深≥保护层	
40		混凝土表面剥落、破损	0.1 m²≤面积<1 m²,深度<保护层	面积≥1 m²或钢筋外露	
41		进人孔盖板损坏		√	
42		爬梯损坏		√	
43		相邻管节移动错位,错位距离小于允许值,且变化趋势不明显,未渗水		√	
44		进出口井后填土出现小面积塌陷		√	
45		阀件有锈蚀	√		
46		螺栓有锈蚀	√		

续表

问题序号	检查项目	具体问题	一般	较重	严重
				问题等级	
47	穿干渠倒虹吸	管顶防护设施局部沉陷、损坏	√		
48		管顶防护设施局部沉陷、损坏	√		
49		进出口平台沉陷、开裂	√		
（四）管理房及调流阀室					
50	建筑与结构	屋面有渗漏、积水现象			√
51		基础不均匀沉降、错台、裂缝	沉降量<5 cm	5 cm≤沉降量<10 cm	沉降量>10 cm
52		变形缝、雨水管安装不牢固、排水不畅、有渗漏		√	
53		雨罩、台阶、坡道、散水等有裂纹、脱皮、麻面和起砂现象		√	
54		室内墙面有起皮、掉粉现象	√		
55		室外墙面有掉皮、起皮现象	√		
56		室内地面有脱皮、麻面、起砂	√		
57	建筑与结构	楼梯、踏步、护栏有松动、开裂	√		
58		门窗安装不牢固、开关不灵活、关闭不严密、有倒翘	√		

续表

问题序号	检查项目	具体问题	问题等级		
			一般	较重	严重
59	建筑与结构	室内顶棚轻微漏涂、起皮、掉粉	√		
60		墙体裂缝、漏雨等	√		
61		卫生器具、支架、阀门等的接口渗漏,支架不牢固,阀门启闭不灵活,接口有渗漏	√		
62	建筑给排水	管道接口、坡度、支架等有变形、渗漏	√		
63		检查口、扫除口、地漏有积水现象	√		
64		防雷、接地、防火等松动、开裂、油漆防腐层开裂		√	
65	建筑电气	配电箱、盘、板、接线盒等内外有杂物、掉漆,箱盖开闭不灵活,箱内接线杂乱	√		
66		设备器具、开关、插座有松动,灯具内外有较多灰尘,开关插座与墙面四周有缝隙	√		
67		室内电气装置安装,配电柜排列杂乱,箱体内部接线杂乱无章,箱门开闭不灵活,电缆线摆放不顺	√		
68		室外电气装置安装,油漆防腐有起皮、掉粉,箱体开闭不灵活,箱内接线不整齐	√		
69	智能建筑	机房设备安装及布局存在仪器安装运转较差,各种配线形式规格与设计规定不相符、扭绞、打圈接头,受外力挤压损伤		√	
70		现场设备安装螺栓不牢靠、松动	√		

续表

问题序号	检查项目		具体问题	问题等级		
				一般	较重	严重
71	金结及机电		吊装及附属设备油漆脱皮、起皱,行走不顺畅		√	
72			金结及设备油漆防腐脱落、锈蚀、螺丝锈蚀	√		
73			机电及附属设备表面有较多灰尘、污垢,油漆脱落、锈蚀	√		
74			计量、监测及通信设备有较多灰尘、污物,油漆脱落、锈蚀	√		
75	室外工程		防护围栏破损、锈蚀、松动		√	
76			进场道路及附属建筑物等路面不平整,有较多杂物,绿化率较低,排水沟排水不畅,有较多杂物	√		
77			围墙、大门等附属建筑表面有污物及附着物;油漆防腐局部脱落腐蚀现象	√		
78			室外道路、硬化及排水等存在路面不平整,有较多附着物及垃圾,排水不畅通	√		
79			室外绿化存在植物分布不均匀,有较多空白	√		
80			井盖丢失或破损	√		

(五)泵站工程

问题序号	检查项目		具体问题	问题等级		
				一般	较重	严重
81	泵站管理设施		相邻配电室间隔墙处电缆沟内未放置阻火包,未形成防火隔层		√	

续表

问题序号	检查项目	具体问题	问题等级		
			一般	较重	严重
82		电缆沟、井积水		∨	
83		测温系统、冷却系统或通风系统出现故障		∨	
84		电缆、电线及其连接部位有发热、破损、松动现象		∨	
85		接地不满足要求		∨	
86		设备运行有异常声响或异常震动		∨	
87		油泵油色、油位不正常		∨	
88	泵站管理设施	高压低压配电室、通信室、变压器室未安装防鼠板	∨		
89		高压低压配电室、通信室、变压器室控制柜周边未安装绝缘橡胶垫	∨		
90		扶梯、栏杆、盖板等附属设施存在破损	∨		
91		泵站的配套管道、阀门、法兰密封不严，出现漏水	∨		
92		设备外壳存在锈蚀、脱漆	∨		

续表

问题序号	检查项目	具体问题	问题等级		
			一般	较重	严重
93	泵站机组	各电动蝶阀不能正常开启、关闭			√
94		排水泵启动后不出水或出水不足		√	
95		水泵电机运行故障		√	
96		供水泵入口存在堵塞或叶轮卡涩现象，出力不足		√	
97		供水泵密封处漏水		√	
98		油管路渗油	√		
99		供水泵管路固定不牢固	√		
100		供水泵地脚螺栓未紧固、松动	√		
101	变压器	套管、瓷瓶有裂纹或破损，有放电现象			√
102		电缆有破损、腐蚀现象		√	
103		各引线接头有过热变色现象		√	
104		温度控制器显示屏黑屏或三相温度显示异常		√	
105		运行时声音异常	√		
106		变压器外箱有较多灰尘、污垢	√		

续表

问题序号	检查项目		具体问题	问题等级		
				一般	较重	严重
107			重要设施避雷设施接地不符合要求			√
108			防雷装置引下线连接松动,有烧伤痕迹和断股现象			√
109	其他附属设备		室外设备漏油、漏液			
110			避雷器套管有破损、裂缝,有放电痕迹		√	
111			发电机组如配备铅酸蓄电池,电解液液位低于下表线		√	
112			发电机组如配备铅酸蓄电池,电解液液位低于下表线		√	
113					√	
(六)运行安全事故处理						
114			未制定应急预案			√
115			发现险情后未按规定报告			√
116			发现险情后未及时启动应急预案			√
117			未配备预警设施,不能正常启动		√	
118			未配备柴油发电机等备用电源,不能正常启动		√	
119			未配备对外通信与应急通信设备		√	

续表

问题序号	检查项目	具体问题	问题等级		
			一般	较重	严重
		（七）突发事件应急处理			
120		未建立突发事件应急管理培训制度			√
121		未制定突发事件应急预案			√
122		未按规定登记危险源、危险区			√
123		未定期检查本单位各项安全防范措施的落实情况			√
124		未定期对负有处置突发事件职责的工作人员进行培训			√
125		未立即采取措施控制事态发展			√
126		未及时按规定报告			√
127		未落实保障突发事件应对工作所需经费			√
128		不服从上级部门对突发事件应急处置工作的统一领导、指挥和协调的			√
129		未健全突发事件应急管理培训制度		√	
130		未开展有关突发事件应急知识的宣传普及活动		√	
131		未开展必要的应急演练		√	

续表

问题序号	检查项目	具体问题	问题等级		
			一般	较重	严重
（八）其他					
132	安全监测设备	安全监测设施损坏、失效			√
133		安全监测线缆断损			√
134		安全检测保护设施缺失、损坏	√		
135		绿化率不满足合同要求		√	
136		生活区及工程运行管理范围内的环境卫生杂乱		√	
137		杂草未按合同约定及时清除	√		

附录9.1-4 工程运行管理问题自查自纠汇总表

工程管理单位（部门）：

填表截止时间：　　年　　月　　日

工程运行管理问题自查自纠汇总表

序号	工程项目名称	问题信息				整改情况			备注
		检查项目	具体问题简述	附件编号	问题序号	问题等级	整改措施	计划完成时间	责任人	

注：该表由市级管理机构负责汇总。

附录 9.2-1 泵站主要技术经济指标

1 建筑物完好率可按公式(1)计算：

$$K_{jz} = \frac{N_{wj}}{N_j} \times 100\% \tag{1}$$

式中 K_{jz}——建筑物完好率,即完好的建筑物数与建筑物总数的比值；

N_{wj}——完好的建筑物数；

N_j——建筑物总数。

2 设备完好率可按公式(2)计算：

$$K_{sb} = \frac{N_{ws}}{N_s} \times 100\% \tag{2}$$

式中 K_{sb}——设备完好率,即泵站机组的完好台套数与总台套数的比值；

N_{ws}——机组完好的台套数；

N_s——机组总台套数。

3 泵站效率可按公式(3)及公式(4)计算：

3.1 测试单台机组

$$\eta_{bz} = \frac{\rho g Q_b H_{bz}}{1\,000P} \times 100\% \tag{3}$$

式中 η_{bz}——泵站效率,%；

ρ——水的密度,kg/m³；

g——重力加速度,m/s²；

Q_b——水泵流量,m³/s；

H_{bz}——泵站净扬程,m；

P——电动机输入功率,kW。

3.2 测试整个泵站

$$\eta_{bz} = \frac{\rho g Q_z H_{bz}}{1\,000 \sum P_i} \times 100\% \tag{4}$$

式中 Q_z——泵站流量,m³/s；

P_i——各电动机输入功率,kW。

4 能源单耗可按公式(5)计算：

$$e = \frac{\sum E_i}{3.6\rho \sum Q_{zi} H_{ibz} t_i} \tag{5}$$

式中 e——能源单耗,即水泵每提水 1 000 t,扬高 1 m 所消耗的能量,kW·h/(kt·m)或 kg/(kt·m)；

E_i——泵站各机组运行某一时段消耗的总能量,kW·h 或燃油 kg；

Q_{zi}——泵站各机组在某一时段运行时的平均流量,m^3/s;

H_{bzi}——相应运行时段的泵站净扬程,m;

t_i——运行时间,h。

5 供排水量可按公式(6)计算:

$$V = \sum Q_{zi}t_i \tag{6}$$

式中 V——供排水量,m^3;

Q_{zi}、t_i——泵站第 i 时段的平均流量和相应的时段长,m^3/s、s。

6 安全运行率可按公式(7)计算:

$$K_a = \frac{t_a}{t_a + t_s} \times 100\% \tag{7}$$

式中 K_a——安全运行率;

t_a——主机组安全运行台时数,h;

t_s——因设备故障或工程事故,主机组停机台时数,h。

附录 9.2-2　建筑物等级评定标准

1　主泵房等级评定标准可按表 1 执行。

表 1　主泵房等级评定标准

一类	二类	三类	四类
应满足下列要求： （1）结构完整，满足整体稳定要求，在泵站设计范围内，均能安全运行； （2）基础变形及不均匀沉陷满足要求； （3）钢筋混凝土结构强度满足要求，砌体完整； （4）混凝土无碳化，表面质量等级良好； （5）钢筋混凝土结构钢筋保护层厚度满足要求； （6）钢筋混凝土结构中钢筋无锈蚀； （7）各梁、柱、板构件（包括墙体）完好，无明显变形、裂缝、缺损、渗漏等缺陷； （8）屋面无涸潮、渗漏，伸缩缝无异常，门窗完好，通风、散热、保温条件良好	应满足下列要求： （1）结构完整，满足整体稳定要求，在泵站设计范围内，均能安全运行； （2）基础变形及不均匀沉陷基本满足要求； （3）钢筋混凝土结构强度满足要求，砌体基本完整； （4）混凝土碳化轻微，表面质量等级良好； （5）钢筋混凝土结构钢筋保护层厚度基本满足要求； （6）钢筋混凝土结构中钢筋轻微锈蚀，锈蚀率满足要求； （7）墙体局部剥落，构件存在轻微裂缝、缺损、渗漏等缺陷； （8）屋面有轻微涸潮、渗漏，伸缩缝无异常，门窗局部破损，通风、散热、保温条件较差	有下列情况之一： （1）基础变形、沉陷较为严重，但不影响泵站安全运行； （2）上部梁柱结构强度不满足安全要求，屋面渗水、门窗破损、墙体开裂严重； （3）混凝土碳化严重，结构不满足要求； （4）混凝土结构存在裂缝、缺损、渗漏等缺陷，但通过加固改造能满足要求	有下列情况之一： （1）不满足整体稳定要求； （2）底板、水泵梁、电机梁和厂房排架等主要结构强度不满足要求； （3）对于分基型泵房，砌体裂缝、倾斜、破损、渗水严重，屋面结构简陋，漏水、破损严重

2 进出水池等级评定标准可按表2执行。

表2 进出水池等级评定标准

一类	二类	三类	四类
应满足下列要求： （1）几何尺寸符合要求，水流流态较好； （2）结构完整，满足整体稳定要求； （3）防渗、反滤及导流设施技术状况良好； （4）变形及不均匀沉陷满足要求； （5）混凝土结构强度、碳化深度、钢筋保护层厚度满足要求； （6）砌体完好； （7）观测设施齐全，满足要求	应满足下列要求： （1）几何尺寸符合要求，水流流态较好； （2）结构完整，满足整体稳定要求； （3）防渗、反滤及导流设施技术状况基本良好； （4）变形及不均匀沉陷基本满足要求； （5）混凝土结构强度满足要求，有轻微的碳化、破损，无露筋等现象； （6）砌体结构局部有松动，有少量细微裂缝及轻微不均匀沉陷； （7）观测设施基本完好	有下列情况之一： （1）部分结构发生严重不均匀沉陷，但不影响泵站安全运行； （2）防渗、反滤设施损坏较为严重； （3）混凝土碳化及钢筋锈蚀严重，局部有破损和裂缝； （4）砌体有松动、冲刷、坍塌等现象； （5）观测设施缺失或损毁	有下列情况之一： （1）几何尺寸不符合要求，水流流态差； （2）结构变形、倾斜、不均匀沉陷严重； （3）防渗、反滤及导流设施损坏及渗透变形严重，不能满足安全运行要求； （4）主要结构混凝土强度不满足要求； （5）砌体有大面积的松动、冲刷、坍塌等现象，挡土墙下沉或倾斜严重

3 流道（管道）等级评定标准可按表3执行。

表3 流道（管道）等级评定标准

一类	二类	三类	四类
应满足下列要求： （1）技术状态完好，满足过流及流态要求； （2）结构完好，无明显错位、裂缝、缺损、渗漏等缺陷； （3）混凝土结构强度、碳化深度、钢筋保护层厚度以及钢筋锈蚀率满足要求； （4）过流面光滑，蚀坑较少，水力损失小； （5）管坡、管床、镇墩、支墩结构完整，无明显裂缝及不均匀沉陷	应满足下列要求： （1）技术状态基本完好，满足过流及流态要求； （2）结构基本完好，无明显错位、裂缝、缺损、渗漏等缺陷； （3）混凝土结构强度满足要求，有轻微的碳化、破损、露筋等现象； （4）过流面局部有轻微破损，局部有蚀坑； （5）管坡、管床、镇墩、支墩有轻微沉陷、裂缝，但不影响安全运行，管道有轻微位移、少量渗水	有下列情况之一： （1）局部有裂缝、破损、错位，分体式流道轻微下沉，伸缩缝变形较严重，有漏水（漏气）现象； （2）混凝土碳化、钢筋锈蚀、露筋较严重，但强度满足要求； （3）管坡、管床、镇墩、支墩变形、沉陷较严重，但通过加固改造能满足要求	有下列情况之一： （1）几何尺寸不符合要求，流态差，并严重影响机组正常运行； （2）结构强度不满足要求； （3）基础变形、不均匀沉陷较大，错位、裂缝及渗漏水严重，不能满足安全运行要求； （4）管坡、管床、镇墩、支墩变形及不均匀沉陷严重，通过加固难以修复； （5）管道破损、露筋，内表面冲蚀严重

4 涵闸等级评定标准可按表4执行。

表4 涵闸等级评定标准

一类	二类	三类	四类
应满足下列要求： （1）技术状态完好，过流能力及消能防冲满足要求； （2）结构完整，满足整体稳定要求，在设计范围内，均能安全运行； （3）基础变形及不均匀沉陷满足要求； （4）混凝土结构强度、碳化深度、钢筋保护层厚度以及钢筋锈蚀率满足要求； （5）主体结构无明显裂缝、破损、渗漏等缺陷； （6）上下游翼墙及护坡完好； （7）启闭机室墙体及门窗完好，无漏水和渗水现象； （8）观测设施满足要求	应满足下列要求： （1）技术状态基本完好，过流能力及消能防冲满足要求； （2）结构基本完整，满足整体稳定要求，在设计范围内，均能安全运行； （3）基础变形及不均匀沉陷基本满足要求； （4）混凝土结构整体强度满足设计要求，局部有碳化、破损、露筋等现象； （5）构件存在轻微裂缝、缺损、渗漏等缺陷； （6）上下游翼墙及护坡结构局部有松动、裂缝及沉陷等现象，但不影响过流和安全运行； （7）启闭机室门窗局部破损，墙体存在局部剥落、裂缝、渗水等缺陷； （8）观测设施缺失或损毁	有下列情况之一： （1）基础变形、沉陷较为严重，但不影响泵站安全运行； （2）混凝土碳化严重，结构不满足要求； （3）混凝土结构存在裂缝、缺损、渗漏等缺陷，但通过加固改造能满足要求； （4）消能防冲或防渗不满足要求； （5）上下游翼墙及护坡存在较严重的沉陷、错位、裂缝或垮塌等缺陷； （6）启闭机室屋面渗水、门窗破损、墙体开裂严重	有下列情况之一： （1）过流能力不满足要求； （2）整体稳定不满足要求； （3）主体结构强度不满足要求； （4）存在其他严重威胁安全运行的缺陷

附录 9.2-3　设备等级评定标准

1　主水泵等级评定标准可按表 1 执行。

表 1　主水泵等级评定标准

一类	二类	三类	四类
应满足下列要求： （1）在设计扬程范围内，均能正常运行，且性能指标满足要求； （2）零部件完好； （3）转动部件和固定部件之间间隙符合要求，无卡阻现象； （4）过流部件表面磨蚀、锈蚀情况较轻； （5）运行稳定，振动、噪声、摆度等符合要求； （6）轴承和密封装置运行正常，无渗油现象，轴承温度符合要求； （7）叶片调节装置良好，动作可靠； （8）结合面无漏水现象； （9）过流面防腐、外观涂漆、标识等符合要求	应满足下列要求： （1）主要性能指标良好，能随时投入运行； （2）主要零部件不存在影响安全运行缺陷； （3）转动部件和固定部件之间间隙符合要求，无卡阻现象； （4）过流部件表面有轻微的汽蚀、磨损及锈蚀等现象； （5）运行基本稳定，振动、噪声、摆度、温升等偏大，但仍在正常范围内； （6）轴承和密封装置运行基本正常，有少量渗漏油现象； （7）叶片调节装置能正常动作； （8）结合面有轻微变形、少量漏水； （9）过流面防腐基本完好，叶片、叶轮有轻微汽蚀	有下列情况之一： （1）故障率高，不能保证随时投入运行； （2）运行不正常，主要性能指标较差或大幅度下降； （3）过流部件汽蚀、磨损、锈蚀剥落严重； （4）转动部件和固定部件之间间隙不满足要求，发生卡阻、碰壳等现象； （5）运行不稳定，振动、噪声、摆度和轴承温度等不满足规范要求； （6）主要零部件变形、损坏、锈蚀严重，结合面漏水严重； （7）存在有其他影响安全运行的重大缺陷	达到三类标准，且有下列情况之一： （1）经过大修、技术改造或更换元器件等技术措施仍不能满足泵站运行安全、技术、经济要求或修复不经济的； （2）整体技术状态差； （3）性能下降，维修恢复困难

2　主电动机等级评定标准可按表 2 执行。

表 2　主电动机等级评定标准

一类	二类	三类	四类
应满足下列要求： （1）在泵站设计运行范围内，均能正常运行，且性能指标满足要求； （2）电气试验结果良好； （3）零部件完好，定转子铁芯、线圈紧固、绑扎等符合要求； （4）转动部件和固定部件之间间隙符合要求，无卡阻现象； （5）运行稳定，振动、噪声、摆度、温升等符合要求； （6）冷却系统运行正常，冷却效果良好； （7）轴承和密封装置运行正常，无渗油现象，轴承温度符合要求； （8）外观涂漆、标识等符合要求	应满足下列要求： （1）主要性能指标良好，能随时投入运行； （2）电气试验指标符合相关国家现行标准的规定； （3）主要零部件不存在影响安全运行缺陷； （4）转动部件和固定部件之间间隙符合要求，无卡阻现象； （5）运行基本稳定，振动、噪声、摆度、温升偏大，但仍在正常范围内； （6）冷却系统有轻微堵塞、变形等缺陷，但不影响正常运行； （7）轴承有轻微磨损，运行温度偏高，密封装置有少量渗油，但不影响正常运行； （8）外观涂漆、标识等不规范	有下列情况之一： （1）故障率高，不能保证随时投入运行； （2）运行不正常，主要性能指标较差或大幅度下降； （3）电气试验结果不符合相关国家现行标准的规定，且经常规处理仍不能满足要求； （4）转动部件和固定部件之间间隙不满足要求，发生卡阻现象； （5）运行不稳定，振动、噪声、摆度和温度等不满足要求； （6）主要零部件变形、损坏，定转子铁芯、线圈松动、绝缘老化严重； （7）存在有其他影响安全运行的重大缺陷	达到三类标准，且有下列情况之一： （1）经过大修、技术改造或更换元器件等技术措施仍不能满足泵站运行安全、技术、经济要求或修复不经济的； （2）整体技术状态差； （3）性能下降，维修恢复困难

3 主变压器等级评定标准可按表3执行。

表3 主变压器等级评定标准

一类	二类	三类	四类
应满足下列要求： （1）在设计运行范围内，均能正常运行，且性能指标满足要求； （2）电气试验结果良好； （3）零部件完好，绝缘件无裂纹、缺损和瓷件瓷釉损坏等缺陷，壳体无锈蚀； （4）保护装置可靠，运行稳定； （5）油质、油位符合要求，无渗油现象； （6）冷却装置运行正常，噪声、温升等满足要求； （7）调压装置各分接位置与线圈的连线紧固，接触良好； （8）外观涂漆、标识等符合要求	应满足下列要求： （1）主要性能指标良好，能随时投入运行； （2）电气试验指标符合相关国家现行标准的规定； （3）主要零部件不存在影响安全运行缺陷； （4）保护装置可靠，运行稳定； （5）油质、油位基本符合要求，有轻微渗油现象； （6）冷却装置运行基本正常，噪声、温升偏大，但仍在正常范围内； （7）电缆、线圈等接头有轻微变形、锈蚀等缺陷，但不影响正常运行； （8）外观涂漆、标识等不符合规范	有下列情况之一： （1）故障率高，不能保证随时投入运行； （2）运行不正常，主要性能指标较差或大幅度下降； （3）电气试验结果不符合相关国家现行标准的规定，且经常规处理仍不能满足要求； （4）主要零部件损坏，绝缘件性能达不到使用要求，渗漏油严重； （5）保护装置动作不可靠； （6）冷却装置运行不正常，噪声和温升等不满足要求； （7）存在有其他影响安全运行的重大缺陷	达到三类标准，且有下列情况之一： （1）经过大修、技术改造或更换元器件等技术措施仍不能满足泵站运行安全、技术、经济要求或修复不经济的； （2）整体技术状态差； （3）属淘汰产品，性能下降，维修恢复困难

4 高压开关设备等级评定标准可按表4执行。

表4 高压开关设备等级评定标准

一类	二类	三类	四类
应满足下列要求： （1）各项性能参数在额定允许范围内，开关特性符合厂家要求； （2）电气试验结果良好； （3）零部件完好，绝缘件无裂纹、缺损和瓷件瓷釉损坏等缺陷； （4）保护装置可靠，运行稳定； （5）操作机构灵活可靠，无卡阻现象，触点接触良好； （6）各部结点接触紧密，元器件运行温度符合规定； （7）控制柜表计、指示灯等完好，柜内接线正确、规范，五防功能齐全； （8）外观涂漆、标识等符合要求	应满足下列要求： （1）主要性能指标良好，能随时投入运行； （2）电气试验指标符合相关国家现行标准的规定； （3）主要零部件不存在影响安全运行缺陷； （4）保护装置可靠，运行稳定； （5）操作机构灵活可靠，故障率低； （6）结点温升偏大，但仍在正常范围内； （7）控制柜个别表计损坏，二次布线不规范，标识不清晰，但不影响正常运行； （8）外观涂漆、标识等不规范	有下列情况之一： （1）故障率高，不能保证随时投入运行； （2）电气试验结果不符合相关国家现行标准的规定，且经常规处理仍不能满足要求； （3）主要零部件损坏或属淘汰产品，绝缘件性能达不到使用要求； （4）保护装置动作不可靠； （5）操作机构不灵活，有卡阻现象； （6）柜体油漆脱落，部件锈蚀、变形，影响正常使用； （7）存在有其他影响安全运行的重大缺陷	达到三类标准，且有下列情况之一： （1）经过大修、技术改造或更换元器件等技术措施仍不能满足泵站运行安全、技术、经济要求或修复不经济的； （2）整体技术状态差； （3）属淘汰产品，性能下降，维修恢复困难

5 低压电器等级评定标准可按表5执行。

表5 低压电器等级评定标准

一类	二类	三类	四类
应满足下列要求： （1）各项性能参数在额定允许范围内，开关特性符合厂家要求； （2）电气试验结果良好； （3）零部件完好，绝缘件无裂纹、缺损等缺陷； （4）电气保护元器件配置合理，动作可靠； （5）开关按钮动作可靠，指示灯指示正确； （6）各部结点接触紧密，元器件运行温度符合规定； （7）控制柜表计、指示灯等完好，柜内接线正确、规范； （8）外观涂漆、标识等符合要求	应满足下列要求： （1）主要性能指标良好，能随时投入运行； （2）电气试验指标符合相关国家现行标准的规定； （3）主要零部件不存在影响安全运行缺陷； （4）保护装置可靠，运行稳定； （5）个别开关按钮操作不灵活，指示灯缺损； （6）结点温升偏大，但仍在正常范围内； （7）控制柜个别表计损坏，布线不规范，标识不清晰，但不影响正常运行； （8）外观涂漆、标识等不规范	有下列情况之一： （1）故障率高，不能保证随时投入运行； （2）电气试验结果不符合相关国家现行标准的规定，且经常规处理仍不能满足要求； （3）主要零部件损坏或属淘汰产品，绝缘件性能达不到使用要求； （4）电气保护元件配置不合理，动作不可靠； （5）柜体油漆脱落，部件锈蚀、变形，影响正常使用	达到三类标准，且有下列情况之一： （1）经过大修、技术改造或更换元器件等技术措施仍不能满足泵站运行安全、技术、经济要求或修复不经济的； （2）整体技术状态差； （3）属淘汰产品，性能下降，且维修恢复困难

6 励磁装置等级评定标准可按表6执行。

表6 励磁装置等级评定标准

一类	二类	三类	四类
应满足下列要求： （1）各项性能参数在额定允许范围内，电气试验结果良好； （2）主电路元器件完好，风机及控制回路运行正常，保护与信号装置工作可靠； （3）励磁变压器运行正常； （4）微机励磁装置通信正常； （5）控制柜表计、指示灯等完好，柜内接线正确、规范； （6）外观涂漆、标识等符合要求	应满足下列要求： （1）主要性能指标良好，能随时投入运行； （2）电气试验主要指标良好； （3）主要零部件不存在影响安全运行缺陷； （4）保护装置可靠，运行稳定； （5）励磁变压器运行基本正常，但温升偏高； （6）微机励磁装置通信可靠性下降，但不影响正常运行； （7）控制柜个别表计损坏，布线不规范，标识不清晰，但不影响正常运行； （8）外观涂漆、标识等不规范	有下列情况之一： （1）故障率高，不能保证随时投入运行； （2）电气试验结果不符合相关国家现行标准的规定，且经常规处理仍不能满足要求； （3）主要零部件损坏或属淘汰产品； （4）控制和保护回路动作不可靠； （5）风机不能正常运转； （6）柜体油漆脱落，锈蚀、变形，影响正常使用	达到三类标准，且有下列情况之一： （1）经过大修、技术改造或更换元器件等技术措施仍不能满足泵站运行安全、技术、经济要求或修复不经济的； （2）整体技术状态差； （3）属淘汰产品，性能下降，且维修恢复困难

7　直流装置等级评定标准可按表 7 执行。

表 7　直流装置等级评定标准

一类	二类	三类	四类
应满足下列要求： （1）各项性能参数在额定范围内，绝缘性能符合要求； （2）蓄电池性能良好，工作正常，无胀鼓、漏液等缺陷，按规定进行充放电且容量满足要求； （3）控制、保护、信号等回路控制器、开关、按钮动作可靠，指示灯指示正确； （4）控制柜表计完好，柜内接线正确、规范，结点接触紧密； （5）外观涂漆、标识等符合要求	应满足下列要求： （1）主要性能指标良好，能随时投入运行； （2）蓄电池性能下降，有轻微胀鼓、漏液，容量大于80%； （3）个别开关按钮操作不灵活，指示灯缺损； （4）控制柜个别表计损坏，布线不规范，标识不清晰，但不影响正常运行； （5）外观涂漆、标识等不规范	有下列情况之一： （1）主要性能指标下降，绝缘性能不符合要求； （2）蓄电池性能严重下降，出现胀鼓、漏液等缺陷，容量低于80%； （3）柜体油漆脱落，锈蚀、变形，影响正常使用	达到三类标准，且有下列情况之一： （1）经过大修、技术改造或更换元器件等技术措施仍不能满足泵站运行安全、技术、经济要求或修复不经济的； （2）整体技术状态差； （3）主要设备及元器件属淘汰产品，性能下降，且维修恢复困难

8　保护和自动装置等级评定标准可按表 8 执行。

表 8　保护和自动装置等级评定标准

一类	二类	三类	四类
应满足下列要求： （1）保护及自动装置完好，动作灵敏、可靠； （2）保护整定值满足要求，电气试验结果良好； （3）自动装置机械性能、电气特性满足要求； （4）开关按钮动作可靠，指示灯指示正确； （5）微机保护装置显示正确，信号正常； （6）保护和自动装置通信正常； （7）控制柜表计完好，柜内接线正确、规范，结点接触紧密； （8）外观涂漆、标识等符合要求	应满足下列要求： （1）保护及自动装置完好，动作灵敏、可靠； （2）保护整定值满足要求，电气试验结果符合现行规程、规范的规定要求； （3）自动装置机械性能、电气特性满足要求； （4）个别开关按钮操作不灵活，指示灯缺损； （5）微机保护装置显示正确，信号基本正常； （6）通信可靠性下降，但不影响正常运行； （7）控制柜个别表计损坏，布线不规范，标识不清晰，但不影响正常运行； （8）外观涂漆、标识等不规范	有下列情况之一： （1）保护及自动装置有缺陷，动作不可靠； （2）电气试验结果不符合要求，且经常规处理仍不能满足要求； （3）自动装置损坏，机械性能、电气特性不满足要求； （4）保护和自动装置通信不正常，且经常规处理仍不能满足要求； （5）有其他影响安全运行的重大缺陷	达到三类标准，且有下列情况之一： （1）经过大修、技术改造或更换元器件等技术措施仍不能满足泵站运行安全、技术、经济要求或修复不经济的； （2）整体技术状态差； （3）主要设备及元器件属淘汰产品，且维修恢复困难

9　辅助设备等级评定标准可按表 9 执行。

表 9　泵站辅助设备等级评定标准

一类	二类	三类	四类
应满足下列要求： （1）油、气、水系统功能及主要性能指标满足泵站运行要求，能随时投入运行； （2）所有设备及零部件、管道及附件、闸阀等完好； （3）安全阀、溢流阀、压力控制开关等安全保护装置整定值符合要求，动作灵敏、可靠； （4）系统无渗漏油、气、水现象，阀门开关灵活，关闭严密； （5）自动控制设备及元器件工作正常、安全、可靠； （6）外观涂漆、标识等符合要求	应满足下列要求： （1）主要性能指标良好，能随时投入运行； （2）主要零部件不存在影响安全运行缺陷； （3）安全阀、溢流阀、压力控制开关等安全保护装置整定值符合要求，动作基本灵敏、可靠； （4）系统管道、储油（气）罐等存在锈蚀，局部有渗油、气、水现象，但强度满足要求； （5）系统个别表计损坏、阀门开关不灵活或关闭不严密，但不影响正常运行； （6）控制设备及元器件可靠性下降，但不影响正常运行； （7）外观涂漆、标识等不规范	有下列情况之一： （1）故障率高，不能保证能随时投入运行； （2）油、气、水系统功能及主要性能指标不满足泵站运行要求； （3）主要设备及零部件损坏严重，安全阀、溢流阀、压力控制开关等安全保护装置工作不正常，且经常规处理仍不能满足要求； （4）管道、储油（气）罐等锈蚀严重，强度不满足要求	达到三类标准，且有下列情况之一： （1）经过大修、技术改造或更换元器件等技术措施仍不能满足泵站运行安全、技术、经济要求或修复不经济的； （2）整体技术状态差； （3）主要设备属淘汰产品，且维修恢复困难

10　监控系统的等级评定标准可按表 10 执行。

表 10　监控系统的等级评定标准

一类	二类	三类	四类
（1）系统可靠性高，很少出现故障及误动作； （2）信息采集、设备控制、数据通信等功能满足泵站运行要求； （3）控制计算机、服务器、现地控制单元等主要设备性能稳定； （4）执行元件动作可靠； （5）传感器灵敏准确； （6）应用软件运行正常，界面友好	（1）系统可靠性较高，但偶尔会出现故障； （2）信息采集、设备控制、数据通信等功能有欠缺，但不影响泵站安全运行； （3）服务器、PLC 性能稳定，计算机偶有死机，但不影响泵站正常运行； （4）执行元件动作基本可靠； （5）传感器基本运行正常； （6）应用软件偶尔出现故障	（1）系统可靠性低、故障率高； （2）信息采集、设备控制、数据通信等功能存在重大缺陷； （3）控制计算机、服务器、现地控制单元等主要设备性能不稳定； （4）执行元件动作不可靠； （5）传感器故障率高、准确度低； （6）应用软件经常出现故障； （7）因采集量不够或功能不满足要求，需要升级； （8）有其他影响安全运行的重大缺陷	（1）系统可靠性差，无法正常运行； （2）系统功能存在严重故障； （3）控制计算机、服务器、现地控制单元等主要设备有严重的缺陷，并威胁安全运行； （4）执行元件误动作率高； （5）传感器故障率高； （6）应用软件无法正常运行； （7）属淘汰产品，性能下降，维修恢复困难

11 真空破坏阀等级评定标准可按表11执行。

表11 真空破坏阀等级评定标准

一类	二类	三类	四类
应满足下列要求： （1）功能及主要性能指标满足泵站安全运行要求，能随时投入运行； （2）零部件完好； （3）动作灵敏、可靠，具有应急手动打开功能，阀体关闭严密； （4）外观涂漆、标识等符合要求	应满足下列要求： （1）主要性能指标良好，能随时投入运行； （2）主要零部件不存在影响安全运行缺陷； （3）动作基本可靠； （4）有锈蚀、轻微的漏气等现象，但不影响安全运行； （5）外观涂漆、标识等不规范	有下列情况之一： （1）功能及主要性能指标不满足泵站安全运行要求，不能随时投入运行； （2）主要零部件有严重缺陷； （3）动作不灵敏、可靠性差，漏气严重	达到三类标准，且有下列情况之一： （1）经过大修、技术改造或更换元器件等技术措施仍不能满足泵站运行安全、技术、经济要求或修复不经济的； （2）整体技术状态差

12 闸门、拍门等级评定标准可按表12执行。

表12 闸门、拍门等级评定标准

一类	二类	三类	四类
应满足下列要求： （1）门体和吊耳（门铰）、门槽结构完整，强度及尺寸满足设计要求； （2）焊缝满足国家现行相关标准要求； （3）门体和门槽平整、无变形，表面防腐符合要求； （4）止水装置完好，止水严密； （5）启闭无卡阻，锁定装置、缓冲装置工作可靠	应满足下列要求： （1）门体及吊耳（门铰）、门槽结构完整，强度及尺寸能基本满足设计要求； （2）焊缝满足国家现行相关标准要求； （3）门体和门槽有轻微变形，但不影响闸门、拍门的正常使用； （4）门体和门槽有锈蚀，但蚀余厚度满足强度要求； （5）止水装置有轻微老化，止水不严密； （6）锁定装置、缓冲装置的可靠性下降，但不影响闸门、拍门的正常使用	有下列情况之一： （1）门体及吊耳（门铰）、门槽锈蚀、变形、破损严重，强度或尺寸不满足要求； （2）焊缝不满足国家现行相关标准要求； （3）不能正常启、闭，卡阻严重； （4）锁定装置、缓冲装置失效，严重影响闸门、拍门的安全使用； （5）存在其他影响安全运行的重大缺陷	达到三类标准，且有下列情况之一： （1）经过加固改造等技术措施仍不能满足泵站运行安全、技术、经济要求或修复不经济的； （2）整体技术状态差